新编21世纪心理学系列教材

青少年心理学

Adolescence

雷 雳 马晓辉 著

中国人民大学出版社
·北京·

内容简介

青少年是一个令人关注的群体。从青春期发育开始，至走向成熟的过程中，他们的心理发展及行为到底有何特点和规律？他们的发展受到何种因素的影响？又会对自己和亲朋好友、对社会产生什么影响？如何解决青少年出现的问题？如何促进青少年健康成长？

《青少年心理学》尝试从三个方面对以上问题进行回答：青少年身体发育的心理适应、认知的发展、心理社会性的发展。本书把这些方面又分解为十余个主题，阐述了青少年基本的心理特点和发展规律，探讨了发展中存在的问题及其预防干预策略，同时分析了青少年积极发展的促进。书中设计了"开脑思考""扫描拓展"等模块，能够大大激发阅读兴趣，扩展思维。

本书可作为心理学及相关专业本科生、研究生的教材，也可供广大关心青少年成长的读者阅读参考。

作者简介

雷 雳　中国人民大学教育学院二级教授、心理学博士生导师，中国心理学会认定心理学家。现任中国心理学会理事，中国心理学会网络心理专业委员会副主任，中国心理学会发展心理专业委员会委员，北京心理学会副理事长。发表研究论文近300篇，其中SSCI期刊论文100余篇，入围ESI的高被引论文约20篇次；撰写、主编、翻译出版书籍110余部，其中发展心理学领域书籍约50部。

马晓辉　河北大学教育学院讲师，心理学博士，毕业于中国人民大学。研究领域为儿童和青少年的个性与社会性发展、青少年互联网心理与行为。在《心理学报》和《心理科学》等专业期刊发表论文10余篇，出版个人专著1部，参与编写和翻译书籍多部。

前言

青少年是一个令人关注的群体。从青春期发育开始，至走向成熟的过程中，他们往往表现得生机勃勃、思维敏捷、情绪激越、自我张扬；他们可能会与父母斗嘴生气，与同伴打闹嬉戏；同时，他们中的一些人也可能行为出格、惹是生非……

青少年的心理发展及行为到底有何特点和规律？这些特点和规律主要表现在哪些方面？受到何种因素的影响？又会对自己和亲朋好友、对社会产生什么影响？如何解决青少年出现的问题？如何促进青少年健康成长？诸如此类的问题既让人感到兴味盎然，又意义不凡。我们的这本《青少年心理学》就尝试对这些问题做一些解读。

本书总体上的内容架构包括三个部分：青少年对身体发育的心理适应、认知的发展、心理社会性的发展。本书把这些方面又分解为十余个主题来探讨，对青少年基本的心理特点和发展规律进行了阐述。同时，我们单列一章探讨发展中存在的问题及其预防干预策略，立场是“解决问题”；我们还单列一章探讨基于积极心理学的、促进中学生积极发展的内容，立场是“提升发展”。

本书设计了一些特色模块。首先，在每一章开头设置了“开脑思考”模块，可以让读者开开脑洞、激发兴趣、发散思维，继而在后续的内容中“揭晓谜底”。其次，在每一章中设置了一些“扫描拓展”二维码，通过手机扫描可以各自链接到一篇新近发表、内容有趣的研究简报，作为拓展阅读。

另外需要提示的是，在本书引述的资料中，研究对象往往有“青少年”和“中学生”两个身份的重叠；实际上，“青少年”更多的是基于个体发展的视角，而“中学生”则更多的是基于教育体系的视角。研究者所发表的研究成果中或是表述为“青少年”，或是表述为“中学生”，我们在本书中大多采取了尊重原始作者表述的方式，所以读者在行文中会看到“青少年”和“中学生”不时替换的情况。

我们曾于2015年共同出版了“十二五”国家重点图书《中学生心理学》，这本《青少年心理学》实际上算是其修订版。我们调整了结构框架，补充了研究进展，删除了冗余内容，梳理了文字表述。本书的总体框架由雷雳设计，经由两位作者共同讨论确定最后的提纲并完成写作。雷雳主要负责第一、二、四、五、七、八、十章，马晓辉主要负责第三、六、九、十一章，最终由雷雳审定。

本书得以顺利完成很大程度上得益于众多国内外同行、专家的辛勤劳动，他们发表的研究成果是本书的重要资料基础，在此我们诚恳地表达我们的敬意和谢意！同时，也感谢出版社编辑为本书出版所付出的一切。而书中如若存在疏漏或错误，则敬请专家及读者批评指正。

最后，期望关注、关心青少年成长的所有人，可以满怀情感阅读本书，从而对青少年有更加深入透彻的认识和理解，从从容容、开开心心地陪伴、帮助青少年健康成长！

雷　雳

2022年秋

目录

第一章
导论

开脑思考

1. 青春期发育具有明显的外显特征，如果我们看到某个孩子进入青春期了，就直接赋予其“成熟”的人所应有的权利和义务，这对其而言到底是福还是祸呢？

2. 我们经常耳闻目睹一些青少年在家里与父母闹得“势不两立”，那么以弗洛伊德的观点能够解释其中的原因吗？抑或哪种理论观的解释更为合理？

3. 通过阅读或观察，我们大致知道中国青少年与其他国家的青少年在生活、学习等方面既有相同之处，又存在差异。你认为这是由什么造成的呢？

学习重点

1. 把握青少年心理学研究的源起及发展历程；

2. 理解青少年发展的生物学观、精神分析观和社会学习观；

3. 运用心理社会观、认知观、背景观和文化观分析青少年发展阶段的特点。

当今发展心理学关注从生到死整个生命历程中，个体心理发展的特点及规律。在发展心理学诞生之初，在相当长时间内，研究者只关心儿童心理发展的特点。直至 1904 年，心理学家斯坦利·霍尔（G. Stanley Hall，1846—1924）出版了一本青少年心理学的专著，以青春期发育为标志特征的这一年龄段才正式进入研究者的视野。

我们将青少年期定义为从青春期发育开始，过渡到成人角色时结束，大约从 10 岁到 20 岁出头。虽然“青少年”（adolescent）曾一度是少年（teenager，从 13 岁到 19 岁）的同义词，但在过去的一百年里，青少年期已经大大延长了，这是因为身体进入发育的时间更早，与此同时，还有很多人将开始工作和进入婚姻的年龄推迟到了 20 多岁（Steinberg，2014）。

adolescence（青少年期）这个词来源于拉丁文 *adolescere*，意思是“成长为成年人”（Lerner & Steinberg Eds.，2009）。通过青少年期的成长和过渡，个体从不成熟的童年阶段走向成熟的成年阶段。在青少年期，个体生理特征变化明显，包括获得成熟的性生殖能力，认知能力越来越完善，越来越具有自我意识，变得更独立，也更关心自身的未来发展。

由于青少年期个体在生理、认知、社会性等方面会发生很多变化，很多研究者认为青少年期是由一系列的阶段组成的，而不是一个单一的阶段（Samela-Aro，2011）。研究青少年的社会科学家将青少年期分为早期（约 10～13 岁）、中期（约 14～17 岁）和晚期（约 18～21 岁）。因此在讨论青少年的发展时，我们需要关注青少年和儿童之间的差异、青少年和成年人之间的差异，与此同时也应重视青少年期各个阶段本身的差异。

本章的第一节对青少年心理学历史进行简单介绍，以期读者能够对青少年心理学的思想起源、研究兴起、演变历程等方面有所认识。第二节对主要涉及青少年发展的理论观点进行介绍，以期读者能够从不同的视角对青少年心理发展的基本特点形成概括性的认识。

第一节　青少年心理学简史

青少年期作为个体毕生发展的一个阶段，在心理学对其给予关注之前，人们更关注儿童的发展问题。后来，人们才开始关注青少年期，并最终形成关注个体毕生发展的发展心理学。

一、旧时代的青少年观

在西方的历史文化中，将青少年期看作生命发展的一个阶段的观念，可以追溯到久远的过去（Arnett，2013）。在古希腊，柏拉图和亚里士多德都把青少年期看成人生中第三个明显的阶段，在青少年期之前是婴儿期和幼儿期。在他们的框架中，青少年期从 14 岁一直延伸到 21 岁。他们两个都把青少年期看成推理能力首次得以发展的阶段。柏拉图在撰写《理想国》时，就认为只有在青少年期开始进行严肃的教育才是最有效的。柏拉图认为对 7 岁以下的儿童进行教育没有意义，此时儿童心智尚未开发，学不了什么东西；而对于 7～14 岁的儿童个体来说，教育应该专注于运动和音乐，这些东西儿童容易掌握。对于科学和数学的教育应该延迟到青少年期，因为此时个体为学习这些学科做好了最后的准备。

亚里士多德在做柏拉图的学生时，正处于青少年期，他对青少年期的看法与柏拉图有相似之处。亚里士多德认为儿童和动物相差无几，两者都受到对快乐的冲动性追求的支配。只有到了青少年期，个体才能够进行推理，并做出理性的选择。而且，亚里士多德认为，推理能力想要完全建立起来，需要经过整个青少年期的学习。

在他看来，青少年期开始之时，冲动仍然是主宰，甚至会因此麻烦不断，因为此时性的欲望已经发展起来。根据亚里士多德的观点，只有到了青少年期的末期——大约 21 岁时——推理才能够建立对冲动的实际控制。

在早期基督教著作中，也可以看到相似的对青少年期推理与冲动之间抗争的关注。这其中最著名和有影响的著作之一是奥古斯丁的自传《忏悔录》，这本书写于公元 400 年左右。奥古斯丁在书中描述了自己从童年早期直至他 33 岁时皈依基督教的生活。这本自传有相当大的篇幅关注的是其十几岁及 20 岁出头的时光，那时候他是一个鲁莽冲动的年轻人，过着寻欢作乐的生活。他饮酒无数、挥金如土，并且养了一个私生子。在自传中，他忏悔自己鲁莽冲动的青年期，并且认为皈依基督教不仅对于终极救赎十分必要，而且对于地球上所有人在内心中以理智战胜冲动也至关重要。

在接下来到中世纪的一千年中，西方文化中关于青少年期的记录寥若晨星。大约从 1500 年开始，欧洲社会中的某些年轻人很典型地参与了历史学家所谓的"生活循环服务"（life-cycle service），即年轻人在他们 20 岁左右的时候会参与一些家庭服务、农场服务或成为各种贸易和工艺的学徒。生活循环服务在美国的新英格兰殖民早期（始于 17 世纪）也是很普遍的，但是这样的服务通常只在亲戚或家庭友人的家里进行。

生活循环服务在 18 世纪及 19 世纪逐渐销声匿迹。随着美国人口的增长，以及国家经济不再以农业而是以工业为主，越来越多的年轻人在十八九岁时离开了自己的小镇，走向欣欣向荣的城市。在这些城市里，由于缺少与家庭或社区的联系，年轻人很快就在很多方面造成了社会问题。在 18 世纪末期和 19 世纪早期，年轻人犯罪、婚前性行为以及酗酒的比例都在上升。相应地，新的社会控制机构——宗教协会、文学社、基督教青年会——应运而生，在那里年轻人会由成年人监控。这种方法成效卓著：在 19 世纪下半叶，年轻人犯罪、婚前怀孕、酗酒以及其他社会问题都明显减少了。

二、近现代的青少年观

直到 19 世纪末 20 世纪初，"青少年期"才成为一个被广泛使用的术语。在此之前，十几岁及 20 岁出头的年轻人通常被称为"青年"或"年轻男人""年轻女人"。然而，到了 19 世纪末，西方国家发生的重要变化使得术语发生了相应的变化。

在美国及其他西方国家，1890—1920 年是确立现代青少年期特征的关键时期。这些年发生的关键变化包括：制定了限制童工的法律，对儿童上中学提出了新的要求，以及青少年期作为一个学术研究领域取得了一些进展。由于这些原因，历史学家们把 1890—1920 年称为"青少年期的时代"。

到 19 世纪末，工业革命以前所未有的速度在美国和其他西方国家展开。矿山、商店和工厂对劳工及职员的需求如饥似渴。它们对青少年，甚至是前青少年期的儿童也有特别的需求，因为他们的雇佣价格低廉。据美国 1900 年的数据统计，在 100 万的 10～13 岁的儿童中，有四分之三受雇于工厂、矿山等工作场所。几乎没有哪个州有法律限制工作场所雇佣的童工年龄，甚至连采煤这样的工作也是如此。很多州对儿童或成人的工作时间都没有限制，所以童工常常为了低至每天 35 美分的收入而工作 12 小时。

然而，越来越多的年轻人进入工作场所，引起了城市改革者、青年工作者和教育工作者对他们的关注。在这些成年人看来，年轻人由于从事成年人的工作而正受到（身体上的和道德上的）剥削和伤害。这些积极分子成功地争取到了立法，禁止公司雇佣前青少年期的儿童，并且严格限定了十几岁出头的年轻人的工作时间。

伴随法律禁止儿童劳工而来的是，法律要求对他们进行更长时间的学校教育。直到 19 世纪后期，很多州依然没有任何法律要求儿童去上学，那些有这种要求的也仅仅是限于小学阶段。然而，在 1890—1920 年，一些州开始通过法律要求儿童不仅要上完小学，也要上完中学。因此，在校青少年的比例得到大幅提升。在 1890 年，只有 5％的 14～17 岁的年轻人在上学，但是到了 1920 年，这一数字上升到了 30％（Arnett & Taber，1994）。这种变化促成了“青少年期的时代”的到来，因为这一特定“时代”为青少年期与成年期设定了更为清晰的分野，前者接受学校教育的时间更长了，而后者是在学校教育结束之后才开始的。

霍尔在青少年心理学研究方面做出了巨大的贡献，他的工作开启了青少年研究的先河。霍尔的主要成就包括：在美国第一个获得心理学的博士学位，成为美国心理学会（APA）的创始人，以及担任克拉克大学的首任校长。此外，霍尔是美国“儿童研究运动”（child study movement）的发起人之一，这一运动倡导对儿童和青少年的发展进行科学研究，改善儿童和青少年家庭、学校及工作场所的环境和条件。

霍尔写了第一本关于青少年期的教科书（两卷本），于 1904 年出版。他雄心勃勃地把书名定为《青少年期：它的心理学及其与生理学、人类学、社会学、性、犯罪、宗教和教育的关系》（*Adolescence：Its Psychology and Its Relations to Physiology，Anthropology，Sociology，Sex，Crime，Religion，and Education*）。霍尔的教科书覆盖的主题极为广泛，比如，身体健康与发展、跨文化及历史视角的青少年期以及青少年的爱情。霍尔的大量观点得到了后来研究的验证，比如，他对青春期生理变化的描述、关于抑郁情绪在 15 岁左右会达到顶峰的论断，以及关于青少年期是一个对同伴有超强反应性的时期的观点。然而，他写的东西中也有很多已经过时了。在很大程度上，他以在今天看来站不住脚的“复演论”为基础，认为每一个个体的发展都复演或重复了人类种系的进化发展过程。他相信青少年期这一阶段反映的是人类进化所经历过的一个阶段，其间充满了变化和问题，导致青少年都会经历相当大的“疾风暴雨”，这是青少年发展中的标准配置。现在有声望的学者中，已经没有人坚持复演论了。然而，在当时，霍尔做了大量工作，使人们——不仅仅是学者，还包括社会公众——开始关注青少年。因此，他可能是使 1890—1920 年成为“青少年期的时代”的最重要的人物。

三、青少年系统研究的起步

可以看到，上述学者都有一些关于儿童及其养育的有意思的看法。但是，没有谁能够证明自己的观点是正确无误的，这些学者没有收集任何的客观数据来支持自己的观点，并且他们自己所做的一些观察也是有限的、不系统的。

到 19 世纪后期，对儿童的系统研究开始出现。这一时期来自各种学术背景的调查者开始观察自己的孩子，并发表这些观察资料，这就是大家熟知的“婴儿传记”。

达尔文可能是最有影响的婴儿传记作者，他对儿子早期发展的每一天都做了记录（Darwin，1877）。达尔文对儿童发展的好奇心与他提出的进化论有关。他相信年幼的、未经过训练的婴儿与他们非人类的祖先有很多相似的特征。他提出，儿童个人的发展复演了整个种系的进化历史，即“人的演化”。所以达尔文和其同时代的许多人都认为，婴儿传记是回答我们自己进化历史问题的一种方法。

婴儿传记的作者们留下了大量的科学著作。不同的婴儿传记作者对自己孩子行为的关注点各不相同，因此，不同的婴儿传记之间难以进行比较。而且，父母并不能够对自己的孩子保持完全客观的态度，婴儿传记作者可能在他们的观察中加入了自己对发展本质的偏好性假设，他们只能发现他们想要找的东西。此外，每一部婴儿传记都是基于对单个儿童的观察，往往这个孩子是一个特别的孩子。所以，基于单个样本的结论可能对其他儿童来说并不适用。

值得一提的是，德国的普莱尔（William Preyer，1841—1897）除了对自己的孩子进行系统观察外，还做了一些实验性的观察，最后他把这些观察记录整理成《儿童心理》（*The Mind of the Child*，1882）一书，该书被认为是第一部科学、系统的儿童心理学著作，奠定了儿童心理学最初的基石。普莱尔也因此被视为儿童心理学的创始人。

尽管婴儿传记法存在这样的缺陷，但仍然是迈向正确方向的一步。像达尔文这样的杰出科学家都在写关于儿童发展的东西，这就意味着人类发展是一个值得认真审视的主题。

到 19 世纪末，为了避免婴儿传记法的缺陷，霍尔开始针对较大的样本收集更为客观的数据。他对儿童的思维尤其感兴趣，开发了时至今日大家都熟悉的问卷这一研究工具，以此探索“儿童心理的内容”（Hall，1891）。通过询问各种各样的问题，霍尔发现儿童对世界的理解在儿童期有快速的变化，幼儿阶段的思维根本就不符合逻辑。霍尔呼吁人们把青少年期看成人类生命全程中的一个独特阶段。霍尔由于对发展中的青少年做了第一次大规模的科学调查，奠定了其作为发展心理学创始人的地位。

大概在霍尔使用问卷研究儿童心理的同一时期，欧洲一位年轻的神经科医生正在试图用不同的方法探索和揭示心理的秘密。这位神经科医生使用的方法获得了非常丰富的成果，在此基础上他提出了一个革命性的理论，颠覆了人们对儿童及儿童期的认识。他就是西格蒙德·弗洛伊德（Sigmund Freud，1856—1939），他提出的理论就是众所周知的“精神分析理论”。

弗洛伊德构建的极具创新性的、背离传统的理论很快吸引了很多人的注意。不久以后，弗洛伊德最早的理论刊物《国际精神分析杂志》（*International Journal of Psychoanalysis*）出版，很多研究者也开始报告他们对弗洛伊德理论的检验结果。到了20世纪30年代中期，弗洛伊德的许多作品已经被翻译为多种语言，精神分析理论的影响已经遍及全球。弗洛伊德的理论被证明是非常具有启发性的，它继续激发新的研究，促使其他研究者去修正和拓展这一理论。很显然，在弗洛伊德1939年去世之前，发展心理学是一个欣欣向荣的研究领域。到20世纪40年代，埃里克森（Erik H. Erikson，1902—1994）在精神分析原则的基础上提出了自己的发展阶段理论。

在最早对儿童进行的实验室研究中，华生（John B. Watson，1878—1958）的工作是非常重要的。他通过1920年进行的“小阿尔伯特”实验证明了条件性恐惧的发展。1921年，推孟（Lewis Terman，1877—1956）开始了基于儿童智商分数的纵向研究。1922年，迪尔伯恩（Walter Dearborn，1878—1955）开始了“哈佛成长研究”，该研究对1 500名儿童的发展进行了长达十二年的追踪。横断研究中较有影响的是格赛尔（Arnold Gesell，1880—1961）关于儿童发展常模的研究。而考夫卡（Kurt Koffka，1886—1941）和勒温（Kurt Lewin，1890—1947）则把格式塔心理学引入人类发展的研究中，从而开辟了一个新的研究视角。

第二节　青少年发展理论观

想要认识青少年期，可以选择的一个方法就是看看各种理论观点对青少年期的阐释。这些理论包括生物学家、病理学家、心理学家、生态学家、社会学家、社会心理学家及人类学家的观点，下面介绍一下这些领域较有代表性、有影响的学者的观点。综合起来看，今天人们一般认为青少年的发展受到了生物学因素、心理因素及社会因素的交互影响。

一、生物学观

生物学观强调，青少年期是生理及性成熟的时期，这期间个体的身体发生了很多重要的成长方面的变化。生物学观会讨论这些变化的原因，也会论及这些变化带来的结果。

生物学观还强调，生物遗传因素是青少年期的所有行为及心理变化的主要起因。成长和行为是由内在的成熟所控制的，几乎没有留给环境产生影响的余地。青少年发展的过程表现为一种差不多是必然的、普遍的模式，与社会文化环境无关。按照某些理论家的观点，这些模式是进化及自然选择的结果。

被称为“青少年心理学之父”的霍尔，是使用科学方法对青少年期进行研究的第一人。霍尔对达尔文的进化论极为着迷，他相信“个体的发生复演了种系的发生”，也就是说，个体的成长和发展过程反映了或者类比于其种系进化的历史。根据霍尔的观点，青少年进入了一个“疾风暴雨”（*sturm und drang*）的时期，青少年期本质上是动荡的。他相信青少年在荡着情绪的秋千：时而感到无聊，时而感到抑郁；今天无动于衷，明天又热情洋溢。霍尔认为，极端情绪之间的这种摇摆不定会一直持续到20岁左右。而且，我们对此无能为力，因为这是由遗传决定的。霍尔认为青春期的行为与大脑的成熟水平、激素水平有关，他还提到青春期会表现出睡眠模式的变化，这些都仍然是当前很多发展心理学家关心的研究主题（Dahl & Hariri，2005）。目前，受霍尔及其追随者的影响，生物社会传统的工作也探讨了青春期个体差异的遗传基础和青春期行为的进化基础（Hollenstein & Lougheed，2013）。在对其他物种“青春期”的研究中，也发现了它们和人类之间惊人的相似性（Sisk & Romeo，2019；Steinberg，2019）。

格赛尔对个体的发展和行为表现很感兴趣。他对不同年龄段的儿童和青少年的活动及行为进行了观察，建构了描述发展阶段和周期的模型。格赛尔认为，基因和其他生物学因素决定了行为特质的表现顺序和发展趋势。格赛尔断言，成长过程中出现的困难和异常情况会随着时间的推移而烟消云散，所以建议父母不要使用情绪化的管教方法。

格赛尔强调，“加速发展绝不可能超越成熟”，因为成熟是最重要的。尽管格赛尔承认个体差异和环境对个体发展的影响，但他认为很多基本的原则、趋势及时间顺序在人类中具有普遍性。格赛尔还强调，发展不仅是向上的，也是螺旋式的，其特征是起伏变化，这样的变化趋势在不同的年龄段会循环出现。比如，11岁和15岁的青少年一般都具有反叛性、好斗嘴，而12岁和16岁就比较稳定。

二、精神分析观

西格蒙德·弗洛伊德是一位维也纳的医生，他对研究大脑及神经障碍的神经病学很感兴趣。他是精神分析理论的创始人，其女儿安娜·弗洛伊德（Anna Freud，1895—1982）把他的理论运用到了对青少年发展的分析中。

（一）西格蒙德·弗洛伊德的观点

西格蒙德·弗洛伊德认为，青少年期是一个性兴奋、焦虑的时期，有时甚至会表现出人格障碍。按照弗洛伊德的看法，青春期是一系列变化的积累，它们最终要给婴儿期的性冲动满足确立最终的正常模式。在婴儿期，当快乐与口部活动联系在一起时（口唇期，oral stage），儿童性活动的目标在自己身体以外：母亲的乳房。渐渐地，儿童的快乐变成了自体性的；他们发现自己也能从其他的口部活动中获得快乐。比如，他们学会了自己吃东西。在2～3岁，更多的关注和快乐集中在肛门活动和排泄上（肛门期，anal stage）。这之后儿童对自己身体的兴趣越来越大，也越来越有兴趣探究自己的性器官，这就是发展的性器期（phallic stage），年龄为4～5岁。再往后的一个阶段被弗洛伊德称为潜伏期（latency stage），大约从6岁到青春期。这期间儿童的性兴趣并不强烈，他们的快乐源泉渐渐地从自身转向了他人。他们对与其他人，尤其是与同性别的人建立友谊更感兴趣。在青春期（生殖器期，genital stage），随着外部及内部生殖器官的成熟，接踵而至的就是强烈的解决性紧张的愿望。这种愿望要求有一个爱的对象；因此，弗洛伊德在理论上认为，青少年会着迷于大量的能够解决其性紧张的异性。

弗洛伊德强调青少年期性目的的两种重要成分，并且它们是男女有别的。第一个成分是身体肉欲上的。对于男性而言，这一目的包含了射精的愿望，并伴有身体上的快感。对于女性而言，身体满足和释放性紧张的愿望也是存在的，但是就没有类似射精的反应。第二种成分是精神上的；它是情感成分，女性表现得更加突出。换言之，青少年既渴望情绪上的满足，也渴望身体上的释放。这种感情需要在女性身上尤为重要，但是满足这种需要对于所有青少年的性渴望来说都是重要的目标。弗洛伊德也强调正常的性生活只有在情感和肉欲融合的时候才有保证，而这两者都是指向性对象和性目的的。

青少年期成熟过程中一个重要的部分就是儿童与父母之间情感纽带的松弛。在发展过程中，儿童的性冲动会指向自己的父母：母亲吸引儿子，父亲吸引女儿。弗洛伊德也论及青少年期的俄狄浦斯情形，这时候男孩会爱上母亲，渴望取代父亲（即形成了“俄狄浦斯情结”，Oedipus complex），而女孩则可能会爱上父亲，并渴望取代母亲（即形成了“伊莱克特拉情结”，Electra complex）。然而，自然形成的和社会强加的对乱伦的阻碍限制了这种性欲的表现，所以，青少年就试图放松与家庭的联系。在克服并排斥乱伦幻想的时候，青少年也在实现“青春期最痛苦的、心理上的完成……即脱离父母的权威”。这是通过撤回对父母的感情，并把它转向同伴而实现的。这种情绪上的损失被称为“分离之恸”。

（二）安娜·弗洛伊德的观点

安娜·弗洛伊德是西格蒙德·弗洛伊德的女儿，她比自己的父亲更加关注青少年期。她认为，青少年期的典型特征是充满内在冲突、心理失衡、行为乖僻。一方面，青少年是自我中心的，认为自己是人们感兴趣的唯一对象，是宇宙的中心。但是，另一方面，他们又能做出自我牺牲和奉献。他们会建立充满激情的恋爱关系，转瞬之间又会与这种关系一刀两断。他们有时候渴望完全融入社会，参与团体；有时候又渴望独处。他们彷徨于对权威的盲目服从和反叛之间。他们自私，满脑子想着物质享受，但是他们又充满了崇高的理想主义。他们既禁欲又放纵，他们不体谅他人，对自己又暴躁易怒。他们摇摆于乐观主义与悲观主义之间，摇摆于不知疲倦的澎湃激情与懒散冷漠之间。

这种冲突行为产生的原因是青春期伴随性成熟而出现的心理失衡与内在冲突。在青春期，最明显的变化是本能驱力的增加。这部分是由于性成熟，以及随之而来的对性器官的兴趣、性冲动的增长。但是，青春期本能冲动的突然爆发也有其生理基础，而不是仅仅局限于性生活。

按照快乐原则，满足愿望的冲动，即“本我”（id），在青少年期增强了。这些本能冲动向个体的“自我”（ego）和“超我”（superego）提出了直接的挑战。安娜·弗洛伊德认为，自我是旨在保护心理机能的那些心理过程的总和。自我是个体的评价能力和推理能力。超我指的是自我理想，是吸纳同性父母社会价值观而衍生的良心。因此，在青少年期本能重新获得的活力直接对个体的推理能力和良心提出了挑战。在潜伏期这些心理力量之间小心翼翼取得的平衡，随着本我与超我之间公开宣战而丧失。

除非这种本我-自我-超我冲突在青少年期得以解决，否则其后果对个体而言在情绪上是破坏性的。安娜·弗洛伊德讨论了自我是如何不加偏袒地使用各种防御方法（按心理学的术语讲，就是“防御机制”）来赢得这场战斗的。自我会压抑、替代、否认、反转本能，使它们转而针对自身；这会通过强迫思维和强迫行为而导致恐惧症、癔症，引发焦虑。按照安娜·弗洛伊德的看法，青少年期的禁欲主义和理性主义是所有本能欲望的不当表现。青少年期神经症及抑制的增强，反映了自我和超我获得了一定的成功，但这时个体自己也付出了代价。然而，安娜·弗洛伊德确实相信，本我、自我及超我的和谐是可能的，并且在大多数正常的青少年身上最终会如此。如果在潜伏期超我得以充分发展——但不要过分压抑本能以免引起极端的内疚和焦虑——如果自我足够强大并足够聪明，那么这种平衡就是水到渠成的。

三、心理社会观

（一）埃里克森的自我认同危机

埃里克·埃里克森修正了西格蒙德·弗洛伊德的心理性发展理论，这是整合现代社会心理学和人类学研究发现的结果。他描述了人类发展的八个阶段，在每一个阶段，个体都有一项心理社会性任务要完成。直面每一项任务都会产生冲突，且伴有两种可能的结果。如果冲突得以解决，一种积极的品质就会在个性内植根，更进一步的发展就自然而然。如果冲突持续下去，或者没有得到完满解决，自我就会受到损害，因为它整合了一种消极的品质。

根据埃里克森的看法，在个体从一个阶段向下一个阶段发展时，其总体的任务就是要获得一种“积极的自我认同”（positive ego identity）。自我认同的完成既不是始于青少年期，也不是止于青少年期。它是终生的过程，只不过人们往往没有意识到。埃里克森强调，青少年期是一个标准的危机时期，是冲突不断增长的正常阶段，其特征是自我力量的波动起伏。不断尝试实验的个体成了一种自我认同意识的受害者，这种意识是青年自我意识的基础。在这一时期，个体必须建立起一种个人自我认同感，避免角色扩散和自我认同扩散的危险。要建立自我认同，个体就必须努力评估自己拥有什么、欠缺什么，努力学习如何利用这些条件去形成更为清晰的概念，搞明白人应该是什么样、应该变成什么样。积极进行自我认同探索的青少年更可能证明一种个性模式：自我怀疑，角色混淆，思维混乱，行为冲动，与父母和权威人物发生冲突，自我力量减弱，身体症状增加。

埃里克森理论中关于青少年期的一个令人感兴趣的概念是“心理社会性延迟”，这是儿童期与成年期之间受到社会调节的时期，这期间个体通过自由的角色尝试可能会在社会中找到一个适当的位置。青少年期成了一个分析和尝试五花八门的角色的时期，而他们又不必为任何一个角色负责任。但是，在青少年期快结束的时候，青少年如果还没有建立起自我认同，那么他们就会因为角色扩散而深受困扰。在自我认同探索中遭到失败的青少年将会遇到自我怀疑、角色扩散、角色混淆；这样的人可能会沉溺于自我破坏的、片面的事物或者活动中。他们可能会过分关注他人的意见。他们可能会退缩，或者去吸烟、酗酒，以释放由角色扩散引起的焦虑。自我扩散与个性混淆可见于经常犯罪的人，以及个性紊乱的精神病患者。

（二）海威格斯特的发展任务

罗伯特·海威格斯特（Robert J. Havighurst，1900—1991）提出了青少年期主要的发展任务。他的发展任务理论是一个折中的理论，综合了之前人们提出的各种概念。它获得了广泛的接受，在讨论青少年的发展与教育时被认为是非常有用的。海威格斯特综合考虑个体的需要与社会要求，试图提出一种关于青少年期的心理社会性理论。个体所需要的及社会所要求的，就构成了“发展任务”。它们是个体在人生的某些阶段必须通过身体成熟、社会期望及个人努力来获得的一些技能、知识、态度。在发展的每一个阶段掌握这些任务就会导致适应，并为以后更为困难的任务做好准备。青少年期任务的完成带来的是成熟，否则导致的是焦虑、社会责难、无法履行成熟个体的功能。

按照海威格斯特的看法，教授每一项任务都有一个最佳时机。某些任务是生物学变化带来的，有些则是社会期望赋予特定年龄的个体的，或者是由个体在某一时刻做某件事时的动机引起的。而且，发展任务是有文化差异的，它有赖于生物学因素、心理因素、文化因素在决定这些任务时的相对重要性。青少年在自己生活中的不同时刻面对着不同的任务。并且，在不同的文化中，要求和机会可能大相径庭，以至于每一种文化所界定的成功、所要求的能力都千差万别。海威格斯特提出青少年期有八项主要的任务：接受自己的体格，并善加利用；与同性及异性建立新的更为成熟的关系；获得男性化或女性化的社会性别角色；从父母及其他成人那里获得情绪情感的独立；为一份挣钱的职业做准备；为婚姻和家庭生活做准备；渴望并获得有社会责任感的行为；获得一系列价值观和某种道德体系作为行为指南——发展一种意识形态。

四、认知观

认知是一种认识的行动或者过程。其重点并不在于信息获得的过程，而是在于理解其中所包含的心理活动或者思维。认知是心理活动中所有观察不到的事件。所以，研究认知发展就是研究这些心理过程是如何随年龄而变化的。

（一）皮亚杰的形式运算

让·保罗·皮亚杰（Jean Paul Piaget，1896—1980）大大改变了人们关于儿童认知资源的概念和理解。皮亚杰表明，从出生开始，智力能力就经历了无休无止的发展变化。皮亚杰认为，认知发展是环境影响和大脑及神经系统成熟的综合结果。他用五个术语来描述发展的动力学。“图式”（schema）代表的是最初的思维模式，或者人们用以应对环境中发生的事件的心理结构。“适应”（adaptation）是对有助于增加个人理解的新信息的包纳。适应有两种方式：同化（assimilation）和顺应（accommodation）。“同化”是指在对新的环境刺激做出反应时通过使用已经存在的结构来获取新的信息。“顺应”是指创造新的结构来取代旧的结构，以适应新信息。“平衡”（equilibrium）是指在同化和顺应之间获得一种协调，它意味着觉得舒服，因为个人所经历的现实与他所学到的是匹配的。现实与个人对其的理解不协调的时候，就会产生“失衡”（disequilibrium），就有必要做出进一步的适应。儿童通过获得新的思维方式来解决冲突，以便自己所理解的东西与所看到的是一致的。对平衡的渴望成了推动儿童走过各个认知发展阶段的动机。

皮亚杰提出认知发展有四个阶段。在第四阶段（11岁及以上），即形式运算阶段，青少年脱离了具体的、实际的经验，开始用一种更有逻辑的、抽象的方式来思考。他们能够进行反省，对自己的思想进行思考。在解决问题、得出结论的过程中，他们能够使用系统的命题逻辑。他们也能够使用归纳推理，把大量的事实聚合在一起，以此为基础来建构理论。青少年也能够进行演绎推理，对理论进行科学检验和证明，并使用代数符号和隐喻象征。此外，他们还能够思考假设，把自己投射到未来，并为之做准备。

扫描拓展

手机被依赖，大脑受伤害？

（二）塞尔曼的观点采择

“社会认知”（social cognition）是理解社会关系的能力。这种能力使我们能够理解其他人——他们的情绪、思想、意图、行为及一般的观点。社会认知是所有人类关系的基础。知道他人的所思所感对于与之相处、理解他们都是不可或缺的。

社会认知模型中最常用到的就是罗伯特·塞尔曼（Robert Selman，1942— ）提出的“社会角色采择”（social role taking）理论。对于塞尔曼而言，社会角色采择是把自我和他人作为主体来理解的能力，是对他人像对自己一样做出反应的能力，是对自己的行为从旁观者的角度做出反应的能力。他提出，在社会认知发展上，个体会经历五个发展阶段。

其中的第四阶段，即青少年期到成年期，是“深入的社会观点采择阶段”（in-depth and societal perspective-taking stage）。青少年关于他人的概念有两个突出的特征。首先，他们开始意识到，动机、活动、思维及情感是由心理因素造成的。关于心理决定因素这一概念，现在包含了无意识过程的观念——尽管青少年未必会使用心理学术语来表达这种意识。其次，他们开始意识到个性是由特质、信念、价值观及态度与其自身的发展历史构成的系统。

在青少年期，个体走向一个更高的更为抽象的人际观点采择水平，这当中包含了对所有可能的第三者观点（即社会观点）的协调。青少年能够建立这样的概念：每个人都能够考虑共享的“一般化他人”即社会系统的观点，这反过来又使得带着对他人的理解而进行准确的沟通成为可能。进一步，个体会意识到，作为社会系统的法律和道德有赖于团体一致认可的观点。塞尔曼强调，并不是所有的青少年或者成年人都会达到社会认知发展的第四阶段。塞尔曼的理论意味着一种从仅仅关注学习的认知面，向包含人际社会认知意识的转移。

五、社会学习观

社会学习理论（social learning theory）关注的是社会和环境因素的关系及其对行为的影响。阿尔伯特·班杜拉（Albert Bandura，1925—2021）一直关注社会学习理论在青少年身上的应用。他强调，儿童通过观察和模仿他人的行为来学习，这被称为模仿学习（modeling）。于是，模仿学习成了社会化过程，通过它，习惯化的行为反应模式得以建立。随着儿童的成长，他们在自己的社会环境中模仿不同的榜样。在很多研究中，父母都被列为青少年生活中最重要的成人。兄弟姐妹也是重要他人，在大家庭里还包括叔叔阿姨们。没有亲戚关系的重要他人包括教堂的牧师、老师及邻居。然而，不同的研究揭示的结果却不尽相同，这有赖于所调查的团体。

社会学习理论家的工作对解释人类的行为具有非常重要的意义。尤其重要的是，他们强调成人的所作所为及其呈现的角色榜样在影响青少年的行为方面，比他们所说的要重要得多。老师和父母要鼓励青少年学会人的正派、利他、道德价值观及社会良心，最好的方法就是自己表现出这些美德。

后来，班杜拉将社会学习理论扩展为社会认知理论（social cognitive theory），使其包含了认知的作用。班杜拉不再认为个体严格地受到环境的影响，而是强调个体通过选择自己的环境及希望追求的目标，从而在很大程度上决定自己的命运。儿童通过观察他人的自我表扬和自我谴责，以及通过自己行动的价值反馈，会发展出个人的行为标准和“自我效能感”（a sense of self-efficacy），即相信自己的能力和特征有助于自己获得成功。这种认知在特定的情境中能指导个体的行为反应（Bandura，1999a，2001)。人们对自己的思想、情感及活动进行反省和调整，以实现自己的目标。简而言之，他们解释环境影响的方式决定了他们会采取什么样的做法。以富有攻击性的男孩为例。研究表明，这些男孩偏好于在各种情境中把敌对意图归于他人。他们并不留意有助于他们辨别针对自己的活动的意图之善恶的信息加工。他们很少注意有助于他们对别人的动机进行准确推理的信息。因此，在仓促之间得出结论时，他们更可能做出敌意的意图推理。换言之，不仅仅是发生在这些男孩身上的事决定了他们的攻击水平，而且他们对他人意图的解释也起着作用。

社会认知理论强调，个体可以主动地控制影响自己生活的事件，而不是被动地接受环境中发生的一切；他们可以通过自己对环境的反应来对其有所控制。一个平和、快乐、容易安抚的青少年可能对父母有非常积极的影响，鼓励父母在言行举止中表现出一种友好、温情的爱护方式。然而，一个好动难静、喜怒无常、难以安抚的青少年则可能刺激父母变得敌对、失去耐心、拒绝。从这一点来看，儿童实际上不知不觉中也在一定程度上为自己创造了环境。因为存在个别差异，不同的人，在不同的发展阶段，会以不同的方式解释自己的环境，对其做出反应，这样的方式又会给每一个人带来不同的经验。

六、背景观

青少年并不是在真空中成长发展的。他们是在由自己的家庭、社区及国家构成的多元背景中成长发展的。青少年受到同伴、亲戚及他们与之接触的其他成人的影响，受到组织、学校及他们隶属其中的团体的影响。他们也受到媒体、他们成长于其中的文化、国家和社区的领导及世界大事的影响。他们在某种程度上是环境和社会影响的产物。

(一)勒温的场论

科特·勒温关于青少年发展的理论，即“场论”(field theory)，解释和描述了青少年个体在特定情境中的行为。勒温的核心观念是：“行为（B）是个体（P）与其环境（E）的函数（f）。”要理解某个青少年的行为，就必须把他的个性和环境作为相互依存的因素。环境及个人因素的总和被称为“生活空间”(life space，LSp)，或者“心理空间”。行为是生活空间的函数，即 $B=f$（LSp)，这包括了物理环境的、社会的、心理的因素，比如需要、动机、目标，所有这些都会影响行为。勒温的场论整合了行为中的生物学因素和环境因素，而不管谁的影响更大。

在勒温看来，青少年期是一个过渡期，这期间发生的是儿童期向成年期转化过程中团体成员资格的改变。青少年既属于儿童团体，也属于成人团体。父母、教师、社会都反映了这种团体地位界定不明的情形；并且，在他们一会儿像对待儿童一样对待青少年，一会儿又像对待成人一样对待青少年的时候，其含混不清的感受就会变得更加明显。因为某些幼稚的行为已经是难以令人接受了，所以困难也就出来了；

同时，某些成人性质的行为又是被禁止的，或者，即使得到允许，对于青少年而言也是新鲜而陌生的。青少年处于一种“社会移动”状态，他们要进入一个非结构化的社会心理场。目标不再明确，前方的道路也混沌不清、充满迷茫——青少年可能会开始怀疑是否能够实现预期的目标。

这种“认知结构的缺乏”有助于解释青少年行为中的不确定性。勒温指出，青少年是“边缘人”（marginal man）。作为一个边缘人就意味着青少年想要回避成年人的责任时，其言行举止往往就像是一个儿童；另一些时候，他们又像是成年人，并且提出对成年人权利的要求。勒温场论有说服力的一个方面是，它假设个性和文化存在着差异，所以它解释了行为中广泛的个别差异。它也解释了不同文化之间、同一文化的不同社会阶层之间青少年期的不同。

(二) 布朗芬布伦纳的生态系统

尤里·布朗芬布伦纳（Urie Bronfenbrenner，1917—2005）提出了一个理解社会影响的生态模型。社会影响可以分为围绕青少年扩展开来的一系列系统，青少年是这些系统的中心（如图 1 - 1 所示）。

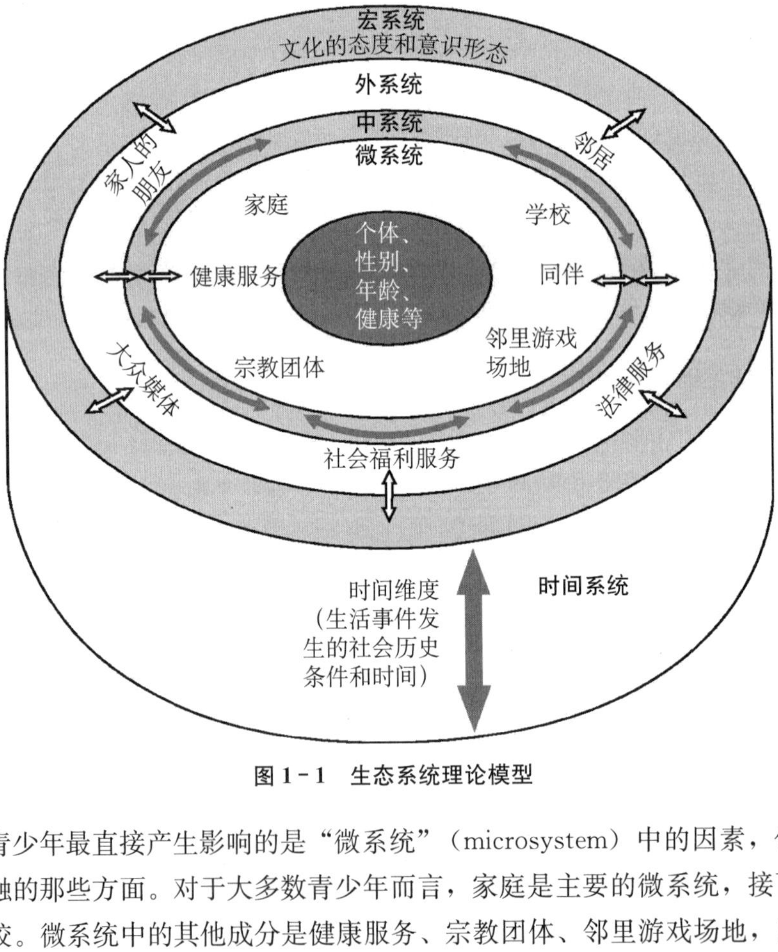

图 1 - 1　生态系统理论模型

对青少年最直接产生影响的是“微系统”（microsystem）中的因素，包括个体直接接触的那些方面。对于大多数青少年而言，家庭是主要的微系统，接下来是同伴和学校。微系统中的其他成分是健康服务、宗教团体、邻里游戏场地，以及青少年隶属其中的各种社会团体。

微系统随着青少年在各种社会背景中的进进出出而改头换面。比如，青少年可能会转学换校、退出某些活动以及参加另外的活动。一般而言，同伴微系统对青少年的影响是与日俱增的，它通过同伴接受、同伴爱戴、同伴友谊及同伴地位等方式提供有力的社会性奖酬。当然，同伴团体也可能会产生消极的影响，它可能会鼓励不负责任的性行为、药物滥用、偷窃、参加帮会或者欺骗。健康的微系统可以提供积极的学习机会和发展，为在成人生活中获取成功做准备。

“中系统”（mesosystem）包含微系统背景中的交互关系。比如，在学校发生的事会影响在家里发生的事，反之亦然。在考虑来自多方面的影响因素之间的相互关系的情况下，青少年的社会性发展可以得到最好的理解。通过中系统，可以分析交互作用的频率、性质及影响。微系统和中系统可以相互强化，或者发挥相反的影响。如果中系统与微系统的基本价值观有分歧，那么就会有麻烦；在不同的价值体系上被迫做选择，青少年可能会感到压力过大。

“外系统”（exosystem）是由那些青少年并不在其中扮演活跃角色，但是又对他们会产生影响的背景构成的。比如，父母在工作中发生的事会影响父母，接下来也会影响到青少年的发展。相似地，社区组织对青少年会在多方面产生影响。

“宏系统”（macrosystem）包括特定文化中的意识形态、立场态度、道德观念、习俗法律。它包含的是教育、经济、宗教、政治及社会等方面的核心价值观。宏系统决定了谁是成年人，谁是青少年。它设置了身体吸引力、性别角色行为的标准。例如，它会对吸烟这样的关于健康的行为产生影响。它也会影响教育标准及种族团体之间的关系。

文化在不同的国家、种族或者社会经济团体中是形形色色的。在每一个团体内部，差异也随处可见。比如，在瑞典，法律禁止父母打孩子，而在美国这种行为却得到某些团体的宽容。在美国，中产阶层的父母与社会经济地位低的父母在抚育孩子方面往往有着不同的目标和理念。农村家庭为人父母的价值观可能与城市家庭南辕北辙。这些价值观和习俗会对个体产生不同的影响。所以，在谈及社会性发展时，我们必须讨论青少年成长于其中的背景中的问题和所关注的东西。

“时间系统”（chronosystem）就是时间维度，包括家庭构成、居住地域或父母职业的变化，以及重大事件的发生，比如战争、移民潮等。家庭模式的变化也是时间系统中的因素，比如工业化国家参加工作的母亲的增加、发展中国家几代同堂的大家庭的减少。

按照布朗芬布伦纳的观点，环境并不是静态地以一成不变的方式对个体发展产生影响。相反，它是动态的、不断变化的。无论什么时候，个体的生活中增加或减少了所承担的角色，或者生活背景有所增减，其微系统的广度都会发生变化。贯穿人的一生，背景中发生的这些变化（即所谓的“生态转换”）常常是发展中的重要转折点。开始上学、参加工作、结婚成家、为人父母、分居离婚、迁移住所以及离职退休等都是。

少年要成长，
网络可助长。

这些变化可能是外部因素造成的，也可能是个体自身引发的，因为个体会对自己的生活背景和经验进行选择、修正，甚至创造。一个人会做什么跟其年龄有关，跟他们的生理特征、智力特征和人格特征有关，也和他们的环境机遇有关。因此，生态系统理论认为发展既不是环境控制的结果，也不是由个体内在倾向驱动的。相反，人是环境的产品和生产者，人和环境一起形成了一整套相互依赖的影响。

七、文化观

（一）维果茨基的社会文化论

苏联心理学家列夫·维果茨基（Lev Vygotsky，1896—1934）是背景观的先驱，尤其是对儿童认知发展进行了阐述。维果茨基提出的“社会文化理论”（sociocultural theory）关注的是文化（价值观、信仰、习俗、社会团体的技能）是怎么传递给下一代的。其核心观点是，社会、文化及历史的复合体是儿童生活的一部分，要理解儿童认知的发展，就必须看其思维之所以衍生的社会过程。

每一种文化都为其成员提供了某种思维工具，特定文化中的人们解决问题的方式是通过口头和书面的交流一代一代传承下去的。所以，文化塑造了思维的本质，尤其是当文化植根于语言时。认知发展并没有普适性，它在不同的社会背景和文化背景中会因为由文化决定的思维工具而大异其趣。

按照维果茨基的看法，社会交互作用对儿童获得构成其社区文化的思维方式和行为方式是必不可少的，尤其是与社会中更有知识的成员的协作性对话。维果茨基相信，当成年人及更有经验的同伴帮助儿童掌握具有文化意义的活动时，他们之间的沟通交流就会变成儿童思维的一部分。当儿童把这些对话的关键特征内化以后，他们就能够用内部言语来指导自己的思想和行动，并获得新的技能（Berk，2003；Winsler et al.，2009）。

维果茨基的理论对认知发展研究的影响尤为明显。他认为儿童是主动的建构者，儿童的认知发展是一个社会中介过程，这有赖于儿童在尝试新的任务时成年人及更为成熟的同伴提供的支持。

维果茨基认为，在儿童能够掌握和内化学习内容之前，成年人（或更有经验的同伴）必须对儿童的学习进行指导。这种指导对帮助儿童跨越“最近发展区”（zone of proximal development）非常有效。最近发展区指的是儿童已经能够做的与其自己尚不能很好完成的之间的差距。对于特定的任务而言，处于最近发展区的儿童差不多能够靠自己完成任务，然而，如果有了某种正确的指导，他们就能够做得非常好。在这一协作过程中，指导和监控学习的责任会逐渐地转移到儿童身上（见图 1-2）。

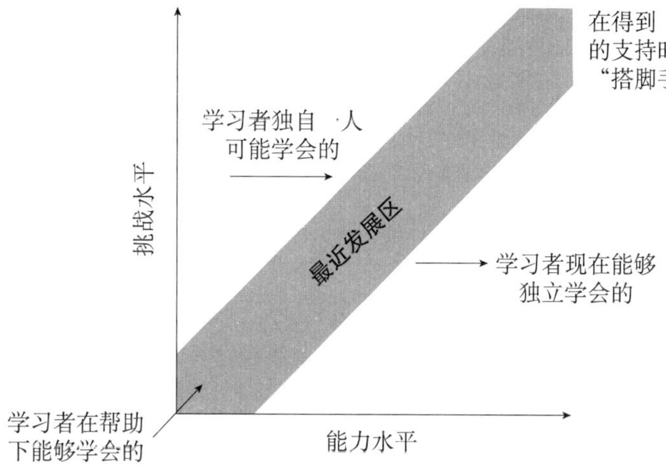

图 1－2　最近发展区

比如，在成年人教儿童游泳漂浮的时候，成年人首先会在水里托着儿童，当儿童的身体放松成水平姿态时，再逐渐地放手。在儿童看起来准备好了的时候，成年人会一点点地放手，直到最后让儿童自由地漂浮。维果茨基的一些追随者（如 Wood，1980）把这种教学方式比喻为“搭脚手架”（scaffolding）——在儿童能够独立完成任务之前，父母、老师或其他人给予儿童暂时的支持。

在维果茨基看来，儿童经历了某些阶段性的变化。比如，在他们获得语言时，他们参与和其他人对话的能力就会大大提升，对具有文化价值的能力的掌握就会向前发展。当儿童进入学校时，他们会花更多的时间来讨论语言、读写能力及其他的学业概念，这种经验会鼓励他们去反省自己的思维。结果，他们的推理能力和问题解决能力得到了很大的发展。

虽然基于维果茨基理论的研究很多是关注儿童的，但是，他的理念也可以被应用到各个年龄段的人身上。其中心是，文化为其成员选择了他们的发展任务，围绕这些任务的社会交互作用使人们获得了在特定文化内获取成功所必需的能力。比如，在工业化社会，老师教人们学会阅读或使用计算机；墨西哥南部的印第安人则教少女们学习复杂的编织技术（Greenfield et al.，2000）。在巴西，卖糖果的儿童几乎没有上过学，但是却掌握了复杂的数学能力，因为他们要从批发商那里买来糖果，再与成年人和有经验的同伴一起协商定价，并与街上的顾客讨价还价（Saxe，1988）。

（二）社会学观

社会学观试图将青少年看作一个社会群体，探讨该群体是如何在社会环境中一步步走向成年的。社会学家不强调个体在生理结构或生活经验上的差异，而是关注所有青少年或青少年群体因所处的年龄段而具有的共同因素。关于青少年群体的社会学观主要集中在两个领域：青少年的边缘化和代际冲突。

社会学观认为，青少年是被社会边缘化的群体。在被社会赋予的权力方面，成年群体和青少年群体之间存在着巨大差异，这可能导致青少年感到被边缘化，或无足轻重（Lewin，1951；Friedenberg，1959）。这一观点描述了这样一个事实：青少年经常被禁止在社会中扮演有意义的角色，他们因此而变得沮丧和不安。有研究者认为，跟青少年期相关的许多问题，一部分是由整个社会所建构的理解和对待青少年期的方式造成的：我们把青少年看作是幼稚无知的，而他们实际上比我们认为的更加成熟，这种做法将他们与成年人隔离开来（Epstein，2007）。

关于青少年群体，社会学观探讨的另一个主题是代际冲突。社会学家认为，青少年和成年人在不同的社会环境下成长，所以形成了不同的态度、价值观和信念（Mannheim，1952；Coleman，1961）。因此，青少年和成年人之间不可避免地存在紧张关系。例如，尽管成年人经常批评千禧一代（1982 年至 2004 年出生的人），说他们是被宠坏的一代，无法尽快成长为合格的成年人。但许多千禧一代则回应说，他们花了更长的时间才成为成年人，是因为他们长大的过程中比父母那一代面临着更多的经济问题。

此外，社会学家还试图通过应用社会控制理论、社会失范理论、社会系统理论、社会解组理论、社会化理论、社会冲突理论、社会互动理论等社会学理论来系统考察青少年犯罪的宏观原因和微观原因。宏观原因包括社会控制弱化、社会失范、社会冲突、社会结构失衡等，微观原因包括个体社会化过程中的家庭环境、学校环境、朋辈伙伴等对青少年群体成长的不良影响（常进锋，2020；常进锋，尹东风，2019）。

（三）文化人类学观

对儿童具有塑造作用的种种因素，有赖于儿童成长于其中的文化。鲁思·本尼迪克特（Ruth Benedict，1887—1948）、玛格丽特·米德（Margaret Mead，1901—1978）及其他文化人类学家的理论被称为“文化决定论”（cultural determinism）及“文化相对论”（cultural relativism），因为人类学家像布朗芬布伦纳一样都强调社会环境在决定儿童个性发展中的重要性。因为社会制度、经济模式、行为习惯、道德规范、宗教仪式及宗教信仰在不同的社会可能大相径庭，所以文化是相对的。

米德及其他人后来对其观点进行了修订，对发展的某些共同方面（比如，乱伦禁忌）进行了再认识，更承认生物学因素在人类发展中的作用。今天，遗传学家和人类学家基本上抛弃了极端的立场。他们基本上同意一种综合的观点最接近真理，即同时承认遗传因素和环境力量的作用。

人类学家强调，社会文化背景决定了青少年期的方向，对青少年与成人社会的交融有着重要的影响。成人地位的获得不仅仅是与父母的分离，还包括建立个人自我认同和进入社会的新角色。在现代社会，青少年期已经是一个被延长了的发展阶段；其终止的时间并不明确，它的权利和责任也常常是不合逻辑、混沌不清。这与原始社会形成了鲜明对比，那时候青春期仪式就明确标志着成年期的开始。

人类学家向所有关于儿童及青少年发展的年龄及阶段理论（比如，弗洛伊德和埃里克森的理论）提出了挑战。比如，米德发现，萨摩亚儿童遵循的是一种相对连续的成长模式，从一个年龄段到另一个年龄段并不会出现突然的变化。人们并不期望他们的言行举止要么像孩子一样，要么像青少年一样，或者像成年人一样。萨摩亚人从来不必突然改变自己的思维方式或者行为方式；他们不必在成年期抛弃儿童期学到的东西，所以，青少年并不会表现出从一种行为模式向另一种模式的突然变化或转变。

自霍尔以来，人们想当然地认为青少年期是一个无可避免的麻烦期。但是人类学家向这一观点提出了挑战，认为这时生理变化带来的困扰没那么大，而强调对这些变化的解释。月经就是一个例子。一个部落可能会说月经期的女孩对于部落来说是一种危险（她可能会惊扰比赛，或者使井水干涸）；另一个部落可能会认为这是一种祝福（她会增加食物供给，或者触摸她会得到一种祝福）。学到月经是一件好事的女孩和认为月经是一种诅咒的女孩，她们做出的反应有着天壤之别。因此，青春期生理变化带来的紧张和压力可能是某种文化对这些变化的解释的结果，而不是其内在的生物学特性造成的。

人类学家描述了西方文化中造成代沟的很多条件，但是他们否认代沟的必然性。米德相信，紧密的家庭纽带应该松绑，以便给青少年更多的自由去做出自己的选择，开始自己的生活。如果不要求服从和依赖，并容忍家庭中的个别差异，亲子冲突和紧张就会大大减少。并且，米德认为，年轻人可以在年龄更小一些的时候就进入成年期。有收入的工作，即使是兼职的，也将大大提升经济独立性。米德提议，为人父母应该推迟，但必要的性生活或者婚姻则是另一回事。应该让青少年在社会生活和政治生活中有更多的声音。这些做法有助于消除西方社会中文化对儿童成长的调节的某些不连续性，能使得向成年期的过渡更加平稳和容易。

关键术语

青少年，青少年期，儿童期，俄狄浦斯情结，防御机制，自我认同，形式运算，观点采择，模仿学习，边缘人，生态系统，搭脚手架

内容要点

1. “青少年期”直到 19 世纪末 20 世纪初才成为一个被广泛使用的术语，1890—1920 年被认为是确立现代青少年期特征的关键时段。

2. 霍尔的著作《青少年期》是第一本关于青少年期的教科书，于 1904 年出版，覆盖了广泛的主题，比如身体健康与发展、跨文化及历史视角的青少年期，以及青少年的爱情。

3. 生物学观强调生物遗传因素是青少年期的任何行为及心理变化的主要起因。成长和行为是由内在的成熟所控制的，几乎没有留给环境产生影响的余地。

4. 安娜·弗洛伊德认为，青少年期的典型特征是充满内在冲突、心理失衡、行为乖僻。

5. 埃里克森强调，青少年期是一个标准的危机时期，个体必须建立起一种个人自我认同感，避免角色扩散和自我认同扩散的危险。

6. 海威格斯特提出了青少年期主要的发展任务，即个体在青少年期必须通过身体成熟、社会期望及个人努力来获得一些技能、知识、态度。

7. 布朗芬布伦纳提出了一个理解社会影响的生态模型，认为社会影响可以分为围绕青少年扩展开来的一系列系统，青少年是这些系统的中心。

8. 文化人类学家强调，社会文化背景决定了青少年期的方向，对青少年与成人社会的交融有着重要的影响。

复习思考

1. 青少年指的是哪个年龄段的个体？该年龄段个体与儿童的不同之处在哪里？
2. 旧时代和新时代的青少年观有哪些区别？
3. 针对青少年群体的系统研究是怎么开始的？
4. 如何理解埃里克森提出的青少年自我认同危机？
5. 从背景观角度分析，有哪些因素会影响青少年的发展？

第二章

青春期及其适应

开脑思考

1. 每个人都会经历青春期，如果当时所处的社会是一个波澜不惊的社会，是一个激流澎湃的社会，或是一个兵荒马乱的社会，个人的成长和发展会因此而有多大的不同呢？

2. 我们时常可以看到一些年轻人在自己的耳朵、鼻孔、嘴唇、舌头等身体部分穿刺、打钉，或者是在身体的某些部位进行文身。他们为什么要这么做？是他们不接受自己的身体，是为了更加吸引人，还是因为其他原因？

3. 当今社会充斥着关于减肥的各种广告宣传，其吸引的对象女孩居多。那些想要减肥，或者已经在实施减肥计划的人，真的营养过剩、过度肥胖了吗？促使他们痴迷于各种减肥措施的到底是什么呢？

学习重点

1. 领会青春发育期个体的身体变化特点；
2. 把握性成熟对青少年产生的心理影响；
3. 理解青少年身体映像的特点及性别差异。

青春期是个体的第二次“生长高峰”，这期间青少年的身体外形发生剧变，内部机能和性走向成熟。由于这些变化对于青少年而言是新异而巨大的，在心理上是否能够适应这些变化对他们就是一个考验。鉴于身体变化上显然的性别差异，青少年男孩女孩对此做出的反应、受到的影响也大相径庭，性成熟、早熟、晚熟等方面就是如此。与此紧密联系在一起的是青少年对自己身材外貌的格外关注，他们形成的身体映像对情绪、自我、进食行为都会产生重要影响。同时，随着青春期的进程，青少年与父母之间的冲突，尤其是与母亲之间的冲突，在青春期开始的前后增加了，不过，积极的影响和亲密的感情可能依然如故。

第一节　青春期的身体变化

青春期（puberty）是个体的第二次“生长高峰”，这期间青少年在身体外形、内部机能和性方面都发生了巨大变化。根据医学史的资料，随着经济的发展、医学的进步与社会的开放，新一代青春期出现的年龄，有逐渐提前的趋势。

学龄儿童身体发育速度比较缓慢，而进入青春期之后，个体就开始了第二次生长高峰。所谓“生长高峰”，就是指个体在身心发展过程中的某个阶段，其身体发育的速度比其他阶段相对更快的时期。每个人从出生到走向成熟，会经历两次生长高峰，第一次是在出生之后的第一年（即乳儿期），第二次是在青春期。青春期的身体发育，除了表现为身体外形的剧变和内部机能的增强外，也反映在第二性征的出现和性的成熟上。

一、身体外形的变化

身高迅速增长、体重迅速增加是青少年在青春期最为显著的变化之一。我国女孩大约从 9 岁时开始进入生长发育的高峰期，身高增长一直持续到 15 岁左右，此时女孩基本上有了成人的身段，17 岁以后身高的增长就很少了。与此同时，男孩大约从 11 岁开始进入生长高峰期，身高增长一直持续到 16～17 岁（中国学生体质与健康研究组编，2016）。体重方面的增长也与身高的增长有着几乎如出一辙的趋势。

同时，青少年身高及体重的增长存在着性别差异，这表现在快速增长时期开始的早晚以及增长速度和增长量上。女孩的发育一般早于男孩，但是男孩开始发育之后，其增长速度快于女孩，并且最终的增长量也大于女孩。此外，研究表明，就同一性别而言，青少年身高、体重的增长存在着“早熟”“晚熟”现象，即有的人比一般人更早开始长身体，提前一两年进入生长高峰，而有的则较迟进入生长高峰。

青少年身高迅速增长的主要原因是其腿骨和躯干的变化，青春期激素活动的加强促进了软骨的生长，从而引起身高的增长。而体重的增加则主要取决于肌肉和脂肪的生长。

除了上述身高、体重的剧变，胸围、肩宽、骨盆宽、坐高等外形特征在青春期也都有很大的变化，反映了青少年处于第二次生长高峰的特点。

此外，从历史上看，青少年的发育也呈现出一种“长期趋势”（代际变化），即在身体变化的幅度和方向上存在着代际差异。例如，与 1979 年相比，1985 年我国城乡青少年在身体外形的各项指标上均高于 1979 年，1996 年的各项指标又高于 1985 年。这种趋势也反映在身体发育的其他方面。

二、内部机能的变化

首先，从内脏的变化看，青春期发育使得个体的内脏机能得以加强。一方面，心脏的重量大大增加。10 岁时，心脏重量增长为新生儿的 6 倍，到青春期后，可达 12 倍。同时，血压、脉搏也接近成人水平。青少年男孩 12 岁时血压为 106/65 毫米汞柱，脉搏为 84 次/分钟；18 岁时，血压为 116/72 毫米汞柱，脉搏为 79 次/分钟。青少年女孩 12 岁时血压为 104/65 毫米汞柱，脉搏为 85 次/分钟；18 岁时，血压为 107/69 毫米汞柱，脉搏为 81 次/分钟（中国学生体质与健康研究组编，2016）。

另一方面，青少年的肺功能也大大提升。12 岁时，肺的重量约为新生儿的 9 倍，青少年男孩肺活量为 2007 毫升，18 岁时，肺活量达到 3521 毫升；12 岁时，青少年女孩肺活量为 1728 毫升，18 岁时，肺活量达到 2283 毫升。

其次，从肌肉和脂肪的变化看，到青春期以后，青少年的肌肉在体重中的比例增加了，而且肌肉组织也变得更为紧密，肌肉力量大大增强，他们的体力也随之增强。不过值得一提的是，在肌肉的发育上有着明显的性别差异，男孩的肌肉发育更快，力量也比女孩大。手的握力差异就是最好的例证。12 岁时，青少年男孩握力为 21.62 千克，18 岁时达到 42.68 千克；12 岁时，青少年女孩握力为 19.01 千克，18 岁时达到 26.36 千克（中国学生体质与健康研究组编，2016）。

在肌肉发育的同时，青少年的脂肪也有了很大的变化。不过，与肌肉发育不同的是，男孩的脂肪呈现渐进性的减少，他们发育更好的是肌肉，所以他们看起来显得强健魁梧。与此同时，女孩的脂肪却没有减少，而是“积存”在骨盆、臀部、髋部、胸部、背部上方、上臂，使得她们日益丰满圆润起来。

再次，从腺体和激素的变化看，激素在很大程度上决定了青春期的身体变化，包括身体外形、内脏、脑的发育和性的成熟。激素是内分泌腺分泌到血液中的化学物质，它能够促进人体外形和结构的变化，影响人的先天行为模式的获得，调节体内平衡。人体内有二十余种激素，在青春期起明显作用的是人体生长激素、睾丸素、雌激素、黄体酮。

人体生长激素刺激骨骼的发育，促进生长。它分泌不足会导致“侏儒症”，而分泌过多则会导致“巨人症”。睾丸素、雌激素、黄体酮都可以被称为性激素，它们主要由性腺产生，对第一性征、第二性征的发育有重要影响。这三种激素在男女体内均有，只是浓度不同。整个儿童期这些激素的水平在男孩和女孩身上几乎不相上下（DeRose & Brooks-Gunn，2006）。不过，一旦青春期开始，这种平衡就会发生翻天覆地的变化，女性比男性会产生更多的雌激素，而男性比女性会产生更多的睾丸素。睾丸素主要是促进生殖系统和肌肉的生长发育。雌激素主要是促进女孩的肌肉生长、第二性征的发育和身材长高，并影响脂肪分布。睾丸素和雌激素都会影响男女的性驱力。黄体酮主要是促进乳房的发育、启动月经周期等。

三、脑的变化

（一）大脑结构的变化

12 岁时，青少年的脑重大约是 1400 克，已经与成人的平均脑重不相上下，所以，在青春期这一方面的变化微乎其微。不过，脑的机能却发生了今非昔比的变化（Morris et al.，2018）。一方面，随着年龄增长，脑电波逐渐加快，10 岁左右出现的 α 波（频率 8～13Hz）越来越活跃，14 岁以后成为脑电波的主要形式。尤其是，两半球之间的联系以及额叶与脑的其他部位之间的联系得以扩展，信息传递更快（Blakemore & Choudhury，2006）。

另一方面，青少年的脑部不断分化，沟回增多加深，兴奋过程和抑制过程逐步平衡，尤其是内抑制机能日臻完善。到青少年中期，兴奋过程和抑制过程已能够协调一致。

青少年大脑的变化为其多种认知技能提供了支持，这包括更强的注意、记忆、计划、整合信息的能力以及自我调节。

现在科学家了解到，大约在青春期开始，也就是 10～12 岁左右，大量的突触连接会变厚，神经科学家称这个过程为“突触过度产生或过于丰富”。突触连接的过度产生发生在“脑灰质”的一些部分。脑灰质位于大脑表层，尤其集中于“额叶”——正好位于前额后面（Keating，2004）。额叶参与大脑的大部分高级功能，比如提前计划、解决问题和道德判断。

突触过度产生在大约 11 岁或 12 岁时达到顶峰，但是很显然，这时我们的认知能力还没有达到顶峰。接下来的几年发生了大量的“突触修剪”，在这一过程中，突触的过度产生大量减少。事实上，在 12 岁到 20 岁之间，大脑通过突触修剪通常会失掉大约 7％到 10％的脑灰质（Laviola & Marco，2011）。“用进废退”似乎是工作原理：被使用的突触保留下来，那些没被使用的突触则逐渐消失。使用fMRI的研究显示，突触修剪在高智力的青少年中尤其迅速（Shaw et al.，2006）。突触修剪使大脑可以更高效地工作，因为大脑通路变得更加专门化。

“髓鞘化”是青少年期神经系统发育的另一个重要过程。髓鞘是包裹在神经元主要部分的一层脂肪膜。它的作用是将脑电信号维持在神经通路中，并提高它们的传输速度。髓鞘化和突触修剪使青少年的执行功能更好（Poletti，2009）。以前总是认为髓鞘化在青春期之前就会结束，但是后来发现会一直持续到十几岁（Giorgio et al.，2010）。这是脑功能如何变得更快、更有效的另一个标志。但是，和突触修剪一样，髓鞘化也会使脑功能变得不那么灵活、不那么容易改变。

此外，青少年的睡眠时间也会影响他们的大脑发育。但研究发现，在青春期到来之后，由于褪黑激素水平开始增长的时间延迟，青少年更容易熬夜，而且现在还有一些让他们更兴奋的事情可以做，比如上网查看新消息、玩网络游戏、跟朋友通过手机联系等——这些事使得他们想保持清醒并不困难（Gentile et al.，2017）。在过去的三十年里，青少年夜里睡得越来越晚（Keyes et al.，2015），这可能与电视、网络和其他电子媒体的使用时间增加有关（Adolescent Sleep Working Group et al.，2014）。还有证据表明，暴露在光线下会抑制褪黑激素的分泌，所以开着灯或盯着电脑、智能手机、平板电脑或电视屏幕等会进一步延迟褪黑激素的上升。研究发现，使用眼镜阻挡这些屏幕发出的蓝色波长光有助于减少屏幕光对睡眠的不利影响（van der Lely et al.，2015）。

（二）小脑及边缘系统的变化

研究青少年期大脑发育的研究者惊喜地发现，小脑对一些高级活动也有重要作用，比如数学、音乐、决策、社交技能以及幽默理解。而且小脑在青少年期和成年初显期一直在发育（Tiemeier et al.，2010）。事实上，这是最后一个停止发育的大脑结构，直到25岁左右才完成突触的过度产生与修剪，甚至在额叶之后。后来关于大脑发育的突破性研究正一步步揭示大脑各区域和系统的成熟是如何影响青少年的思维和其他认知发展的（Engle，2013；Spear & Silveri，2016）。越来越多的证据表明，青春期个体大脑的发育特点增加了青少年的情感唤醒水平，提升了他们对高回报、刺激性活动的渴望，也因此导致那些对奖励特别敏感的青少年更容易出现情绪和行为问题（Forbes & Dahl，2010；Harden & Mann，2015；Icenogle et al.，2017；LeMoult et al.，2015）。

脑认知研究发现，进入青春期后的青少年大脑，特别是边缘系统区域，更容易受某些神经递质的影响，比如多巴胺（在奖赏体验中起重要作用）和5-羟色胺（在情绪体验中起重要作用）。这导致青少年比儿童或成人更情绪化，对压力的反应更强烈，对奖励更敏感，也更有可能投入感觉寻求之中（Barkley-Levenson & Galván，2017；Braams et al.，2015；Galván，2013；Luciana & Collins，2012）。所以，青少年出现物质滥用行为和患有情绪类疾病的风险更高（见图2-1）（Casement et al.，2015；Guyer et al.，2016；Heller & Casey，2016）。这种情绪反应性的增强的另一个负面后果是增加了青少年对威胁感的敏感性，这可能促使一些青少年向他人发泄，或故意寻找刺激和恐惧的体验（Dreyfuss et al.，2014；Spielberg et al.，2014）。随着青少年走向成年，这些趋势开始逆转，个体逐渐变得不太容易被刺激唤起，并且能够更好地调节自己的情绪（Silvers et al.，2015，2017）。

总之，这些研究表明，青少年的思维和儿童不同，比儿童更加深刻，但是他们的认知发展也还没有达到成熟。他们在决策、预见行为结果以及解决复杂问题等领域的能力还不像成人那样突出，他们基本的大脑发育差不多完成了。同时，在青少年期的大脑发育过程中有得有失。相同的神经变化使思维速度更快、更有效，但是也使得思维更加死板、不那么灵活。

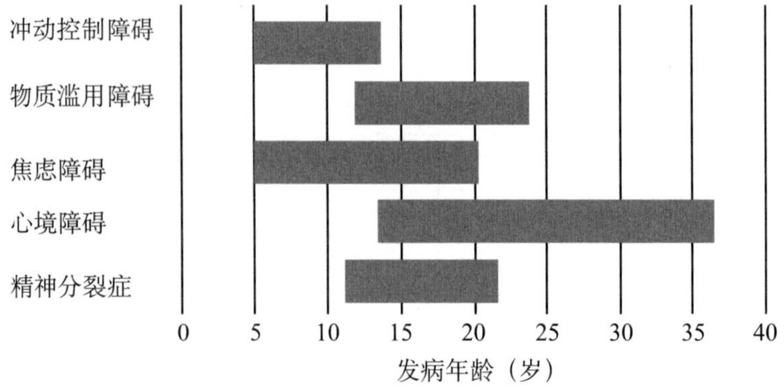

图 2-1　一些精神疾病的发病年龄

注：从图中可以看出，这些精神疾病的常见发病年龄为 10～20 岁。

资料来源：Paus et al.，2008。

四、性的成熟

（一）性成熟的表现

男女在青春期表现出的身体形态上的差异，称为第二性征。在青春期，性激素促成了第二性征的发育，导致了青少年男孩女孩身体形态上的性别差异及性器官、性功能的成熟（见表 2-1）。在这一方面，男女存在着显而易见的差异，女生的性成熟一般比男生早一两年。相似地，这方面的成熟也表现出年龄提前的长期趋势，女生月经初潮年龄的历史比较就是一目了然的例子。

表 2-1　青春期的主要变化

男孩的变化	大致年龄（岁）	女孩的变化	大致年龄（岁）
睾丸增大	12	子宫和阴道长大	10
阴毛生长	12～13	乳房发育	11
阴茎长大	13	阴毛生长，体重快速增长	12
遗精	14	身高快速增长	12
身高快速增长	14	肌肉和器官发育高峰	12～13
腋毛生长，长出胡须	14	月经初潮	12～13
肌肉和器官发育高峰	15	腋毛生长	14
嗓音变粗	15	阴毛成形	16
阴毛成形	18	乳房成形	18

在过去约二百年里，营养条件大为改善，初潮的平均年龄也随之下降（见图 2-2）。在大多数欧洲国家，初潮每十年提前 3～4 个月。在中国也是如此，从 1991 年至 2011 年，平均初潮年龄下降了近两岁（Meng et al.，2017）。例如，北京地区女生

1962 年时月经初潮年龄为 14.16 岁，而 2014 年则为 11.92 岁（中国学生体质与健康研究组编，2016）。从 1962 年到 2014 年的五十二年间，月经初潮年龄大约提前了 2.24 岁。其他地区也是大致如此。

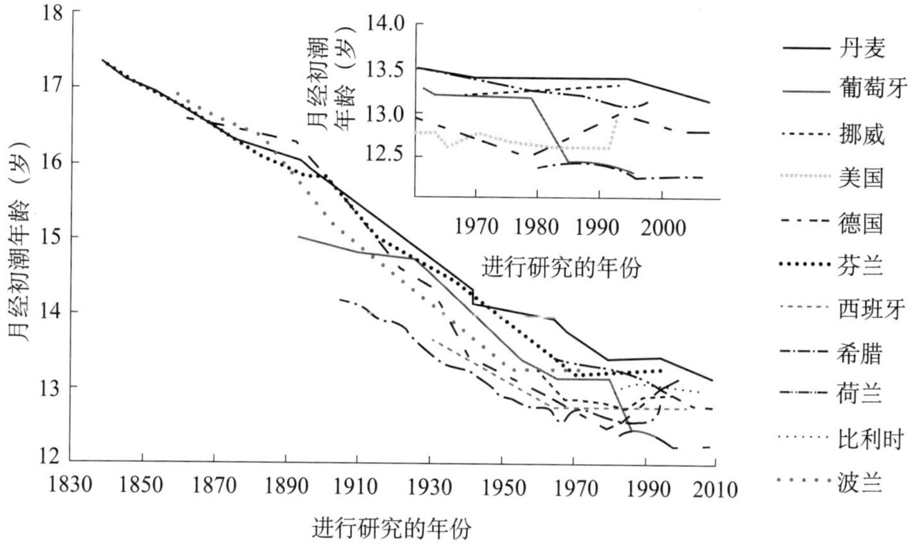

图 2-2　月经初潮年龄的长期趋势

资料来源：Sorensen et al.，2012。

虽然男孩没有月经初潮这样明显的标志性事件可供参考，但以男孩变声开始的时间来看，男孩青春期开始的年龄也在不断下降（Herman-Giddens et al.，2012）。欧洲儿童合唱团成员的年龄从 18 世纪中期的 18 岁下降到如今的 10 岁左右（Mendle & Ferrero，2012）。尽管青春期开始得更早，但发育完全却需要更长的时间。这意味着个体处于青春期的时间比以往任何时候都要长（Mendle，2014）。

此外，有关研究还表明，青春发育期是性意识发展最快的时期。研究者认为，初中二年级是一个关键转折期。同时，尽管女孩的身体比男孩更早成熟，然而在性意识的发展上，男孩比女孩更快。除了以上性别差异，第二性征的出现和性的成熟也存在着早熟、晚熟现象。这些个别差异与青少年在身体外形和内部机能的变化方面表现出的个别差异一起，使早熟者、晚熟者面临着不尽相同的适应问题。

身体和性的成熟深刻地影响着青少年看待自己和对待他人的方式。青少年开始青春期发育的时间和速度、发育不同方面的同步性，以及青少年如何看待自己的发育，都会对他们的心理健康产生重要的影响（Mendle，2014）。

（二）性成熟的影响因素

一个人青春期开始的时间和发育在很大程度上受遗传影响（Mustanski et al.，2004）。6 号染色体上的一个特定区域被认为与男孩和女孩的青春期发育有关（Bogin，2011）。但遗传因素仅仅为青春期发育设定了界限，青春期成熟还受到环境因素的影响，其中最重要的两个因素就是营养和健康。那些在产前、婴儿期和儿童期营养更好、成长更快的个体，青春期来得也会更早。而那些蛋白质或热量摄取不足的个体，则更有可能出现青春期延迟（Terry et al.，2009）。此外，患有慢性疾病和运动过度的儿童也可能会出现青春期延迟。

虽然遗传上的设定使得个体在某个特定年龄段进入青春期，但那些脂肪细胞更多，以及在童年时期接触光照更多的个体有可能更早进入青春期。具有相同基因的人，如果身体瘦弱，没有得到那么多的光照，就会较晚进入青春期（Lomniczi et al.，2013）；也就是说，超重的儿童和在赤道附近长大的儿童的青春期开始得更早（Lee et al.，2016）。此外，暴露在人造光下，特别是电子工具发出的光，也可以抑制褪黑激素水平，加速青春期的到来（Greenspan & Deardorff，2014）。所以，花费大量时间在电子屏幕前的儿童可能在无意中加快了青春期的到来。

除了生物遗传因素，家庭环境因素也会影响青春期的开始，尤其对于女孩而言。那些家庭中缺少父亲角色和在冲突较多的家庭中长大的女孩，或者是有继父的女孩，会更早开始青春期发育（Culpin et al.，2015；Ellis，2004）。此外，在童年时期受到性虐待的女孩，也可能会过早进入青春期（Mendle et al.，2014，2016；Negriff et al.，2015）。

出现这种影响的可能原因是，家庭中的紧张关系可能会诱发压力，而压力会影响青少年的激素分泌水平（Belsky et al.，2015；Saxbe et al.，2015），对于那些遗传了压力敏感性的女孩更是如此（Hartman et al.，2015）。其他类型的压力，如经济压力也会加速青春期的到来（Sun et al.，2017）。值得注意的是，安全型的母子依恋关系似乎可以缓解压力对青春期的影响（Sung et al.，2016）。此外，家庭中继父的存在可能会让女孩接触到信息素（动物分泌的一类化学物质，可以刺激该物种的其他成员的某些行为），从而刺激其青春期的成熟。一般来说，在人类和其他哺乳动物中，与自己的近亲生活在一起似乎能减缓青春期的成熟，而接触无血缘关系的另一性别的成员则可能会加速这一过程。

五、运动能力

青春期的开始会使得青少年的粗大运动技能有稳定的改善，只不过对于男女生而言，变化的模式各行其是。对于女孩而言，变化稍慢，而且是循序渐进，在14岁时达到顶峰。相比之下，男孩在力量、速度、耐力等方面在青少年期会有突飞猛进的增长。到青少年中期，在奔跑速度、跳远及投掷等方面，很少有女孩的表现能够和一般的男孩相提并论，而且，几乎没有男孩的表现不如一般的女孩（Haywood & Getchell，2014）。

因为男孩女孩在身体上已经没有可比性，所以在中学里体育课一般是男女生分开上。同时，男孩女孩对运动项目的选择也成了课程中的一部分，包括田径、摔跤、足球、举重、曲棍球、箭术、网球和高尔夫球等。

对于男孩而言，运动能力与同伴尊重和自尊有着非常密切的关系。一些青少年会因为在运动方面乏善可陈、极受困扰，转而寻求服用提高成绩的药物。一项大规模的研究发现，大约8%的美国高中生（绝大多数是男生）报告说使用过肌氨酸，这是一种可以短时提高肌肉力量的非处方药，但是却有着危险的副作用，可能导致肌肉组织疾病、脑惊厥以及心律不齐（Castillo & Comstock，2007）。大约2%的高中生（同样绝大多数是男生）服用过合成代谢类固醇或相关的药物雄烯二酮，这是强劲的可以促进肌肉力量的处方药。青少年通常通过非法途径获得类固醇，而且无视其副作用。教练和健康专家都应该提醒青少年这些药物可能带来的危害。

在中学里，男孩女孩都被鼓励参加运动，但是只有30%左右的人每天进行体育锻炼。实际上，运动及锻炼不仅可以改善运动能力，而且对认知和社会性发展也会产生影响。团队合作、问题解决、自信张扬以及相互竞争等，都可以得到磨炼。

运动水平高，少年表现好。

第二节　身体变化的适应

一、性成熟的心理适应

青春期身体变化最显著的表现就是遗精和月经，它们分别是男孩女孩性成熟的标志，青少年对此是否有所准备，在心理适应上会产生很大的影响。

（一）男生对遗精的心理反应

遗精是在非性交状况下的射精，标志着男性的成熟。青少年男孩首次遗精是其身体发育走向成熟的结果。我国男孩首次遗精年龄是在14～15岁，最早的可能在12岁左右，一般到20岁时，几乎所有的男性都经历了遗精（参见黄煜峰，雷雳，1993；张金山等，2006）。

关于遗精对青少年的心理发展可能产生的影响，研究表明青少年男孩主要的心理体验依次是害羞、新奇、恐慌、无所谓，其中52%的人感到害羞和恐慌（邓明昱等，1989）。西方的研究也表明，男孩对此的反应包含了各种体验。

一般而言，首次遗精可能是男孩的身体发育达到了一定的成熟水平时，因阴茎受到性刺激（比如，与异性接触、看到报刊影视中与性有关的内容等）、体温上升和运动等原因而引起的。如果青少年男孩对遗精有所认识、有心理准备，他们的反应相对就会比较积极（Stein & Reiser，1994）。如果他们对此一无所知，不理解这是正常的生理现象，遗精就可能会引起惊慌和困扰，使他们产生无谓的焦虑。

（二）女生对月经的心理反应

随着青春期的发育，女孩会出现月经初潮，这是其走向成熟的标志。我国女孩月经初潮的年龄在 13 岁左右，最早的可能在 9 岁，最晚的在 20 岁左右（参见黄煜峰，雷雳，1993；侯冬青等，2006）。有研究发现，如果营养和生活条件在两代人之间保持稳定的话，女孩的月经初潮年龄往往与其母亲的相似；母亲怀孕期间吸烟，女孩是母亲第一胎，那么女孩的月经初潮往往较早出现（Maisonet et al.，2010）。此外，如果家庭冲突不断，则可能月经初潮出现较早；如果父母充满温情，家庭关系和谐，父母投入地照料孩子，那么月经初潮会出现得比较晚（Belsky et al.，2007）。家庭分裂，与父亲分居（Tither & Ellis，2008），母亲的教养方式较为严苛，都可能导致月经初潮较早出现（Belsky et al.，2010）。

对于月经初潮，我国青少年女孩的主要心理体验依次包括害羞、恐慌、新奇、无所谓，其中 68%的人感到害羞和恐慌（邓明昱等，1989）。西方的研究也表明，女孩对月经初潮的反应中既有积极的感受，也有消极的感受。经历了月经初潮的女孩，其消极感受并不如想象的那么严重。

而且，月经初潮带来的影响很大程度上取决于青少年女孩是否对此有所准备，即她们是否具备相应的知识。实际上，现在已经很少有女孩对此一无所知了，这也反映了现代父母会更多地与孩子谈论与性有关的问题，以及性知识得到了广泛传播（Omar et al.，2003）。西方的研究表明，女孩基本上是从母亲那里获得有关信息的（Brooks-Gunn & Ruble，1983），她们通常也会在月经初潮之后立刻告诉母亲，两三个周期后，她们也会告诉父亲。这种女孩的社会适应尤其好，它可能反映的是家庭气氛对青春期身体变化的高度接受性。后来的研究发现，几乎所有的女孩都会把来月经的事告诉朋友，但是很少有男孩会把遗精的事告诉任何人（DeRose & Brooks-Gunn，2006）。但是，值得一提的是，很多发展中国家的女孩对月经初潮仍然是一无所知、毫无准备（Chandra-Mouli & Patel，2017）。

在经历了月经初潮之后，青少年女孩的心理会发生一些微妙变化。与尚无此经历的女孩相比，她们对女性的特点会有更多的兴趣。她们开始更多地注意身体外表，更多地注意与男孩的关系。而且，经历了月经初潮的女孩在心理上也表现得更加成熟。

二、早熟的影响

很多研究考察了生理上的早熟和晚熟对青少年心理特征、社会性特征和适应性的影响，这些研究结果对于我们理解青春期的起始时间和发展速率与众人不同的那些青少年来说，具有重要的意义。正在发育的五年级学生可能会感到尴尬无奈，但尚未发育的九年级学生则可能会感觉自己格格不入。

（一）早熟的男孩

在男孩身上，早熟与积极的自我评价联系在一起，而晚熟则一般与消极的自我评价联系在一起（Richards & Larson，1993）。早熟的男孩往往比其他男孩有更讨人喜欢的身体映像，且更受欢迎（Graber et al.，2010；Weichold et al.，2003）。与晚熟男孩相比，早熟男孩相对于他们的年龄来说显得身材高大，他们更为强壮有力，动作更为协调，在体育运动中更加得心应手，在体育运动的竞争中更可能获得优胜，继而提高他们的威信和地位。

他们在与同伴的交往中也有很大的社会性优势，他们更多地参加学校的课外活动，并且常常被选为领导角色。早熟男孩也往往表现出对女孩更感兴趣，更受女孩欢迎，因为他们更有形，社会兴趣和技能更为老到。较早的性成熟也使他们比较早地开始了异性交往。早熟的男孩们可能也会有一个长期的优势。一项研究对早熟青少年男孩进行了四十年追踪后发现，与晚熟的男孩相比，他们在生涯中获得了更大的成功，并有更高的婚姻满意度（Taga et al.，2006）。

成年人也往往比较喜欢早熟男孩，认为他们比晚熟男孩在身体上有吸引力，更为强壮，修饰得当，心理上没那么紧张。更重要的是，成年人也认可和接受早熟男孩，认为他们比较成熟、有能力。而且，社区也会比较早地认可他们希望承担成人角色和责任的愿望。这样一来，他们就能够获得年龄较大的人才能够获得的特权。

不过要注意的是，成年人的这种态度也是有利有弊的。成年人往往对早熟男孩期望更多，希望他们的行为举止像个成年人，并且承担起相应的责任，因而他们的心理压力更大（Ge et al.，2001a）。同时，早熟男孩也没有时间去享受儿童期的那种天真自由。

不幸的是，有些早熟男孩并未能好好地利用他们所得到的自由。因为父母不再特别紧盯他们，所以他们往往会和年龄更大的伙伴一起玩，结果早熟男孩比其他人更有可能卷入偏差行为、性和物质使用中（Graber et al.，2010；Westling et al.，2008）。虽然这些问题绝不会发生在所有早熟者身上，但是无论如何相对于晚熟的男孩来说，这都是一目了然的。

（二）早熟的女孩

对于青少年女孩来说，早熟并不像对于青少年男孩那样是一件好事。女孩通常比男孩早一两年进入青春期，早熟女孩则更是超前了。由于她们个子长得更高，性方面更加成熟，所以她们往往会感到尴尬，自我意识更强。早熟者体重也比她们的朋友高一些，这一点在大多数的青少年女孩看来绝非好事。由于与同伴的差异显而易见，她们的自尊会受到消极的影响（Alsaker，1992）。她们出现各种问题的可能性较大，包括抑郁情绪、消极的自我映像、进食障碍、物质滥用、青少年犯罪、攻击行为、学校问题以及与父母的冲突（Lynne et al.，2007；Harden & Mendle，2012；Ullsperger & Nikolas，2017）。

由于有这样的压力，并且早熟女孩更可能会和年龄较大的男孩混在一起，会带着她们涉足物质使用、偏差行为和过早的性行为（Graber et al.，2010；Weichold et al.，2003），所以她们出现各种问题行为的风险就会大大增加。她们更可能吸烟、酗酒、出现进食障碍；她们的身体可能会招来男性的关注，使她们更早答应约会，而且，她们也可能过早卷入性行为。早熟的女孩如果建立了更多的异性友谊，如果她们所上的学校是男女同校而非女校，那么她们可能更容易遇到心理上的困扰和出现问题行为（Caspi et al.，1993）。早熟女孩更可能遇到诸如焦虑和抑郁这样的内化问题。她们也更可能在学校遇到失败，更可能去干违法犯罪的事。

研究也发现，早熟女孩最终受教育程度较低，在成年后其职业成就也较低（Stattin & Magnusson，1990）。显然，这是其社会性及认知的不成熟与过早的身体发育混合的结果。早熟女孩容易受到诱惑而沾上问题行为，并且没有意识到这对她们的成长可能带来长期影响（Weichold & Silbereisen，2005）。

此外，早熟往往导致更矮、更胖的外形，这在女性外形上推崇纤瘦的西方是个缺点。这有助于解释为什么早熟的女孩们有更高比例的抑郁心境、消极的身体映像和进食障碍。值得注意的是，非裔和拉美裔的女孩并没有这些早熟的影响，可能是因为这些文化更少可能把高挑、纤瘦的体格作为女性的理想类型（Ge et al.，2001b）。研究表明，这些影响并不只是局限在美国。比如，在斯洛伐克的研究发现，与那些适时进入青春期的女孩或者晚熟的女孩相比，早熟的女孩更可能去酗酒、吸烟，与男孩在一起混的时间也更多（Prokopčakova，1998）。

跨文化研究发现，学校管理的严格程度和社会文化背景会间接影响早熟女孩是否会产生问题行为。在那些管理宽松、容许学生有更多自由时间的学校中，早熟女生更有可能通过校外交友而遇到麻烦（Stattin et al.，2011）。以性观念开放的瑞典和保守的斯洛伐克为例：早熟的瑞典女孩更有可能通过异性接触而产生问题行为，但对于斯洛伐克的女孩来说，早熟与问题行为无关，这可能是因为女孩与男孩的接触相对更受限制。不管什么文化背景，只要不给予早熟女孩与偏激的、年长的同伴和男性交往的机会，这些女孩就不大可能发展出问题行为（Skoog et al.，2013）。

三、晚熟的影响

（一）晚熟的男孩

晚熟男孩会受到由晚熟所引发的自卑的困扰。一个在 15 岁时还没有开始青春期发育的男孩比起早熟男孩来，其身高和体重都显得相形见绌。伴随身材上的差异，他们在体格、力量和协调方面的差异也非常引人注目，导致其形成消极的自我知觉和自我概念。他们典型的特征是缺乏魅力，不受欢迎；他们更好动，专横，反叛父母；他们会有不自在感，觉得遭拒绝，比较依赖。由于受到社会拒绝，他们会变得自我意识更强，也会表现出退缩。

与“准时”成熟的男孩相比，晚熟男孩使用酒精和出现偏差行为的可能性更高（Williams & Dunlop，1999）。一些证据表明，晚熟男孩进入成年初显期时，其物质使用和偏差行为会增多（Biehl et al.，2007；Graber et al.，2004）。他们在学校里的成绩也更低（Weichold et al.，2003）。

晚熟者有时会通过变得过分依赖他人，或者变得过分渴求地位和注意，来获取一种过度补偿。另一些时候，他们会试图通过藐视、袭击或取笑他人，或者通过引起注意的方法，来补偿他们的不自在感。很典型的表现是，他们会高谈阔论，别人稍一挑衅他们就动手打架。这些早期的负面社会态度所产生的影响可能会一直持续到成年期，在他们的身体差异及其在社会交往中的重要性已经消失殆尽时，也经久不衰。大多数晚熟男孩延迟了成年期的心理承诺，比如晚婚，并且由于他们挣钱较少，所以对自己的职业地位也缺乏安全感。极端情况下，虽然由生理因素引起的生理发育迟滞，在雄激素的作用下有时会加快青春期的过程，但是，社会性发展迟滞则可能一直持续很长时间。

（二）晚熟的女孩

晚熟青少年女孩在社会交往上明显处于不利的地位。她们在别的女孩已经开始发育而她们还没开始的一段时间，会遭受取笑和形成消极的身体映像（Weichold et al.，2003）。她们看起来像是小姑娘，但是她们自己拒绝别人以这样的态度来看待她们。在男女生聚会以及社会活动中，她们往往被撇在一边，大家对她们视而不见（Friedlander et al.，2007）。到14～18岁时才出现月经初潮的女孩，很可能也是比较晚才会有亲密的关系。结果，晚熟女孩可能会妒忌那些已经发育成熟的朋友。她们一般与正常发育的男孩处于同一水平，所以通常是以这些人为朋友。然而，她们回避规模较大的、男女混合的团体，她们对年龄小一些的团体更感兴趣，她们和这些团体在一起的时间更多。

不过，晚熟女孩具有的一个优势是，她们不会像早熟女孩那样遭到父母及其他成年人的尖锐批评。在她们的青少年后期，她们往往会有比其他女孩更讨人喜欢的身体映像（Simmons & Blyth，1987），很可能是因为她们最后更可能长成瘦削的体格，而这在西方主流文化中被看作具有吸引力的体形。而她们主要的不利之处似乎是，由于身体上相对不太成熟，她们在社会交往中暂时处于不利的地位。

四、不合时宜的成熟

关于青春期起始时间的研究提出，只要是不合时宜，无论是早了还是晚了，也无论是对于男孩还是对于女孩而言，都可能带来问题。关于这一点，有两个比较有影响的理论提出了早熟、晚熟所产生的结果。

“另类假设”（the deviance hypothesis；如 Alsaker，1995）提出，如果青春期开始的时间不合时宜，那么无论是早熟还是晚熟都会给青少年的适应带来困难，因为它把青少年放到了社会性发展的“另类”中。

“发展阶段终结假设”（the developmental stage termination hypothesis；如 Petersen & Taylor，1980）则认为，早熟让青少年很容易遇到发展困难，因为早熟可能会引发青少年的某些角色和活动（比如，约会），而这些角色和活动所需要的技能还没有在早熟青少年身上形成。

成熟速率与性别的交互作用会给青少年带来混乱和压力，由此产生的那些不当行为可能在表面上看起来大同小异，但是同样的行为对于早熟和晚熟的青少年来说却可能有似是而非的动机。早熟和晚熟的男孩中犯罪率都比较高，但是早熟者是由于受到年龄较大的同伴的怂恿教唆，而晚熟者则是为了提升自尊和赢得社会地位（Williams & Dunlop，1999）。所有的青少年都希望得到同伴的喜欢和尊重，为了赢得大家的接受，他们会去做一些具有补偿作用的事。

不应被忽视的是，除了生理发育本身的特点会影响青少年的心理适应，社会文化和环境如何看待青春期也会对青少年的心理发展产生巨大影响（Skoog & Stattin，2014）。在某些文化中，青春期的成熟被认为标志着个体开始进入成人阶段，父母甚至会因此而举办庆祝仪式。而在另一些文化中，对从儿童到成人的身体转变的认可采取了更微妙的形式。例如，当父母发现儿子需要刮胡子时，他们可能只是说“我们的小男孩已经成为一个男人了”；或者，当得知女儿来了第一次月经时，他们会表示“我们的小女孩已经长大了”。早熟或晚熟可能是庆祝的理由，也可能是担忧的理由，这取决于在特定的时间点上，在特定的同龄人群体中，大家认为什么该被羡慕、什么该被嘲笑（Steinberg，2019）。

第三节　身体映像与理想身材

一、身体映像

在青少年期，“身体映像”（body image）作为对身体特征的态度和反映，一直被认为是青少年自我概念发展过程中的核心要素，并且对实际的社会适应有着重要的影响。在女孩开始青春期的发育以后，她们的体形会由于脂肪的增加而发生变化，这常常使得她们看起来与很多文化所推崇的女性“纤瘦”的审美偏好大相径庭。就对身体的满意度而言，存在着明显的性别差异：与男孩相比，女孩往往对自己的身体更为不满，特别是针对小腿、大腿以及臀部。

（一）发育时间与身体映像

从青春期起始时间的角度看，相对准时的青春期发育进程与女孩对自己的魅力和身体映像的正面感受相联系。然而，早熟女孩往往比“准时”的或者晚熟的女孩对自己的身体更为不满（Petersen & Crockett，1985）。早熟者也不满自己相对于同龄伙伴更高的体重（Stattin & Magnusson，1990），所以早熟者对身体的低满意度可能部分造成了对自己外表某些方面的不满。早熟女孩对身体的不满很可能源自她们的乳房开始发育时遭到同伴的取笑，有时甚至是受到父母的取笑（Silbereisen &

Kracke，1997）。

关于晚熟者身体映像的研究并没有得出一致的结论。一些研究并没有发现发育晚的女孩一致地报告消极的身体映像，而其他研究者却指出“准时”发育和晚熟的女孩的身体映像比早熟者更为积极（Richards & Larson，1993）。研究还发现，晚熟者特别容易形成对生理容貌的消极自我概念（Wichstrom，1998）。可以看到，对生理容貌的全方位的知觉判断都可能影响青春期发育进程中的身体满意度或者身体映像。

（二）身体魅力和身体映像

身体魅力和身体映像与青少年自我评价、受欢迎程度以及同伴接受性有着重要的联系（Koff et al.，1990）。身体魅力影响着个性的发展、社会关系和社会行为。有吸引力的青少年可能由于别人对待他们的方式不同，一般具有更高的自尊、健康的个性品质，社会适应更好，拥有更广泛的人际交往技能。无论男女，身体魅力都与自尊有着显著的联系（高红艳等，2007；高亚兵等，2006；Thornton & Ryckman，1991）。

和那些被认为缺乏魅力的青少年相比，老师也可能会认为那些较有身体魅力的青少年拥有较好的同伴关系和亲子关系，并且这些青少年自己的看法也是如此（Lerner et al.，1991）。此外，身体容貌对女孩自尊的影响超过对男孩的影响，对女孩社会地位的影响也是如此（Wade & Cooper，1999）。

（三）性别差异

青少年对自己身体的知觉存在着性别差异。一般来说，在整个青春期，女孩比男孩更不满自己的身体，她们的身体映像更为消极（唐东辉等，2008；陈红，黄希庭，2005；骆伯巍等，2005）。并且，随着青春期的进程，女孩常常变得对自己的身体更加不满，这可能是由于她们身体脂肪的增加；而男孩在这一过程中却是越来越感到满意，这可能是由于他们肌肉的增加（Seiffge-Krenke，1998）。花费大量时间与朋友谈论自己的长相、被人嘲笑体重（尤其是被男孩嘲笑），或者感到瘦身压力的女孩，身体映像往往比较消极（Webb & Zimmer-Gembeck，2014；Webb et al.，2015）。

国内有研究比较了初中、高中和大学三组女学生的身体自我，发现高中女生的负面身体自我得分最高。这可能是因为高中阶段的女性正处于青春期身体发育的高峰期，其内脏、骨骼的发育以及脂肪的堆积自然带来体重的增加和体形的变化。随着年龄的增加，这些变化也日趋明显，而社会上却一味将苗条作为理想身材。女性所感受到的理想与现实的差距会随着年龄而增加。这种差异加深了她们对自己体形的不满，造成负面身体自我。但到了大学阶段，女性逐渐接受了身体的这一变化，身体满意度回升，负面身体自我下降（陈红等，2007）。

与此同时，只有那些希望自己是强壮的“肌肉男”的男孩未能如愿时，他们才会对自己的外表感到不满（Jones，2004）。研究者以及临床治疗者已经意识到，目前对男孩的身体映像和相关的问题行为的基本认识以及评价有失偏颇。以往这些领域关注的是女性，而男性的很多问题被视而不见。人们一直关注的是减肥，但是很少关注增加体重或者如何使肌肉变得更健壮。尽管人们已经认识到了由于专注于节食而引发的各种障碍（Stice，1998），但是对暴饮暴食、过分锻炼或者其他与扭曲的身体映像有关的行为对男孩所产生的影响却几乎是一无所知（Middleman et al.，1998）。除了暴饮暴食和过分锻炼这些可能导致明显健康问题的行为模式之外，身体映像不良的男孩还可能会出现心理问题，比如抑郁、低自尊、焦虑等（Braun et al.，1999）。

过去之所以不太关注哪些因素会影响青少年男孩出现身体映像的困扰，可能是由于之前的研究很少发现进食障碍（比如，神经性厌食症、神经性贪食症）对男孩有什么影响，并且这种影响远不及女孩（Braun et al.，1999；Sharp et al.，1994）。然而，这些研究并没有考察不良的身体映像所产生的其他后果，比如暴饮暴食、过分锻炼、滥用类固醇；因此，不良的身体映像对男孩的行为所产生的影响，可能被低估了。

（四）外因对身体映像的影响

总体上，对于身体映像，可以从生态系统的角度来分析父母、同伴、伴侣、媒体、社会文化等微系统、外系统、宏系统的影响（杜岩英等，2010），当然，具体到青少年的身体映像而言，则可能稍有不同。

首先，父母基本上对男孩女孩身体映像方面的困扰都有着影响，但是对女孩的影响更为突出（Mccabe & Ricciardelli，2001）。父母在向男孩传递社会文化关于理想身材的信息方面起着重要作用。对于女孩来说，社会文化推崇纤瘦身材为理想身材所产生的影响是不言而喻的（Monteath & McCabe，1997）。尽管母亲对女孩的态度和行为有着重要的影响，不过父母在鼓励女儿节食方面却没有差异（Moreno & Thelen，1993）。

此外，父亲对女儿的态度有更大的影响，而母亲则更主要是影响儿子的态度（McCabe & Vincent，2003）。母亲主要是影响青少年男孩的身体映像，而父亲主要是影响他们的锻炼和饮食水平（Ricciardelli et al.，2000）。母亲通过一些积极评价来发挥影响，而父亲则是通过批评。

其次，从角色榜样来看，同性榜样对女孩的减肥行为会产生影响；而对于男孩而言，同性榜样则是鼓励他们加强锻炼，以改变身材和体形（McCabe & Vincent，2003）。比如，相当多的青少年女孩会和女朋友谈论体重、体形，有时也会谈节食（LeVine et al.，1994）。但是青少年女孩说很少有朋友会鼓励她们节食。虽然关于异性角色榜样对男孩、女孩身体映像的影响的研究并不多，但是异性角色榜样可能在青少年期起着重要作用，因为这时候青少年的身体正在变化，他们对异性的兴趣也在增长（Swarr & Richards，1996）。女孩对身体的不满往往被归咎于大众媒体的影响，但研究表明，她们不满意的原因是与自己的朋友进行比较，而不仅仅是受到媒体的影响（Ferguson et al.，2014）。媒体中出现的形象会通过促使青春期女孩交流外表话题，进而强化她们对外表的不满（Rousseau et al.，2017；Trekels & Eggermont，2017）。此外，那些特别关注体重的女孩经常与有同样关注点的同龄人在一起也会引发她们对外表的不满（O'Connor et al.，2016）。

再次，从媒体的影响来看，研究发现比较一致，即媒体，特别是杂志，对青少年女孩的身体映像以及饮食方面的困扰具有重要影响（LeVine et al.，1991）。在一定程度上，媒体的信息也会对男孩的身体映像产生影响，使他们做一些事以便增加体重，强健肌肉。观看纤瘦的模特会使女孩产生焦虑感以及对身体的不满，但是男孩不会这样（Kalodner，1997）。

最后，文化背景也会影响青少年的身体映像。比如，青春期女孩对她们身体的感受存在种族和跨文化差异。在世界上许多地方，包括北美和南美、欧洲和亚洲，女孩都有很强的要瘦下来的压力（Jones & Smolak，2011）。而黑人青少年比其他女孩更少受到身体映像的影响（Ali et al.，2013；Jung & Forbes，2013），因此她们很少节食减肥，这可能是不同种族的理想体形不同所导致的（Granberg et al.，2009）。

二、理想身材与体重

（一）身材的影响

大多数研究者认为，媒体对女孩追求纤瘦的身材负有主要责任（Myers & Biocca，1992）。电影、电视节目、电视广告、杂志等所描绘的女性都是个子高高的、身材瘦瘦的、腰围细细的。这种形象的不断曝光向女孩和女性传达了一个明确的信息：如果你想让大家觉得你漂亮，你就必须变得纤瘦。比如，在一项研究中，即使是很短暂地接触具有理想的苗条身材的模特，也会增加被试对自己身体的不满（Thornton & Maurice，1997）。所以可以想象成百上千小时地观看必然产生广泛深远的影响。

对自己的身体所产生的不满甚至会泛滥成灾，造成对自我的不满，女孩尤其如此。换言之，认为自己超重的女孩比别的女孩自尊更低（Guiney & Furlong，1999），更可能感到抑郁（Rierdan & Koff，1997）。事实上，不良的身体映像是青少年女孩比男孩更可能产生抑郁的主要原因（Siegel et al.，1999）。这种低自尊感一方面可能源于超重者与同伴的交往关系不太愉快这一事实。比如，青少年男孩对与超重的女孩约会不太感兴趣，他们更喜欢苗条的女孩。国内研究还显示，肥胖体形的女生对自己体形的认知和情感体验较体重正常和消瘦者都更消极，也更可能通过节食、药物等方法减肥（陈红等，2007）。

身材圈中议，映像难积极。

而且研究也提示我们，女性的容貌焦虑与儿童期和青少年早期的消极社会体验相联系。这些经验可能会导致儿童期和青少年早期对容貌的不满，进而又与青少年后期和成年早期的容貌焦虑联系在一起（Keelan et al.，1992）。

（二）性别差异

青少年女孩对身体的不满在不同的种族中反应不一。非裔美国女孩相对其他种族的女孩而言，较少认为自己超重（Centers for Disease Control，1991）。白种女孩则对自己的身材很不满，亚裔和西班牙裔美国女孩更是有过之而无不及。特别是，甚至已经非常瘦削的西班牙裔和亚裔美国女孩也常常不满自己的体重，希望更瘦削一些（Robinson et al.，1996）。

相比之下，男孩更喜欢中等的运动员身材。所以，他们不太会像女孩那样常常感到自己超重了；并且，事实上他们也不喜欢太瘦。具有好身材的高个男孩被认为比矮个子更有魅力，而矮个男孩往往受到诬蔑，承受其他的心理压力（Sandberg，1999）。具有肌肉健壮的运动员身材的男孩，在社会交往中比身材较瘦或较胖者更受欢迎，他们在人际交往中如鱼得水，自信乐观。而认为自己没有魅力的青少年，也可能觉得自己比较孤独。

（三）身体映像与体重的关系

青少年的身体映像与其体重有着密切的联系。很多青少年都担心超重，并且这种关注似乎从儿童期就已经开始（Gardner et al.，1997）。青春期是厌食症、贪食症和暴食症等进食障碍发生风险最大的时期。而且研究发现，那些对青春期的到来毫无准备，以及不喜欢青春发育的女性多年后患上进食障碍的风险更大（Moore et al.，2016）。

肥胖的原因并不简单，可以包括生理的和心理的两方面。心理上的很多因素对肥胖有着重要影响。比如，吃东西对于肥胖的人来说是非常有力的正强化，与体重正常的人相比，他们更觉得吃东西是一件令人愉快的事。研究发现，和朋友以及家人在一起消磨时间所具有的强化价值，对于肥胖者而言要高于体重正常者。对于其他人来说，吃东西是会产生情绪困扰的负强化；也就是说，它可能会引起焦虑、抑郁以及心烦意乱。但是，对于肥胖者而言，吃东西成了寻求安全感、释放紧张的一种方式（Heatherton et al.，1992）。

同样，对有的人来说，吃东西可能会成为一种惩罚手段。他们自尊较低，或者痛恨自己。体重的增加变成了一种强化他们的消极自我概念的手段，旨在证明他们对自己的感觉准确无误。

第四节　青春期与自尊及亲子关系

一、青春期与自尊

关于青少年期的身体映像与自尊之间关系的研究已经积累了大量的文献。其中一个比较一致的发现是，对自己的体形和体重不太满意的女孩与那些身体映像较为积极的人相比，她们的自尊往往更低。这一发现在青春期前和青春期后的青少年女孩身上都可以看到（Wood et al.，1996），并且即使是考察不同的自尊维度也都得到一致的结果。研究者还证明，更为一般意义上的身体映像（比如，对容貌的总体感受）与总体上的自尊之间存在联系（Harter，1999）。

青少年女孩比男孩更可能将生理外貌作为自尊的基础。这种性别差异很大程度上解释了在大部分西方文化中发生在青少年期的自尊的性别差异（Gentile et al.，2009）。在青少年期，女孩比男孩有着更消极的身体映像，更关注她们的生理外貌。与男孩相比，她们对自己的身材更不满意；大部分女孩认为自己太重，尝试着去节食（Barker & Bornstein，2010）。因为女孩往往消极评价她们的生理外貌，因为生理外貌是她们总体自尊的中心，所以青少年期女孩的自尊往往比男孩更低（Shapka & Keating，2005）。

关于青春期的起始时间与女孩的自尊之间的关系，也有研究进行了探讨并找到了早熟与低自尊之间存在联系的证据（如 Alsaker，1992），而且，研究还发现晚熟的青少年自尊较低（Wichstrom，1998）。研究者认为，重要的并不是青春期开始得晚了，而是青少年对自己的青春期起始时间的早晚的知觉判断：认为自己发育晚的那些青少年在其自我概念的各个方面都受到困扰，但是觉得自己的发育是“准时”的，以及认为自己早熟的那些青少年在自尊方面受到的影响则差不多是一样的（Wichstrom，1998）。

这些研究也表明，上述关系受到了其他更为接近的因素的调节。比如，虽然青春期发育进程较快的女孩自我映像水平较低，但是这种联系受到体重、对体重的满意度以及身体映像等因素的影响。在一项纵向研究中，研究者发现早熟者自尊较低，但是这种联系相对而言是受到其超重的程度的调节的（Alsakcr，1992）。相比之下，另一项研究发现，“迟到”的青春期与较低的容貌自我概念之间的关系并不会受到对体重的知觉判断或者实际的体重的影响（Wichstrom，1998）。

关于青春期的起始时间、身体映像以及自我报告的自尊水平之间的关系存在矛盾的研究发现，这种矛盾可能在一定程度上是由于在跨文化上反映出来的个体经验差异，以及生理发育的程度最终不同。因此，将这方面研究的结果概括化应用时必须考虑到不同的文化。

后来的研究发现，早熟及对身体映像的低评价与低自尊联系在一起，并且身体映像对青春期起始时间与自尊之间的联系具有调节作用。对身材体形的关注程度以及对容貌的负面知觉判断，可以像晚熟一样预测低自尊，不过没有发现这一关系中存在其他因素的调节作用。总之，研究结果支持青春期起始时间对身体映像及自尊有影响的观点（Williams & Currie，2000）。国内研究发现，个体体质指数（BMI）越大，知觉到的嘲笑越多，其对身体越不满意，并且自尊水平越低（平凡等，2011）。进一步的回归分析发现，体质指数、嘲笑可以通过影响身体映像间接影响自尊，身体映像在体质指数、嘲笑和自尊之间起着部分中介作用。

二、青春期与亲子关系

以往的研究一般认为青少年期是一个“疾风暴雨”的时期，而现在则一般认为这一时期反映了父母与青少年之间关系的一种转变。

研究发现，青春期的身体变化会导致亲子关系的变化（Ellis et al.，2011）。一个孩子如果相对较早进入青春期，与家长的关系的变化也相对较早；反之亦然。例如，一项针对 10～15 岁青少年的研究发现，不论年龄多大，那些已经进入青春期的青少年都感觉与母亲的亲密度更低，更不被父亲接纳（Steinberg，1988）。研究也发现，对于那些早熟的青少年，与家长的冲突往往尤其高（Ellis et al.，2011）。在青春期变化变得明显时，青少年和父母的关系往往会变得更冷淡（Ellis et al.，2011），冲突增多，亲密感降低。在进入青春期后，家长和青少年似乎对彼此的存在都有些不自在，尤其是在身体亲密度上。

研究已经表明，青春期所发生的生理变化以及在青少年早期相关的心理社会性的变化，可能会导致父母与孩子之间在对人际问题的信念和期望上出现差异，这种差异可能会引发父母与青少年之间更多的冲突（Holmbeck，1996）。一般而言，青春期的到来与亲子关系的变化存在着线性关系，即青春期的成熟是和亲子之间距离的增加、亲子冲突的增加联系在一起的（Laursen et al.，1998）。

元分析的结果表明，在整个青少年期，亲子冲突的频率以及总体上的冲突都有所下降（Laursen et al.，1998）。同时，从青少年早期到中期，冲突中所包含的情感越来越深切。对青少年早期和后期进行比较，可以发现母子之间的冲突处于中等水平，父子之间的冲突最小；与此同时，青少年报告的冲突水平为中等，而父母报告的就比较小。父母和青少年之间的冲突几乎没有什么发展差异，唯一的例外是青春期与情感冲突之间存在正向的线性联系，不过与冲突频率或者总体上的冲突都无关。

另有研究发现，青春期发育与亲子冲突之间的关系在男孩女孩身上反映出不同的模式，尤其是父母报告说，在青春期中期父母对儿子的言语攻击比青春期早期或者后期更多，并且，父母与早熟的或者晚熟的儿子之间的“激烈”讨论多过“准时”发育的儿子（Sagrestano et al.，1999）。儿子报告说，与自己发育还不太成熟时相比，在他们发育更为成熟时，与父母讨论的敏感问题更多，讨论本身也更为激烈。父母对年幼些的女儿使用暴力性的策略多过针对年龄较大的女儿，并且，与“准时”发育或者晚熟的女儿相比，父母与早熟的女儿会讨论更多的敏感问题，讨论本身也更为激烈。

对这些研究结果进行解释时，最需要注意的是并没有证据支持通常的看法——亲子冲突频率与青少年的年龄或者青春期的成熟呈一种曲线关系。相反，这是一种线性关系：冲突频率随着青少年的成长而下降，情感冲突却随着青少年的年龄增长以及青春期的成熟而增加。

元分析的结果还显示出，亲子冲突的变化可能并不像从前人们所认为的那样是青少年发展中重要的、独特的表现。亲子关系的变化并不广泛，青春期的冲突也不一定就比儿童中期或者成年期更多，特别是，并没有证据表明在向青少年期过渡时亲子冲突会达到顶峰，之后就减少。

孩子玩手机，家长该着急？

在其他方面发生变化的时候，家庭成员和朋友可以为青少年提供一种稳定感，所以青少年在适应新的社会交往模式时，这些关系中的冲突行为的变化是渐缓出现的。这些关系的主要特征是转换，而不是破坏。冲突频率的降低，也反映了社会交往频率的下降（Laursen & Williams，1997），并且父母与孩子之间意见不合的减少，并不简单的是由于他们在一起的时间减少了。情感冲突程度的增加与青少年花更多的时间独处以及和朋友在一起时所产生的自主和焦躁的增加是一致的。在青少年的情绪极不稳定的这一时期，人际交往中的这些变化给父母和青少年都带来了新的挑战，所以，亲子冲突往往更富有情绪色彩。

研究表明，在青少年期，亲子冲突主要是和母亲有关，而父亲牵涉的就相对较少（Collins，1990）。不过在这期间，母亲与青少年之间的冲突频率会不断下降。这很自然，因为它与社会交往中所发生的变化相似：但是，这并不表明父母与青少年之间的关系重组所带来的冲击都集中在母亲和孩子身上了。此外，父母和青少年对亲子冲突的看法是不同的：青少年报告的冲突比父母报告的多，并且青少年的报告与旁观者的独立观察更为一致，而父母的报告就不同（Gonzales et al.，1996）。由于父母低估了冲突，所以他们也可能低估了冲突减少的程度。

关键术语

青春期，生长高峰，突触修剪，髓鞘化，性成熟，早熟，晚熟，身体映像，亲子冲突

内容要点

1. 青春期是个体的第二次“生长高峰”，这期间青少年的身体外形发生剧变，内部机能和性走向成熟。并且，新一代青春期出现的年龄有逐渐提前的趋势。

2. 青少年的大脑系统经过髓鞘化和突触修剪过程，功能日渐完善，对于兴奋和抑制的平衡能力不断增强，进一步促进了其认知加工能力和自我调节能力的发展。

3. 青春期身体变化最显著的表现就是遗精和月经，它们分别是男孩女孩性成熟的标志，青少年对此是否有所准备，在心理适应上会产生很大的影响。

4. 生理上的早熟和晚熟对青少年心理特征、社会性特征和适应性会产生不同的影响，尤其是对于不同性别的青少年而言，早熟晚熟的影响各不相同。

5. 身体映像作为对身体特征的态度和反映，一直被认为是青少年自我概念发展过程中的核心要素，并且对实际的社会适应有着重要的影响。

6. 青少年男孩的身体映像比女孩更好，并且，身体映像也被父母、同伴、伴侣、媒体、社会文化等微系统、外系统、宏系统所影响。

7. 对自己的体形和体重不太满意的青少年女孩与那些身体映像较为积极的人相比，她们的自尊往往更低，这在青春期前和青春期后的青少年女孩身上都可以看到。

8. 青少年与父母之间的冲突，尤其是与母亲之间的冲突，在青春期开始的前后会增加，但是积极的影响和亲密的感情可能是不变的。

复习思考

1. 如何理解青少年进入青春发育期的年龄表现出不断提前的趋势？
2. 青春发育期的提前或延后为什么会影响青少年的心理适应？
3. 如何理解青少年脑机能的发展特点与其认知发展的关系？
4. 青少年的身体映像表现出怎样的性别差异？为什么会出现性别差异？
5. 青春期身体的发育成熟为什么会影响亲子关系？

第三章

青少年的认知

开脑思考

1. 跟小学阶段相比，我国的初中课程教育设置会增加科学类（物理、化学、生物）和历史与社会类（或历史与地理类）等课程教学。你认为这种设置是否与青少年认知发展特点相符？为什么？

2. 小李的妈妈无意中听到小李在跟同学用手机通话，她发现小李跟同学交流时使用的很多词是她听不懂的，她非常担心孩子是不是在外面跟朋友学坏了。如何理解小李妈妈的担忧？

3. 顺利考上高中后的第一个期中考试，小轩的学习成绩从入学时的班级第三名一下掉到了第三十名。去学校开家长会的父亲非常焦虑，他拉着班主任老师交流了很久，想要弄清楚孩子学习成绩直降的原因。但是，老师却告诉小轩的父亲不必紧张，再给孩子一些适应时间。你觉得班主任这么说是否有道理？

学习重点

1. 把握皮亚杰理论和信息加工理论关于青少年认知发展的观点；
2. 领会青少年阶段认知、言语和学习的特点；
3. 理解和分析青少年学习成绩的影响因素及学业负担产生的原因。

当我们提到青少年时，除了需要关注他们在青春期阶段的生理变化或者情绪特点外，也要重视其认知的发展变化。与儿童相比，青少年的认知从内容到形式上都有了质的飞跃。关于青少年的认知发展问题，许多研究者从不同角度进行了理论探索和实证研究。青少年的学业大多进入了中学阶段，很多持智力观（intelligence view）的学者认为，个体智力的差异对其学业表现等各方面的影响都是极大的。在本章中，我们会阐述几种不同的认知理论，分析青少年在注意、记忆、思维方面的发展特点，然后分析青少年语言发展和学业表现方面的特点，并提出教育建议。

第一节 认知的发展

一、皮亚杰的认知发展观

关于青少年的认知发展，皮亚杰提出的认知发展理论重点讨论了认知发展的一般性特征和深层机制，强调生物和个体自身因素在认知发展中的重要作用。

(一) 皮亚杰关于认知发展的基本观点

皮亚杰认为，“认知发展”(cognitive development) 指的是个体一般认知能力和认知技能的形成，以及认知方式随着年龄、经验增长而发生的变化。皮亚杰认为，个体经历了四个认知发展阶段，每一个阶段儿童对其环境的理解和组织方式都有一种根本的变化，每一阶段都会形成更为复杂的推理方式。这就是皮亚杰提出的认知发展四阶段（见表 3-1）。

表 3-1 皮亚杰的认知发展阶段

阶段	年龄	基本特点
感觉运动 (sensorimotor)	出生至 2 岁	婴儿关于外部世界的知识是基于他们的感觉和运动技能。婴儿通过眼睛、耳朵、手和嘴与外界互动，并以此进行“思维”。因此，他们会发明一些解决问题的方式，比如通过拉杠杆来听音乐盒的声音，找藏起来的玩具，把物体放入容器后又拿出来。到这一时期末，他们会使用心理表征。
前运算 (preoperational)	2～7 岁	儿童学会如何使用符号（比如词汇和数字）来反映外部世界的各个方面，反映他们之前感觉运动时期的认识。但是他们与外部世界的联系是以其自己的观点为基础的。思维缺乏后两个阶段的那种逻辑性。
具体运算 (concrete operational)	7～11 岁	儿童的推理变得具有逻辑性。学龄儿童会理解一定数量的柠檬水或橡皮泥在外形改变后仍然保持不变。他们也会把物体组织到各种类别和亚类别中。然而，其思维还未达到成人水平，也仍然不是抽象的。
形式运算 (formal operational)	11 岁以后	抽象、系统的思维能力使得青少年在面对问题时能够提出假设，演绎出可供检验的推理，孤立和综合各种变量，看看哪一个推理会得到证实。

(二) 青少年的形式运算能力

皮亚杰认为，青少年在青春期开始时（大约 11 岁）进入“形式运算思维阶段”(Piaget & Inhelder，1958)。进入这个阶段的个体可以抽象地思考问题，并能够验证自己提出的理论假设。形式运算思维比具体运算思维更抽象，青少年不再只局限于将实际的、具体的经验作为思维的参照，他们可以虚构想象情境，并能够对其进行逻辑推理。

青少年可以进行形式推理，与早期认知发展阶段的区别在于，这种思维能力可以从抽象的概念出发，将推理的结果应用于具体的情境中；而在此之前，儿童只能解决具体情境中的问题。在皮亚杰用以研究形式运算思维的经典问题中，很著名的一个是“钟摆问题”。给儿童和青少年展示一个钟摆，并向其演示如何改变四个因素：摆绳的长度、砝码（摆锤）的重量、释放砝码的高度、推动砝码的力量(见图 3－1)。然后要他们确定哪一种因素或因素的组合能够决定摆动的速度。

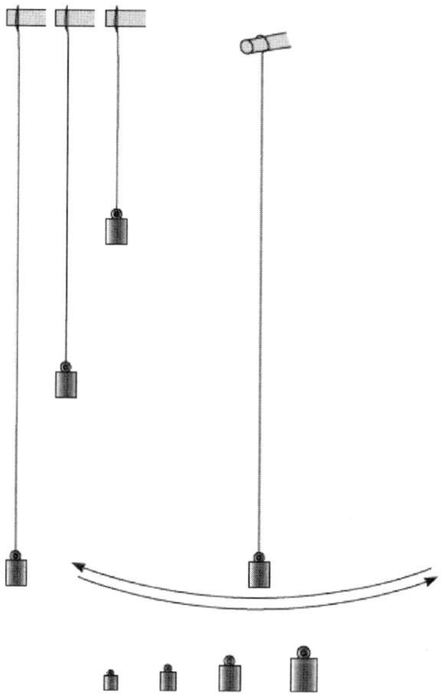

图 3－1　皮亚杰的钟摆实验

形式运算阶段青少年会设计检验所有可能的假设的实验，他们每一次只改变一个因素，并保持其他三个因素不变：首先是摆绳的长度，然后是砝码的重量，之后是释放砝码的高度，最后是推动砝码的力量。也就是说，他们会单独试验每一个变量（比如，改变摆绳的长度），继而，他们也会组合不同的因素进行试验，直到最后发现只有摆绳长度是决定因素。整个假设检验的过程是以“如果—那么”（if-then）的方式进行的，比如：“如果是摆锤重量起作用，那么在同样长度的摆绳上使用不同重量的摆锤，就应该看到速度上的差异。”形式运算阶段的青少年最终会发现“重量假设”是错误的，决定速度的只有摆绳的长度。

青少年在形式运算阶段还能够使用命题思维。“命题思维”（propositional thought）是一种在缺失具体例子的情况下使用抽象逻辑的推理形式。青少年能够理解，如果某个前提是正确的，那么得出的结论也一定正确。比如：

所有的男人都是人。　［前提］
苏格拉底是男人。　［前提］
因此，苏格拉底是人。　［结论］

青少年不但能够理解两个正确的前提能够得出正确的结论，他们还能够对更加抽象的前提和结论进行相似的推理。比如：

所有的 A 都是 B。　［前提］
C 是 A。　［前提］
因此，C 是 B。　［结论］

尽管皮亚杰指出儿童从进入青春期开始就可以进入形式运算阶段，但他也曾指出：个体进入一个新的认知发展阶段时，所有的能力并不会突然获得，而是在身体成熟和环境经验的共同作用下慢慢获得的。根据皮亚杰的理论，直到15岁以后，青少年才会完全具备形式运算阶段的认知能力（Piaget，1972）。有研究表明，很多人在很晚的年龄才具备形式运算能力，而有些人甚至一直都没有获得形式运算能力。很多研究表明只有40%～60%的大学生和成年人能够完全具备形式运算思维，而有些研究则估计这个比例不会超过25%。但那些不完全具备形式运算能力的成年人在某些方面也能够运用形式运算思维（Keating & Clark，1980；Sugarman，1988）。

（三）形式运算带来的影响

青少年使用形式运算进行抽象推理的能力同时会影响他们的日常行为表现。之前在儿童阶段，他们可能会毫无怀疑地接受别人告知的规则及其解释。但此时，他们不断增强的抽象思维能力可能会促使其对父母或其他权威提出质疑。

一般来说，进入青少年阶段的孩子变得更喜欢争辩。他们喜欢利用抽象的推理来找出别人解释的漏洞，对家长和教师的缺点也变得更加敏感。父母教训他们的话也会受到质疑，他们可能会提出“你跟我这么大的时候也跟我一样”。对于父母、教师及其他与青少年打交道的成年人来说，面对质疑能力日益增强的青少年是一种挑战。

青少年抽象思维能力的提升还会让他们以更高级的方式思考人际关系、政治、哲学、宗教和道德等话题，并通过在生活中探索来寻找对价值和公正的理解（Steinberg，2019）。他们开始涉猎对理想特征的思考，即思考自己和他人应该具备何种特质，并依照这些理想标准来比较自己和他人。同时，青少年有可能变得优柔寡断，因为他们开始能看到问题的多个方面（Elkind，1996），并对该使用哪一个角度和标准感到困惑迷茫。

二、信息加工

在20世纪七八十年代，由计算机工作原理而获得启示的心理学家提出了“信息加工理论”（information-processing theory），该理论主要是利用计算机原理来解释思维，以及儿童期和青少年期思维的发展。信息加工理论认为，认知发展是人的信息加工系统不断改进和完善的过程。随着年龄的增长，儿童的信息加工能力也在不断提升，他们能够进行更加复杂和高级的思维。在解释个体的认知活动时，该理论强调随年龄增长而不断增强的知识技能，注重心理资源、信息加工速度、认知策略等方面的研究。

（一）信息加工理论的基本观点

信息加工理论认为，人的认知就像计算机包含硬件（硬盘、随机存储内存、中央处理器）和软件（我们所用的程序）一样，也包含心理硬件和心理软件。心理硬件指的是认知结构，包括存储信息的各种记忆。心理软件包括组织起来的认知过程，它使人们能够完成特定的任务，比如读句子、投篮等。信息加工理论家会把学生参加考试的过程看成是这样的：首先他们在学习的时候要对信息进行编码，并存储在记忆中，在考试的时候则要恢复必要的信息。从感觉上接触到信息（输入）到它作为行为反应（输出）而出现，人们主动地对信息进行编码、转化和组织。

信息加工理论没有把发展分为几个阶段，其所研究的思维过程（知觉、注意、记忆、计划、信息分类、言语理解）在各个年龄段都被看成是相似的，只不过表现的程度有所不同而已。它使研究者能够从感知觉和信息加工的有效性角度来预测婴儿长大以后的智力水平，使父母和教师能够让孩子意识到自己的心理过程和认知策略，进而改善其学业。并且，信息加工模型也可以用于测量、诊断和治疗学习问题（Williams，2001）。

（二）青少年的信息加工能力

在信息加工理论的指导下，研究者对青少年信息加工方面的各种具体能力进行了大量研究，使我们从不同的视角对青少年阶段的认知能力有了更为深入的了解。以信息加工的框架来看，认知过程包括：信息如何进入记忆、如何被存储，以及如何提取信息来思考和解决问题。也就是说，信息加工理论关心的是青少年的大脑如何工作（Kuhn & Franklin，2006）。

青少年的认知能力会受到加工速度和信息容量的影响，也就是认知资源的影响。在青少年阶段，"个体会不断提升其有意识控制和有目的选择的能力，不断提升其管理和分配认知资源的潜能"（Kuhn & Franklin，2006）。当然，从客观条件看，青少年的生理成熟有助于认知资源的增加，而青春期大脑结构的改变和神经髓鞘化则为认知资源的增加提供了生物学基础。

信息加工速度、信息处理容量和知识经验等因素与个体的认知能力水平有密切关系，这几个方面在青少年阶段都发生了明显变化。随着个体从童年到青春期，所有这些技能都会得到提升，特别是在青春期的前半段（Keating，2004）。这些成果有助于解释为什么青少年在抽象、多维和假设性思维方面优于儿童。

首先，信息加工速度在青少年阶段会持续改善。青少年期思维能力的进步基础是信息加工速度的提高（Kail & Ferrer，2007）。年龄较大的青少年解决问题的速度比年幼青少年更快，而年幼青少年处理信息的速度比青春期前的儿童更快。这种信息加工速度的提高主要发生在青春期早期：9 岁和 12 岁之间的速度差异大于 12 岁和 15 岁之间的速度差异，而后者又大于 15 岁和 18 岁之间的速度差异。加工速度在青春期中期和青年期之间变化不大（Church et al.，2017）。

其次，青少年信息容量的增加也有助于改善其信息加工过程（Halford & Andrews，2011）。大多数认知任务需要在头脑中存储一定容量的信息，尤其是在第一次执行某种任务时。在个体的成长过程中，儿童的思维和行动多属于自发的、预见性较差的注意，而青少年能主动努力用较少的时间完成较多的心理操作，有时能同时完成多种心理操作。

最后，青少年社会经验和知识储备的增加也会促进其信息加工能力。通常，12 岁个体识别字词或多位数所需时间只是 8 岁儿童的一半。青少年比学龄儿童知道更多的字词和数字，字词识别速度明显随着阅读能力的增强而提高，丰富的知识基础和经验会促进个体信息加工的能力。

三、青少年的认知发展特点

（一）注意与记忆

“注意”（attention）是心理活动的动力特征，机体只有处于觉醒状态才能出现注意。跟儿童相比，青少年的注意能力有所提升（Thillay et al.，2015），在选择性注意和分散注意方面，青少年的能力均显著好于儿童（Memmert，2014；Mizuno et al.，2011）。注意力的提升意味着青少年更能专注于复杂的任务，例如阅读和理解困难的材料。抑制不良反应的能力在青春期早期和中期有所提升（Kuhn，2009）。这种改进可能与控制冲动的大脑系统的成熟有关（Casey & Caudle，2013；Church et al.，2017）。一项研究发现，12 岁的孩子在两项不同的任务上分配注意的能力显著强于 8 岁孩子，跟 20 岁的成人相比只差一点（Manis et al.，1980）。

青少年的注意稳定性有所增强。随着学生自制力的发展，初中生已经能较长时间稳定地集中注意于某个活动和某项内容。他们保持注意 45 分钟已无困难。在注意广度方面，青少年注意的范围比小学生也有进步。据研究，小学生在 0.1 秒内只能看到 2～3 个客体，初中生能看到 4～5 个客体，而高中生则已达到成人的水平，能看到 4～6 个客体（引自桂守才主编，2007）。

近年来，在信息技术背景下，很多人担忧多任务处理会对青少年的注意发展产生不利影响（Rothbart & Posner，2015；Uncapher et al.，2016）。与此同时，也有很多研究者开始关注通过注意控制干预等方法来提升个体的认知功能（Parry & Roux，2019；Baumgartner & Sumter，2017）。

“记忆”（memory）是人脑对有关信息进行编码、存储和提取的认知加工过程。良好的记忆力是保证青少年正常学习、生活的必备条件之一。青少年期是记忆能力发展的重要时期。对于解决青少年期可能遇到的问题，工作记忆可能比长时记忆更重要（Amso et al.，2014）。

研究发现，工作记忆技能在童年期和整个青少年期都会提升（Swanson，1999；Carriedo et al.，2016）。工作记忆的改善与大脑相关区域的持续成熟相吻合（Conklin et al.，2007；Hanson et al.，2012；Jolles et al.，2011）。更具体地说，青少年期工作记忆的进步与大脑相关区域的组织和连接方式有关，脑功能的增强带来了更有效和更强大的信息加工能力（Wendelken et al.，2016；Solé-Padullés et al.，2016）。

对长时记忆的探索也发现，青少年阶段的长时记忆能力也会发生持续改善，这跟青少年在学习活动中采取的材料组织策略的增长有关（Pressley & Schneider，1997；Siegler & Alibali，2005）。

（二）推理

推理是由一个或几个已知的判断（前提），推导出一个未知的结论的思维过程。推理主要有归纳和演绎两种形式。

“归纳推理”（inductive reasoning）指的是由具体到一般的推理。归纳能让我们根据对一个范畴内部分成员的观察结果来得到关于全体成员的结论（Markman & Gentner，2001）。研究发现，在从单一事件中得出结论时，仅从犯错角度来看，青少年比儿童做得好，但比成年早期的个体稍逊一筹（Kuhn & Franklin，2006）。

“演绎推理”（deductive reasoning）指的是从一般性的前提出发，通过推导得出具体陈述或个别结论的过程。当青少年在某课堂上学习到一个普遍规则，然后理解它如何被应用到某些情境，而其他情境不适用时，这就是通过演绎推理完成的。如果原始规则或假设是正确的，那么演绎推理就是可靠的，随之得出的结论在逻辑上也是成立的。研究发现，从青少年早期到成年早期，当已有知识和推理相冲突时，个体得出精确结论的能力会得到改善；也就是说，青少年能够“独立于前提的真实情形进行推理”（Kuhn & Franklin，2006）。

当然，值得一提的是，青少年和成年人在推理能力上还存在很大差异。很多青少年在推理过程中表现出一种“自我服务偏向”（self-serving bias），即跟自己赞成的理论相比，他们将逻辑推理应用到自己怀疑的理论上时更为有效（Klaczynski & Narasimham，1998）。也就是说，青少年的推理能力虽然比儿童要更好一些，但是他们也会犯主观性错误，其推理能力跟成年人还有一段距离。信息加工的研究结果表明，推理能力不是突然的、飞跃式变化的结果，而是由很多特定经验积累而成的。这些经验需要青少年把理论和证据相比对，并反思和评估他们的思维过程，而这些与元认知能力的发展有关（Kuhn & Pearsall ，2000）。

（三）决策

青少年期是决策能力提升的重要时期。青少年要面对很多决策：选择谁做朋友？跟谁约会？要不要上大学？选择什么专业？等等。有研究者总结指出，年长青少年比年幼青少年更有决策能力（Keating，1999）。与儿童相比，青少年更有可能做出不同选择，他们能从不同视角考察一个情境，能预测到决策的结果，并能考虑信息来源的可靠性。随着年龄的增长，青少年更有可能考虑与他们所做的决定相关的风险和利益，更有可能权衡他们选择的长期后果，而不仅仅是眼前的后果（Crone & van der Molen，2007；Steinberg et al. ，2009）。

一项研究指出，年长一些的青少年更擅长做决策（Lewis，1981）。研究者分别向八年级、十年级和十二年级的学生呈现医疗程序选择的两难困境。研究发现，年龄最大的学生最有可能主动提出各种风险，向一位专家咨询并预测将来的后果。例如，当问及是否要进行整容手术时，一个十二年级的学生说需要根据情境来考虑，要考虑整容对个体未来的影响，尤其是对该个体未来人际关系的影响。相比之下，一个八年级的学生给出的答案只涉及手术是否会影响约会、所需的医疗费用以及是否会被同伴嘲笑。

青少年比儿童更有计划性——他们更有可能以适当的策略解决问题，并且在不同情况下使用不同的策略（Albert & Steinberg，2011）。在决策过程中管理情绪的能力、记住先前决策及其结果的能力，以及调整结果后再次决策的能力，都随年龄的增长而有所改善（Klaczynski et al.，2001）。甚至有些研究者提出，青少年和成人的决策技能已经不分伯仲（Quadrel et al.，1993）。

到 15 岁时，青少年的工作记忆、注意力和逻辑推理能力基本与成年人处于同等水平，并在之后趋于平稳（Gathercole et al.，2004；Luciana et al.，2005）。但是更复杂的认知技能，例如创造性思维、提前计划或判断风险决策的相对成本和收益等能力仍然会继续发展（Kleibeuker et al.，2013），特别是当同时涉及认知和情感的决策，而情感会干扰认知时的决策能力（Albert et al.，2013）。所以说青少年并不是最好的决策者，特别是在面对复杂的现实问题时。有能力做决策并不能保证一个人在日常生活中做到有效决策，因为生活经验通常会起作用。

有研究者发现，青少年的决策与其人格特征有关系，如冲动和寻求感觉刺激的青少年通常无法做出有效决策（Boyer & Byrnes，2009）。驾驶员培训课程能够提升青少年的认知和运动技能，使他们的驾车技术跟成人处于同样水平，但驾校训练并不能降低青少年司机的交通事故率（Potvin et al.，1988）。与情绪激动时相比，大多数人在冷静镇定时能做出更好的决策，对于青少年来说尤其如此。而青少年阶段的个体一个很重要的特点就是容易情绪激动。对于同一个青少年来讲，当冷静镇定时他会做出明智的选择，但在情绪激动时他可能会做出不明智的决策（Dahl，2004）。

总之，可以看到，实验室设置的情境未必能够让我们真正了解青少年的决策特点，所以需要进一步研究青少年在实际情境中的决策方式（Fantino & Stolarz-Fantino，2005）。青少年需要更多的机会来实践和讨论现实生活中的决策。许多关于性行为、药物以及危险驾驶之类的事情都需要在紧张气氛或紧急情况下做决策。想要改善青少年在这些情境中的决策能力，一方面要为他们提供更多的机会来参加角色扮演和集体讨论活动，另一方面就是父母要让青少年适当参与家庭决策。在一项以 900 多名青少年及其父母为样本的研究中，当青少年感觉他们能够控制发生在自己身上的事情，并认为他们的投入会对决策结果产生影响时，他们更有可能参与家庭决策（Liprie，1993）。

（四）批判性思维和创造性思维

“批判性思维”（critical thinking）是以逻辑方法作为基础，结合人们日常思维的实际和心理倾向发展出的一系列思维技巧。一项针对五年级、八年级和十一年级学生的研究发现，批判性思维随着年龄的增长而增强，但只有43%的十一年级学生具备批判性思维能力（Klaczynski & Narasimham，1998）。青少年期是批判性思维发展的一个重要过渡期（Keating，1990）。在该时期内，认知能力方面的一些改变可以促进批判性思维的发展，包括信息加工能力的发展、多种领域知识的积累、建构知识间联系的能力的加强以及获得知识的策略的增长等。在学校课程中，通过要求学生关注论点和问题，而不只是背诵知识点，教师可以促进学生批判性思维的发展。

睡眠习惯好，学习成绩高。

“创造性思维”（creative thinking）是重新组织已有的知识经验，提出新的解决方案或程序，并创造出新的思维成果的思维活动。随着年龄的增长，青少年的创造性思维水平总的来说是不断向前发展的，即年级越高，创造性思维成绩越好，但发展速度是不均匀的。高二是创造性思维发展速度最快的时期（张景焕，张广斌，2004）。随着年龄的增长，高中生的创造性思维流畅性呈下降趋势，变通性平稳发展，独特性逐渐提升（童秀英，沃建中，2002）。有研究表明，通过让青少年参与头脑风暴、构建激发创造力的环境、激发内在动机等方法，能够促进他们创造性思维的发展（Sternberg et al.，2004）。

（五）元认知

根据信息加工理论对青春期认知发展的解释，心理能力发展最重要的部分是元认知的发展。“元认知”（metacognition）是人们对自己思维过程的认识，以及对自己认知的监控。元认知由元认知知识、元认知体验和元认知监控三种心理成分组成，其中元认知监控是元认知最重要的心理成分。一些研究青少年的专家认为，青少年认知发展中最重要的进步就是思考自己思维的能力的提升（Kuhn & Franklin，2006）。

处于青少年阶段的个体，元记忆知识更丰富，逐渐获得了大量关于记忆任务，以及策略和记忆者主体特征对记忆效果的影响的知识。比如，随着青少年对自己记忆能力的理解的加深，他们可以更好地估计自己为了记住某种材料所需要的学习时间，可以比小时候更好地判断自己何时已经记住了材料而不再需要过度学习了。这种元认知能力的发展使得青少年能够更加有效地理解和掌握学习材料，使用有效的学习策略（Desoete et al.，2003）。

青少年的元理解能力也在不断增强。元理解是指认知主体对自身的阅读理解活动及与之有关的各种主客观因素的认知、监控和调节（陈英和，1996）。对我国儿童和青少年的元理解发展研究发现，在10～17岁，青少年的元理解能力随年龄而增强，且存在个体之间的差异（引自董奇，1989）。

在元认知策略方面，虽然学龄儿童也能使用一些元认知策略，但青少年在理解自己的心理过程方面能力更强。初中生能够根据思维活动的结果，对简单的思维活动进行一定的调节。但这种调节只是初步的。一方面，初中生思维的计划性还不够完善，不能根据严密的逻辑规则确定思维活动的程序，存在着一定的不随意性；另一方面，初中生主要靠思维活动的结果的反馈信息调节思维活动，不善于在思维过程中对思维活动进行控制。在高中阶段，随着高中生对思维方法和相应的逻辑规则的掌握日益熟练化，高中生思维的自我监控能力有了明显的提升。高中生能够根据需要确定解决问题的思路，并在思维过程中对思维活动进行监控，以确保思维活动的正确性和高效率（何先友主编，2009）。

第二节　言语的发展

语言不仅是人际交往的重要工具，而且在认知和社会性发展过程中也起着重要作用。要掌握一门语言，必须学会基本的语音，知道语音可以组合为词、词可以组合为有意义的句子、词和句子有何含义，以及在社会交往中如何有效地使用语言。对于个体而言，语言发展的关键阶段是在婴幼儿期，儿童阶段的个体就已经掌握了语言的基本要素，这包括基本的语音学、词法、句法、语义学、语用学。除了基本要素外，语言能力的应用也可以从社会性的语言和个别性的语言进行区分。对于青少年阶段的个体来说，他们的语言和言语能力发展并没有结束，而是表现出了新的特点。

一、青少年言语发展的特点

到了青少年期，个体的言语能力会变得更加精练准确。随着他们的阅读材料越来越成人化，其词汇量也在持续增长。到16～18岁时，英语为母语的青少年一般能够掌握大约8万个单词。随着抽象思维的发展，青少年开始能够对一些抽象概念（比如，爱、公正、自由）加以界定。他们也更经常地使用“然而、另外、不管怎样、因此、真的、可能”等词语来表达逻辑关系。研究表明，跟儿童相比，青少年使用和检测讽刺的能力大大提升（Glenwright & Pexman，2010）。他们会更加清楚地意识到词是具有多重含义的符号，并且他们很乐意使用讽刺、双关以及隐喻等表达方式。

言语可以分为三类：口头言语、书面言语和内部言语。其中，口头言语指的是说出和听到的言语；书面言语是指书写和看到的言语；内部言语指的是未发出声音的言语，不出声思考时在头脑中出现的言语即为内部言语。言语对思维的发展起着重要的作用：概括化的语言让人能够使用概念、判断和推理进行思维，反映事物的本质和规律，并起到传承知识经验的作用。中小学生的言语发展的总体趋势是：由掌握字发展到掌握词和句，再发展到掌握语法规则，最后到领会逻辑思想（林崇德，2013）。

（一）青少年口头言语的发展

口头言语的发展主要体现在两个方面：一个是正音、正读的能力，指的是正确掌握字音、字形和字义；另一个是口头表达的能力，主要体现在对话言语和独白言语上。

青少年的正音、正读能力的发展表现出年龄特征，也表现出个体差异。对青少年在普通话上的正音能力的研究发现，初中阶段的语音可塑性比高中阶段要大得多，因此要及早抓好青少年的正音和正读能力培养工作（引自黄仁发，1990）。

青少年的口头表达能力主要表现为独白言语水平的不断提高。调查研究发现，在正常教育条件下，初中一年级学生和小学四、五年级学生的口头表达能力相仿，达到初步完整的口语表达水平，复述故事时语句完整，符合语法规则；初中二年级之后到高中二年级的大部分学生口头表达能力都有所提升，复述故事时用词准确、言简意赅、语句通顺、句式恰当；只有极少数初三学生和高中生能达到演讲式的口语表达水平，说话注意逻辑关系，具备感染力（引自黄仁发，1990）。

（二）青少年书面言语的发展

书面言语可以超越时间和空间的限制，扩展言语交际的范围。跟口头言语相比，书面言语出现得晚，对个体能力的要求也更高。青少年书面言语的发展主要体现在对语法的学习、阅读能力和写作能力的提升上。

首先，青少年会逐渐地掌握语法。从初中三个年级学生对语法的掌握来看，随着年级升高，他们在语法上所犯的错误会逐渐减少，但仍然存在一定的局限性，在思维特征方面不够成熟，需要在高中进一步提升。

其次，青少年的阅读能力体现在阅读形式和阅读内容两个方面。其中，阅读形式可以分为朗读和默读。初中生的朗读能力随年级升高而增强，到了高中阶段，个体差异开始比年级差异更显著；青少年的默读能力也随年级升高而增强，外部表现越来越少，阅读速度逐渐加快，理解程度不断提高。而阅读内容指的是理解字、词、句和段，体现在概括段落大意和中心思想等任务上。研究表明，初一学生大概能做到准确分段，对段落大意进行简要概括，但是对中心思想的把握不够准确；到了初二，他们具备分段、概括段意和中心思想的能力，然而把握实质性问题的能力欠缺；初三以后将逐渐做到在全面理解文章的基础上准确概括中心思想（引自黄仁发，1990）。

最后，青少年的写作能力是逐步提升的。从写作文的水平来看，从初中开始，青少年的作文从一开始的模仿到后来能进行独立写作；青少年的独立写作能力随年级升高而逐渐概括化；青少年所写作文的体裁和方式也越来多样化（引自林崇德，2013）。在这种发展趋势中，个体差异的表现引人注目；写作能力和兴趣、爱好有密切关系；高中阶段是学生写作能力初步定型或成熟的时期，很多作家和有文学才能的专家都是在此阶段初露锋芒的。

（三）青少年内部言语的发展

内部言语，即语言发音是隐蔽的或不出声的言语。内部言语是与逻辑思维、独立思考、自觉行动有更多联系的一种高级言语状态。内部言语与外部言语相比，在同时思考与表达一个问题时，前者的速度比后者要快得多。

在中学阶段，青少年的内部语言与思维交互发展。初一学生的无声思维水平与小学高年级相差无几；初中二年级之后，学生出声思维的现象越来越少。随着年级的升高，青少年在“先想后说”“先想后做”等方面的水平逐步提高，处事时计划性越来越明显，这正说明了他们的内部言语水平在日益提高。随年级升高，思维的速度也在提高，这是内部言语逐步“简单概括化”的表现。

二、青春期社会方言

有语言学家认为，青少年的言语构成了一种属于他们自己的方言——“青春期社会方言”（pubilect，the social dialect of puberty；Danesi，1994）。青少年方言或俚语（slang）主要在相同年龄群体内使用，所使用词语的含义显得有些模糊、古怪、轻率，或者对成年人不敬（Labov，1992）。不管词汇是积极的还是消极的，其内容主要集中在学业（如“学霸”“学渣”）、生活、外表（如“土肥圆”）、人际关系、金钱和休闲等方面（Wong，2006）。尽管青少年方言词汇中很多有其通常的表达意义，但是，青少年却一直在为它们发明新的含义。青少年的词汇会因为性别、种族、年龄、地区、邻里、学校类型而千差万别，也会因为团体的不同而大相径庭。

青少年使用属于自己方言的时间是短暂的（Wolfram et al.，1999），一旦他们脱离了相应的发展阶段，就会放弃之前经常使用的词汇。所以研究者们通常都认同青春期方言对于青少年来说有其独特的发展性意义。不管是什么方言或俚语，创造者通常都是社会中缺乏权力的弱者，青少年也是如此。甚至有些研究者将俚语看作“反社会语言”（antilanguage），旨在对抗标准语言和那些业已存在的规范和权威（Halliday，1978；Eble，1986，1996）。对于青少年来说，他们试图创造和维护方言词汇，是为了加强群体内部的团结性，阻止不属于此群体的人进入群内。

由于对其谈话对象有特别的意识，青少年与同伴谈话时使用的语言，会与同成年人谈话时使用的语言迥然不同。研究发现，青少年会刻意通过选择语言风格来表明自己的群体身份（Nguyen & Brown，2010）。青少年的俚语是其从父母及成人世界中获得独立的自我认同的过程中，一个自然的构成部分。在创造诸如此类的表述时，青少年会使用他们新发现的能力来玩一些文字游戏，以此界定他们这一代对于价值观、品位和爱好的独特立场（Elkind，1998）。

第三节 学习及相关问题

学习的一个重要环境是学校。学校不仅增加了青少年的知识，同时也提供了一个社会舞台。在学校里，同伴、朋友、老师以及其他人都会对青少年的发展产生很大影响。

一、升学适应

小学毕业后，儿童会升入中学上初中，初中毕业后，很多人会升入高中。每一次升学以后，开始新的学校生活对于青少年来说都是适应挑战，其社会适应和学习都会有新的特点。

学生从小学向初中过渡时，会经历一种“跌落现象”（top-dog phenomenon），即从小学高年级身材高大、权力高的位置，掉到初中身材无优势、权力低的位置的情况。研究者发现，对于许多学生来说，升入初中的第一年是最艰难的。一项对小学六年级向初中一年级过渡的调查研究发现，青少年对学校生活质量的感知在七年级时下降（Hirsch & Rapkin，1987）。在七年级时，学生对学校更不满意，更不愿意去学校，更不喜欢他们的老师。无论学生的成绩如何，他们对学校的满意度都更低。

升入初中以后，学校一般都比小学时大，班里的同学大多数可能不认识，老师也是陌生人，而且作业也比小学时多了。随着从小学到初中、初中到高中的每一次学校变化，青少年的成绩分数会下降。这一方面是由于中学的学业标准更加严格了，另一方面则是学校的转变通常使得个人受到的关注减少了，老师更多的是面向全体同学进行教学，每个人参与班级决策的机会也减少了（Seidman et al.，2003）。因此，青少年对中学生活的评价就不如小学那么正面。青少年会说老师对他们不太关心、不太友好、评分不公，竞争激烈。结果，很多青少年感到学习上无能为力，学习动机下降了（Anderman & Midgley，1997）。

追踪研究发现，升入初中的学校转变消极影响更大，尤其是对于女孩的自尊而言，它在女孩进入初中以后急剧下降，之后逐渐会恢复（Rudolph et al.，2001；Seidman et al.，2003）。女孩的情况不妙，是因为进入初中以后她们往往也同时遇到其他的生活变化，比如青春期发育的开始。相应地，青少年的自信和自我价值也会进行调整。学校转变这种环境变化常常无法很好地满足青少年的发展需要。

不同学生进入中学后能否顺利过渡存在个体差异（Jackson & Schulenberg，2013；Li & Lerner，2011）。情绪调节能力弱、社会支持水平不足的青少年更容易适应不良，那些升入管理非人性化学校的青少年也更容易受到这种过渡的不利影响（Benner et al.，2017）。在从小学升初中的过渡期，如果学校能提供更多支持，增加稳定性，减少一些不确定性和复杂性，就可以促进学生尽快适应（Felner et al.，1981）。一项研究调查了三个时间点的 101 名学生：六年级的春季（过渡预备期）、七年级的秋季（过渡初期）和七年级的春季（过渡后期）（Hawkins & Berndt，1985）。研究者通过自我报告、同伴评定和教师评定等方法来评价学生的适应情况。结果发现，学生的适应性在过渡后期会有所下降，比如七年级学生的自尊比六年级低。那些将学生分为小组进行指导教学的初中生报告了更多的老师支持。此外，在入学分班时，让孩子与几个熟悉的同伴在一个班级，有助于他们的安全感和社会支持。学校尽量减少竞争气氛，不以能力区别对待学生，则助于青少年的情绪、学业价值观、自尊及学习成绩（Roeser et al.，2000）。

除了学校之外，父母和同伴的支持也能帮青少年降低过渡期的压力。父母关心和监控孩子，逐渐给予孩子更大的自主性，与升入中学后较好的适应相关（Grolnick et al.，2000）。此外，友谊模式也会影响学生的适应情况：相对于友谊质量较差的学生，那些报告和朋友接触较多、友谊水平较高的学生对自己和学校都有更积极的感知。

二、学习特点的表现

青少年的学习在初中和高中阶段表现出不同的特点（参见林崇德，2013）。

（一）初中阶段

首先，初中生的学习成绩开始较激烈的分化。据调查，重点学校初中入学考试前十名学生，一年后只有一半人能在班级中名列前茅。普通中学的情况也大同小异：在入学考试中语文、数学成绩前十名的学生，一年后保持领先的不到一半，其中两门课各有一名学生掉入倒数十名之中。与此相反，升学考试时成绩倒数十名的学生，一年后，重点学校有 90%、普通中学有 70%的人赶了上去，有的还成为班级内的佼佼者。

其次，初中生自学能力的作用日益明显。进入初中后，学生在学习上的独立性逐步增强，自学能力的强弱对学习成绩有着较大影响。自学能力既取决于学习习惯和学习反思能力，又取决于对学习的兴趣、期望和持之以恒的毅力。初中生的自学能力随年级的升高而有所增强。

再次，初中生学习的自觉性和依赖性、主动性和被动性并存。初中生的学习自觉性和主动性还较差，虽然比小学生有了长足的进步，但是他们还经不起诱惑和干扰，时常出现波动和不稳定。

最后，初中生智力因素和非智力因素的作用充分显示出来。从整体上看，学生的学习状况始终受到智力因素和非智力因素的双重影响，但这两者的作用在不同年龄学生的学习活动中并非始终均衡的，在不同的课程学习中也起到不尽相同的作用（黄煜峰，雷雳，1993）。

（二）高中阶段

首先，高中生的学习以掌握系统的理性的间接经验知识为主，其主要途径是课堂学习，辅以适当的课外活动实践。在对间接经验知识的理解中，不仅要逐步建立新的学习系统，还要培养自己综合运用知识、主动探究知识和创造性解决问题的能力。

其次，高中生的学习过程包括目的计划、自学质疑、独立思考、复习巩固、作业解难、系统概括、迁移创造和反馈调控等八个环节。其中，目的计划是指导，自学质疑是基础，独立思考是核心和主线，复习巩固是连接各个环节的链条，作业解难、系统概括是关键，迁移创造是目标，反馈调控是完善和反思学习过程的内在机制。这八个环节的协同表现能力正是学习效率的基础和学业个体差异的由来。

再次，高中生的学习动机在学习中起至关重要的作用。他们学习的自觉性和主动性明显提高，稳定性增强，非智力因素对学习的影响越来越大。

最后，高中生的自学能力进一步发展。有研究调查发现，学习的全面性、步骤与准备、驾驭教材、阅读能力、做笔记列大纲、听课能力、增进记忆、写读书报告和应考能力等九个方面是自学能力的有机整体。高中生的自学能力随年级升高而增强，其中高一到高二发展较慢，高二到高三发展较快（引自郑和钧等编著，1993）。

三、学习成绩的表现

从小学进入中学之后，学生的成绩随着年级升高而下降（Schulenberg et al.，1984；Simmons & Blyth，1987）。除了上面提到的升学过渡适应上的原因之外，可能学习内容更加复杂、更具思辨性，老师对学生的要求更高等因素也是造成这个结果的原因（Simmons & Blyth，1987）。

所有的学生在课堂上都有相同的机会，但显而易见的是，有些学生的成绩就是比其他学生好。那么，造成这种差异的原因有哪些呢？

调查发现，教育成就和社会经济地位之间存在显著的联系。平均而言，处于中等以上社会经济地位的学生比低社会经济地位的学生在标准化测验中成绩更好，受教育时间更长。这种差异并非从中学开始出现，而是从较低年级就开始出现了。但到了高中阶段，社会经济地位的影响变得更加显著。出现这种差异的原因有很多，一方面贫困的学生缺乏有利条件，如营养和健康状况不够好、居住在拥挤的环境中、就读于不太好的学校、没机会得到学习资源等（Adams & Singh，1998）。由于这些原因，来自贫困家庭的学生从上学开始就处于不利的境地，而且由于后期在校学习很大程度上取决于早期在学校积累的基础和能力，所以随着他们长大，其在校表现还会越来越差（Phillips et al.，1994）。

关于在校表现是否存在性别差异，在教育领域一直存在很多争论。虽然在一般智力上不存在性别差异，但在某些特定的心理能力上确实存在性别差异。在小学阶段，女生的阅读和写作测验得分都比男生高；到了中学，女生在一般言语能力测验中的得分继续略高于男生（Halpern & LaMay，2000）。小学前几年，女生凭借较好的言语技能和解题时的细心在数学计算上占有优势；而到了中学阶段，数学概念变得更抽象和空间化，男生的成绩开始超过女生，尤其是在复杂的推理和几何题上的表现。有研究者认为，遗传因素能够解释这种性别差异，比如女孩的大脑左半球在早期发育上显示出生物学的优势，而这里正是语言中枢所在的部位。男孩出生之前的雄激素增强了大脑右半球的技能，使男性更具有空间优势，在空间定位和推理能力方面的表现也更好。还有研究者指出，后天的环境是造成这种差异的原因，女孩从幼儿期开始就受到了来自母亲的更多言语刺激（Peterson & Roberts，2003），很多人把语言艺术视为“女人”的事情，而在数学成绩出现性别差异之前，已经有人把数学看作一门“男人”的课程了。现在，世界范围内的调查数据显示，在学业表现较好的学生中，男生和女生之间的差异在逐渐缩小。

青少年期的女孩会比男孩报告更多的正向经验与更多的课堂交流，与教师的关系也更融洽（Rueger et al.，2010）。比如，在一项调查中，三分之一的七年级到十二年级的男孩表示他们感觉老师们并不会倾听他们不得不说的事情，相较而言，女孩只有五分之一。可见，青少年期的女孩会与教师有更多的接触，更能感受到教师与管理者很关注她们。另外，青少年期的女孩比男孩更可能感受到被他们的父母支持，在学习方面和其他方面都如此，也更可能拥有来自家庭之外的成人的支持性关系（Rueger et al.，2010）。在独处时，男孩更少会做作业，会看更多的电视，更少读书（Kackar et al.，2011）。

四、学习成绩的影响因素

学习成绩是日积月累的结果，同时，在小学阶段对学习产生影响的因素仍然会对青少年的学习成绩发挥作用。在早期，良好的家庭和学校教育环境，会带来有利于提高学习成绩的个人特征，如高智力、自信、高成就动机等。有助于青少年提高学习成绩的因素主要包括以下几个方面。

（一）个人因素

首先，智力是学生学习的前提。学生的学习成绩或效果与其智力有直接关系，但智力只是学生学习的必要条件，而非充分条件。根据瑟斯顿和韦克斯勒的研究，智力发展呈现出一定的趋势。从3～4岁开始到12～13岁，人的智力水平匀速增长；中学阶段以后，随着年龄增大，智力发展速度逐渐减慢（引自林崇德，2013）。

其次，根据班杜拉（Bandura et al.，1996）的观点，自我效能感高的学生相信自己能够学得懂，对自己的学习能够进行调节，他们更可能努力尝试并获得成功。自我调节的学生会设置具有挑战性的目标，并使用恰当的策略去实现目标。他们面对困难时勤勉努力、持之以恒，必要的时候也会寻求帮助。不相信自己能够成功的学生则感到挫折、郁闷，这使得他们要想获得成功更加困难。

此外，父母自己的自我效能感也对孩子的学习成绩有影响。有经济安全感、对孩子有较高期望、有强烈父母效能感的父母，他们的孩子通常也有较高的学业目标和学习成绩。

（二）环境因素

1. 家庭教育

社会经济地位通过影响家庭气氛、对居住地的选择、教养方式，而对学业成就产生作用。贫穷、未受过良好教育的父母，更可能带给孩子消极的家庭气氛和学校气氛，以及各种压力事件（Bradley & Corwyn，2002）。当然，如果这些父母在孩子身上投入较多的时间精力，这将有助于孩子摆脱这些不利影响。

与儿童期相同的是，权威型的父母教养方式在青少年期也对学习成绩有着重要影响，它与青少年较高的学业分数相联系。这一点在包括中国、阿根廷、澳大利亚、苏格兰、巴基斯坦等在内的多种价值体系中都是如出一辙（Steinberg，2001）。权威型父母会根据孩子的能力来调整他们的期望，让孩子学会对自己的行为负责。父母与子女共同决策，并随着年龄的增长给予孩子更多的自主权，在这种家庭成长起来的青少年成绩是最好的（Spera，2005）。而独裁型和放任型教养方式都与较低的分数相联系（Vazsonyi et al.，2003），最差的则是忽视型的教养方式（Aunola et al.，2000）。

此外，父母与学校之间的配合也至关重要（Hill & Taylor，2004）。学习好的学生，具父母一般会掌握孩子的学习进程，与老师进行沟通，确信孩了上的是“好班”。一项对15000名青少年的追踪研究发现，父母在孩子八年级时参与学校教育，能够显著预测学生十年级时的平均成绩，其影响超过社会阶层和先前的学习成绩（Keith et al.，1998）。父母经常联系学校会给青少年传递关于教育价值的信息，使他们做出明智的教育决策。密切的家校联系也能够缓和家庭的日常压力。

2. 同伴影响

同伴关系在青少年的学习中发挥着举足轻重的作用。父母如果很重视学习成绩的话，孩子通常也会选择具有同样价值观的同伴做朋友。很多孩子在交朋友时一个很重要的标准就是对方是否学习成绩良好，他们在一起时做的事情也是做作业等学习活动。良好的同伴关系会对青少年各方面的发展产生积极影响。例如，那些在升学过渡期报告和朋友接触较多、友谊水平较高的学生对自己和学校都有更积极的感知（Berndt & Keefe，1995）。

同伴关系能否促进学习成绩，还要看同伴文化。那些跟“坏孩子”交朋友的青少年可能会受到“学习无用”等观念的影响，形成消极的学习态度。值得注意的是，同伴文化的形成受到社会环境的影响。如果一个群体受到来自教师和其他同龄人的歧视，认为他们喜欢

网聊频率高，
学习会变糟？

惹是生非、自我价值感低、学习成绩差、问题行为多，这可能就会导致该群体以及跟该群体有相同特征的孩子自暴自弃，学习上放弃努力（Wong et al.，2003）。

3. 学校质量

学校的质量对学习成绩的影响毋庸置疑。在规模较大、教学制度刻板的中学里，很多学生都抱怨班级缺乏关心和帮助，学习动机不高。一项追踪研究显示，如果课堂上教师能认真辅导，同学之间互相鼓励、互相尊重，学生的学习动机和认知自我调节都会有所增强。如果班级强调竞争，进行公开比较，学生的表现就会较差（Ryan & Patrick，2001）。好的中学通常气氛井然有序又不压抑，校长充满活力、精力充沛，老师对学生有很高的期望，更加强调学业而非课外活动。

喜欢自己学校的学生一般学习较好，也很健康。得到老师和同伴支持的青少年一般都很满意自己的学校（Samdal & Dür，2000）。在对学生因材施教的学校，学生收获更大，学生的实践性智力或创造性智力会得到很好的发展（Sternberg，1997）。

此外，来自不同文化背景的青少年的学习成绩也存在差异。对来自不同国家的中学生的教育测试显示（见表 3－2），来自中国北京、上海、江苏和广东地区的 15 岁中学生在数学、阅读和科学方面的平均成绩均高于国际平均水平（Organization for Economic Co-operation and Development [OECD]，2018）。

表 3－2 部分国家 15 岁学生在国际学生评估项目（PISA）上的成绩

国家	数学（均值）	阅读（均值）	科学（均值）
日本	532	516	538
中国*	531	494	518
韩国	524	517	516
加拿大	516	527	528
荷兰	512	503	509
芬兰	511	526	531
丹麦	511	500	502
德国	506	509	509
挪威	502	513	498
澳大利亚	494	503	510
俄罗斯	494	495	487
瑞典	494	500	493
法国	493	499	495
英国	492	498	509
意大利	490	485	481
美国	470	497	496
以色列	470	479	467

续表

国家	数学（均值）	阅读（均值）	科学（均值）
阿拉伯联合酋长国	427	434	437
智利	423	459	447
土耳其	420	428	425
墨西哥	408	423	416
哥斯达黎加	400	427	420
哥伦比亚	390	425	416
约旦	380	408	409
巴西	377	407	401

注：国际学生评估项目（PISA）是经济合作与发展组织（OECD）进行的评价 15 岁学生阅读、数学、科学能力的研究项目。从 2000 年开始，该项目每三年进行一次测评。

* 中国包括北京、上海、江苏和广东地区。

五、学业负担

适当的学业压力有利于学生的学习，但过重的负担可能会适得其反。因此，应注意减轻学生过重的学业负担。

（一）我国青少年的学业负担

对我国 12 省 41 所中学青少年的学习状况和学业负担进行的调查研究，揭示了相关的状况（陈传锋等，2011）。

1. 作息时间现状

近一半的青少年早上 6：00 之前起床，超过五分之二的中学生在 6：00—6：30 起床。有些学生家离学校比较远，为了不迟到只好在 5：30 甚至更早就起床了。初中生和高中生在 6：30—7：00 到校的人数分别占总人数的 41.8%和 39.3%，有些高中生在访谈中表示学校往往规定 7：20 之后到校，但班级另行规定学生的进教室时间往往要早于学校要求的时间。

大多数学生在 17：30 之前能离校，高中生和初中生分别有 25.2%和 36.1%的人在 18：00 以后离校。54.7%的初中生在 22：00 以前能够上床睡觉，但高中生只有 28.1%的人能在 22：00 之前上床睡觉，少数高中生要在23：00或 23：30 以后睡觉。

2. 课内外学习情况

在课内学习方面，除了住宿生参加早晚自习之外，初中和高中生每天的上课时数多为 6～8 节。无论是高中还是初中，自习课被挪用或占用上其他课的情况都司空见惯。大多数学生每周都有两节体育课，有三节体育课的初中生多于高中生。

课外学习方面，有接近 40%的初中生和超过 50%的高中生认为课外辅导材料太多或比较多，并表示买这些材料是父母最愿意为自己花钱的地方。初高中都存在双休日补课现象，高中比初中更严重。不少高中生和初中生都请了家教，并认为家教有针对性地单独进行更有效果。

3. 作业和考试情况

青少年每周都要面对频繁的考试或测验。访谈中发现学生们普遍对考试表现出恐惧、厌倦情绪。青少年的作业时间普遍偏长，无论是高中生还是初中生，他们每天的作业时间一般需要 1～4 个小时；高中生每天的作业时间需要 2～3 个小时的情况较多，明显多于初中生。而且每次考试前，他们做作业的时间会增多。

4. 学习心理状态

超过半数的初中生对上学的感受是很轻松，想上学；但高中生比初中生更多感觉到“上学与否无所谓”和“不想上但必须要上”。关于考试结果，很多学生表示，考试排名结果最好不要公布，或者只公布前 15 名的情况，后面的同学的名字就不要公布了。

高中生普遍认为学业负担重，初中生认为学业负担一般。访谈中很多高中生表示，除了在学校利用课间休息、午休和自习时间做作业之外，回家还要做几个小时作业，学业压力过大。

（二）学业负担过重的原因及对策

我国青少年课业量过大、课外学习过多、休息时间不足等学业负担过重的原因主要有以下几个方面（林崇德，2013）：

一是就业压力大，社会氛围不良。家长和学校为了让学生在未来就业中更有竞争优势，不断压缩学生的休闲娱乐时间，逼迫他们努力学习，名目繁多的培训和参考资料让学生筋疲力尽。

二是升学压力大。现在国内学校教育评价和考核的制度仍以分数为导向，单维的评价标准让学校不敢放松对课程设置和学业任务的要求。

三是教育行政部门对减负政策的监管执行不力，存在象征性执行、敷衍性执行、选择性执行和替换性执行等现象。

四是家长期望过高。家长基于“望子成龙、望女成凤”的心理，在课外自行为学生“增负”，买教材、请家教、报学习班等，形成了学校减负、家长增负的独特现象。

五是学生偏爱“苦学”以及缺乏对压力的自我管理能力。

改善青少年学业负担过重的现状，需要政府及教育行政部门、学校、家庭、学生个人及社会的通力合作。

第一，政府和教育行政部门应该发挥主导作用，并做好几个方面的工作：重视课程内容的理论化、综合化和系统化，积极引导课程改革的正确方向；深化招生考试制度改革，注重考查学生的综合素质；深化教育评价制度改革，彻底改变用升学率评价学生和教师的做法；加大教育执法力度，从严监管督查。

第二，学校应该积极发挥关键作用，进一步更新观念，树立正确的教育质量观；改革对教师的管理和评价制度，重视教育的过程管理和过程评价；督促教师改进教学方式，提高教学质量。

第三，家庭应发挥其作用，家长应树立正确的子女成才观，了解和尊重孩子的自主选择；注重子女的全面发展，鼓励孩子多参加社会实践；努力营造宽松、温情、民主、和谐的家庭氛围，促进孩子健康成长。

第四，学生要努力发挥自我调节作用。一方面不能放松学习，减负不应以牺牲自己的学业为代价；另一方面，要认识到除了成绩之外，还应该提高自身的创造能力、人际交往能力、实践能力、心理调节能力和思想修养等。

第五，社会要积极发挥正面催化作用，发挥新闻媒体对社会舆论的引导作用，完善教育舆论宣传制度，抑制主流媒体对“高考状元”“中考状元”以及升学率的不当宣传；为青少年提供更多的实践基地，开展多方面技能的培训，培养他们的社会责任感；建立并完善“社区学校”的功能，让家长坐在一起相互交流、共同研讨，帮助家长更新教育观念，切实提高家庭教育成效。

关键术语

形式运算思维，决策，归纳和演绎，批判性思维，创造性思维，元认知，口头言语，书面言语，内部言语，青春期方言，升学过渡，学业负担

内容要点

1. 皮亚杰提出的认知发展理论强调生物和个体自身因素在认知发展中的重要作用，认为个体经历了感知运动、前运算、具体运算和形式运算四个认知发展阶段。青少年处于形式运算阶段，可以抽象地思考问题，并能够验证自己提出的理论假设。

2. 信息加工理论主要是利用计算机原理来解释思维，认为认知发展是人的信息加工系统不断改进和完善的过程。青少年会不断提高其有意识控制和有目的选择的能力，不断提高其管理和分配认知资源的能力。

3. 青少年的注意能力比儿童期有所增强，工作记忆容量和长时记忆等方面的能力也有所提升。青少年在决策过程中管理情绪的能力、记住先前决策及其结果的能力，以及调整结果后再次决策的能力均有所提升，但他们在面对复杂的现实问题时做出的决策不一定是最明智的。

4. 青少年的逻辑推理能力、批判性思维和创造性思维能力日益增强，随着思维方法和相应的逻辑规则的掌握日益熟练化，青少年的元认知水平也有了明显提高。

5. 青少年的言语能力会变得更加精练准确。他们的词汇量持续增长，口头言语、书面言语和内部言语水平不断提高。

6. 青少年的每一次升学都会带来一些学习和社会适应问题，他们的学习成绩会下降，同时面临更多的压力和人际关系问题。

7. 影响青少年学习成绩的因素有智力、自我效能感、家庭教育、同伴关系和学校质量等。

8. 我国青少年的学业负担过重，学业压力较大、休息时间不足等问题亟待解决，需要政府及教育行政部门、学校、家庭、学生个人及社会通力合作。

复习思考

1. 青少年形式运算思维的基本特点是什么？
2. 青少年的信息加工过程表现出哪些特点？
3. 如何理解青少年的社会方言？
4. 除了智力因素以外，还有哪些因素会影响青少年的学习成绩？
5. 如何帮助青少年顺利适应升学后的生活和学习？
6. 可以采取哪些措施减轻青少年过重的学业负担？

第四章

青少年的情绪

开脑思考

1. 我们都知道儿童在1岁左右时要断奶，此时相当多的孩子会哭闹不止，甚至“绝食”抗议，整个断奶过程相当艰难。到了青少年期，也有一种说法叫“心理断奶”。你认为此时的“断奶”与婴儿时的断奶可以相提并论吗？

2. 我们经常会听到青少年说自己“高兴死了”“伤心死了”的说法。遇到同样的事，为什么青少年的情绪感受就比父母的更为强烈呢？

3. 青少年感到最为开心的时刻是和朋友在一起时，还是和家人在一起时？是因为同伴更有趣呢，还是因为家人太乏味？

学习重点

1. 领会青少年期情绪表现的基本特点；
2. 把握青少年情绪发展与家庭关系和同伴关系的联系；
3. 理解影响青少年情绪调节能力的因素。

青少年在个体化和自我认同探索的过程中，在情绪情感上不得不逐渐地独立于父母，这就是青少年期的“情绪自主”。青少年在日常生活中表现出来的消极情绪比小学儿童明显，报告的极端积极情绪和消极情绪都比他们的父母多。在青少年的情绪情感上逐渐独立于父母的过程中，基本上都包含了家庭冲突，而青少年与父母的冲突又很典型地包含了更多的消极情绪。与此同时，同伴团体在社会性和情绪的发展中所起的重要作用，没有哪一个时期可与青少年期相提并论。青少年在努力转变自己在家庭中的角色时，开始依靠同伴，特别是依靠朋友来寻求情绪支持。情绪调节对于青少年来说至关重要，而父母则影响着他们的情绪表现及情绪调节的各方面。

第一节　青少年期情绪的基本特点

情绪作为个体生活中必不可少的一部分，在青少年期呈现出新的特点。青少年在谋求独立的过程中在情绪情感上要逐渐地脱离父母，追求一种“情绪自主”（emotional autonomy），这是其情绪的基本特点，并且其日常生活中也会折射出一些基本的情绪反应。许多父母发现，进入青少年期后可以跟孩子倾诉自己的烦恼，这在孩子还小的时候是不可能的，这意味着青少年会设身处地地共情父母。青少年与父母关系中的变化反映了情感自主性的发展（McElhaney et al.，2009；Zimmer-Gembeck et al.，2011）。

一、情绪自主

青少年个体化和自我认同探索的过程要求他们在情绪情感上逐渐独立于父母。很多理论家在考虑青少年情绪生活的时候认为青少年再次进入了向父母争取自主的阶段。尽管这一时期青少年“分离-个体化”（separation-individuation）过程中的情绪动力机制与学步幼儿时期的可能有某些相似性，但是，青少年对独立的要求在很多方面已不可同日而语了。

青少年期的情绪自主表现为更强的自我依靠、主动性、对同伴压力的抗拒力、对自己的决定和活动的责任感。这种情绪自主是在以父母为中心的人际关系向着以同伴为中心的人际关系转化的过程中产生的（Steinberg，1990）。比如，有研究表明，青少年与家庭成员一起度过的时间，在觉醒状态下，从35%下降到14%（Larson et al.，1996）。但是青少年在寻求情感自主的同时，也并不会与父母脱离情感联系（Laursen & Collins，2009；McElhaney et al.，2009；van Petegem et al.，2015a）。回顾关于父母与青少年之间关系的文献可以看到，在父母开始期望青少年更像成人一样具有责任感时，这种亲子关系就逐渐变得越来越平等，更像是同伴之间的关系，这也是青少年所渴望的（Paikoff & Brooks-Gunn，1991）。

青少年在情绪情感上越来越独立于自己的父母是由几方面的原因造成的（Steinberg，1990）。其一，年长一些的青少年在面对自己的情绪需要时，已经不太可能去求助于父母；其二，青少年很可能已经对自己的父母形成了复杂的看法，认为他们也是有欠缺的、不完美的；其三，青少年往往对家庭之外的人际关系投入了更多的情绪情感；其四，青少年越来越可能以一种平等的方式与自己的父母交往。所有这些认知以及社会性方面的原因促成了青少年走向同伴文化。

在青少年发展的过程中，其情绪自主和自我依靠在青少年早期平稳上升，而对同伴影响的抗拒力则逐渐下降（Steinberg & Silverberg，1986）。青少年变得更加自主的过程、同伴影响不断增强的过程，经常可能不是一帆风顺的；不过，父母与青少年之间的关系在冲突和变化之中也一般能够保持一定程度的凝聚力。

在青少年早期，孩子们可能难以看到自己的父母在家里的言行举止与在工作中以及和朋友们在一起时是不尽相同的。青少年对自己的父母形成了批评性的态度，他们能够从父母身上挑出自己从前看不到的欠缺。这可能是青少年在塑造独立的自我认同的过程中迈出的重要一步。在这一时期，他们可能经常会觉得从“真正理解”

自己的同伴那里听取意见，比从父母那里听取意见更好一些。实证研究证明，情绪自主和一定程度上脱离父母的制约可对青少年的多方面发展起到推动作用（Chang et al.，2003）。

二、日常的情绪体验

人们通常认为进入青春期后，个体感受到的情绪一定是跌宕起伏的，而且这可能与青春期身体分泌的激素水平发生了改变有关。但研究发现，激素水平和青少年情绪化表现之间的关系并不紧密（Duke et al.，2014）。对于女孩来说，虽然青春期早期激素水平的快速增加与抑郁情绪有关，但研究证明，压力性生活事件，比如来自家庭、学校或同伴的麻烦对抑郁和负面情绪的影响是激素的影响望尘莫及的。对于男孩来说，虽然高水平的睾丸素与冲动和攻击性有关，但在具有积极家庭关系或自我控制能力强的青少年中，这种关联微乎其微（Booth et al.，2003；Reardon et al.，2016）。青少年的焦虑和压力水平在学期末的时候是最高的（Verma et al.，2017）。

与儿童相比，青少年对社会关系有更复杂的概念，有更好的沟通技巧和更多的自我意识。他们更知道如何“修复”自己的情绪——如何让自己摆脱消极情绪，进入积极情绪（Hessel et al.，2016）。这些发展允许青少年以更大的同理心、自我表露和敏感性来建立和维持关系；如果他们认为自己在社会上被孤立了，这会导致高水平的孤独感（Laursen & Hartl，2013）。

为了较好地理解家庭关系转变的实质和青少年日常的情绪体验，心理学家（Larson，1989）提出了一种“经验取样方法”（experience sampling method，ESM）。有研究通过这样的方式，考察了中国青少年日常情绪体验的平均水平和情绪调节策略使用的基线状况。结果发现，中国中学生日常情绪体验分布遵循正态分布，即日常情况下以中性情绪为多，极端正性与负性情绪相对较少；有效调节组（日常情绪体验主要为高水平正性情绪的被试）的孤独感低于无效调节组（日常情绪体验主要为高水平负性情绪的被试）；有效调节组使用的调节策略主要表现为减弱调节策略（桑标，邓欣媚，2010）。而对情感能力的研究发现，我国青少年情感能力（情绪感染、情绪认知、情绪体验、情绪评价、情感调控）的总体趋向是正向积极的；但是，其总体水平并不算高，仍有相当的上升空间（竺培梁等，2010）。进入青少年期后，个体变得不那么外向，但随着他们的成熟，他们变得更认真、更合群、更有弹性，并且情绪更为稳定（Bleidorn，2015；van den Akker et al.，2014）。

青少年日常生活中的情感特点可以从其平均的情绪状态和体验的变化中看到。有研究者对五到八年级的学生进行了四年追踪，直到他们九年级时，发现学生平均的情绪状态随年龄而下降，越来越走向消极（见图 4－1；Larson et al.，2002）。初中生体验到的消极情绪比小学阶段的儿童更为突出（Greene，1990）。虽然消极情绪在高中阶段又有稍许下降，但是，女孩沉浸在消极情绪状态中的时间似乎比男孩更长。相似的是，在小学阶段，男孩的消极情绪随着年级增长而下降，但是女孩并没有这样的变化。研究并没有在平均的情绪状态中发现青少年的情绪的典型特征存在差异，但是在情绪的变化方面却存在典型的差异。比如，有研究发现，青少年报告的极端积极情绪和消极情绪都比他们的父母多，但是中立的或者温和的情绪状态则不及他们的父母那么多（Larson & Richards，1994）。青少年所报告的非常高兴的情况比他们的父母多出六倍，非常不高兴的情况比父母多三倍。除了这些较为普遍的情绪范畴，与父母相比，青少年也更可能报告感到窘迫、神经紧张、厌烦、冷漠。

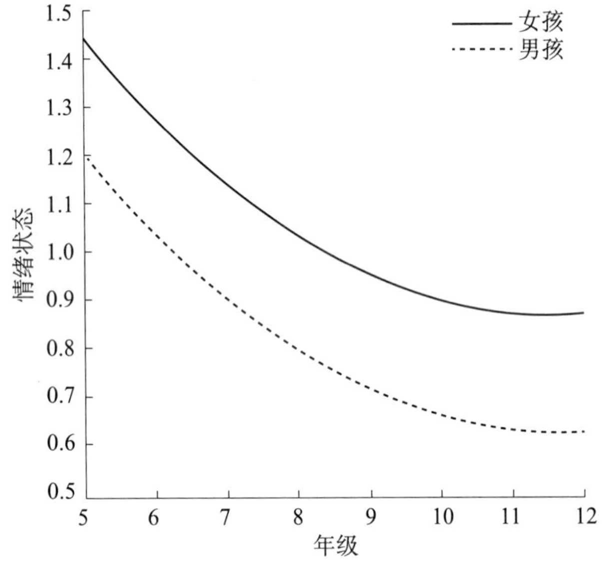

图 4-1　青少年期情绪状态的变化

注：情绪状态从消极到积极以－3～＋3 做 7 点评分。

在积极情绪体验方面，有研究发现，初中男生日常积极情绪得分显著高于女生，而高中男女生没有差异（张兴慧等，2022）。在积极自我关怀方面，青少年的自我关怀整体呈线性增长趋势，但青少年女孩更容易出现高水平的自我冷酷；另外，父母自主支持和友谊质量可以正向预测青少年的自我关怀（刘欣怡，2022）。这些研究均发现，与男生相比，女生积极情绪体验更少，更容易受消极情绪事件的干扰。同时，男生的情绪弹性要高于女生。

个体在体验到较高水平消极情绪的情况下，积极情绪稍有增加便会大大提高生活满意度，这提示我们，干预并提高青少年的心理弹性能够降低消极情绪对青少年的不良影响。使用体验取样法对青少年情绪体验进行研究后发现，从青少年早期到中期，情绪逐渐变得消极，强烈积极情绪减少。例如从五年级到九年级，青少年体验到的强烈积极情绪越来越少，每天感受到“非常快乐”“骄傲”和“非常好”的时间大大减少（Larson et al.，2002）。从青少年中期到后期，积极情绪随年龄增长而降低（Ciarrochi et al.，2008），而且积极情绪的变化幅度和速度在青少年发展过程中逐渐减小（张玉静，2020）。

除了抑郁、焦虑等消极情绪之外，厌烦在青少年期可能具有独特的意义。比如，研究者发现，厌烦与愤怒、挫折感以及缺乏精力或动机相联系（Larson & Richards，1991）。尽管厌烦在学校里并不是最常见的，但是，在各种社会情境中都感到厌烦的青少年一般会被老师认为在个性上是较具分裂性的。虽然厌烦常常被作为冷漠情绪的一种表现，但有些资料也表明青少年期的厌烦可能与挫折感和愤怒这样的消极情绪体验有着密切的联系。

无聊也是青少年阶段经常表现出来的一种情绪（其主要特征见表 4－1）。调查发现，12～19 岁青少年群体中有 51%“很容易感到无聊”，而青春期的学生，约有 91%～98% 的人在某个时候经历过无聊。基于心理健康角度的研究发现，作为一种消极情绪体验，无聊会对自我、情绪、学业、人际和社会适应等心理健康的其他要素产生破坏作用（何妍，俞国良，2021）。从发展特征上来看，从初二年级到高一年级再到高三年级，青少年无聊水平经历了一个先升后降的过程，高一年级最高，高三年级最低。其中，男生高一年级无聊水平最高，初二年级和高三年级水平相当，而女生的无聊水平从初二年级到高一年级则呈现出持续下降的特点。

表 4－1 青少年阶段无聊的主要特征

1	经常觉得没意思，心理空虚，不清楚干什么。
2	希望结交朋友，但关系一般。
3	自我中心化严重，经常有抱怨和消极言谈。
4	缺乏责任感和从事活动的激情或动力。
5	物质渴求感强烈，着迷于感官刺激的满足。
6	自信心不足，常因主观因素拒绝成人的建议。
7	投机取巧，缺乏深度思维及价值观，精神生活乏味。
8	行为方式简单或退化，话题常与性和暴力有关。
9	对自身缺乏洞察力，常有无力感，成长停滞在童年期。
10	缺乏有意义的休闲及兴趣。

资料来源：何妍，俞国良，2021。

如果把父母的情绪体验和青少年的情绪体验在几天内的变化过程绘制成图，似乎就可以看到他们所报告的情绪体验如出一辙，只是情绪体验的强度方面青少年更胜一筹。比如，在周末时，孩子和自己的朋友们在一起，而父母两个人在一起，双方都报告有积极的情绪体验，并且这种情绪水平在整个周末都得以维持。所以，当家中有处于青少年期的孩子时，这种家庭生活未必就是疾风暴雨、充满压力的。尽管青少年与父母之间存在着一定程度的冲突，但这也不必大惊小怪，它甚至可能对青少年的心理社会性发展产生积极的影响。

三、青春期变化与情绪

青春期的到来对青少年的各个方面的表现均会产生影响（Hollenstein & Lougheed，2013），情绪发展也不例外。研究已经证实，体形对于青少年来说具有非同寻常的意义，对青春期女孩更是毋庸讳言。对自己身体的满意度是与青少年的消极情绪相关的重要因素。身体满意度与自尊呈正相关关系，与抑郁呈负相关关系。尽管男孩在青少年期的成长过程中对自己的身体有更多的正面感受，但是伴随青春期发育的进程，女孩对体重的负面知觉则与日俱增（Richards et al.，1990）。有研究表明，对“我长什么样”的信心是决定白人学生自我价值的最重要的因素（American Association of University Women，1992）。对于男孩来说，自我价值更主要是建立在他们的能力之上。社会文化推崇纤瘦的女性身材，再加上身体脂肪在青春期不断积累，结果就出现了经常被提到的那些与女性成熟有关的忧伤。这实际上是生理发育与文化的冲突（Brumberg，1997）。

不管文化背景如何，研究都一致表明，青少年女孩抑郁症状显著多于青少年男孩，这一分野随着年龄的增长和青春期的发育会进一步扩大（Nolen-Hoeksema & Girgus，1994；刘福荣等，2020）。如果排除身体映像的影响，抑郁症状上的这种性别差异就会大大减少。一项研究发现，与男孩相比，各个年龄段的白人女青少年都更为抑郁，身体映像更为负面，自尊更低，所经历过的压力生活事件更多（Allgood-Merten et al.，1990）。如果排除身体映像和自尊的影响，性别和抑郁症状之间的相关就变得不显著了。

相似地，在一项基于13～18岁青少年的多水平样本的研究中，女孩报告的抑郁症状多于男孩，她们对自己的身体更为不满，自尊也更低（Siegel et al.，1999）。在排除身体映像的影响后，抑郁症状的性别差异也就没有了。针对六至九年级白人青少年女孩的纵向研究表明，不良的身体映像对抑郁有预测作用，而抑郁却不能预测身体映像，并且身体映像在维系抑郁上的作用大于引发抑郁时的作用（Rierdan et al.，1989）。综合起来可以认为，如果女孩对自己的身体有更为积极的感受，她们就不太容易在青少年期陷入忧伤。

尽管非裔以及其他少数族裔青少年对相对较宽大的身材的接受性要高一些，但是她们并非不会受到“纤瘦的女性才有魅力”这一社会主流标准的影响。青春期女孩对她们身体的感受也存在种族和跨文化差异。在世界上许多地方，包括北美和南美、欧洲和亚洲，女孩都有很强的瘦身压力（Jones & Smolak，2011）。但是，黑人女孩似乎比其他文化中的女孩更少受到身体映像的影响（Ali et al.，2013；Jung & Forbes，2013），因此她们很少节食减肥，这可能是由不同种族的理想体形不同导致的（Granberg et al.，2009）。不过之后的研究发现，黑人青少年女孩比男孩更容易受到身体映像变化的影响。例如，美国的非裔女孩相对于其他种族的青少年来说，随着身体映像愈发不如人意，她们体验到的忧伤愈发深切（Siegel，2002），也就是说，她们并非不受身体映像的影响。

四、情绪自主与社会适应

在青少年期，个体开始使自己脱离父母，开始发展他们自己的自我认同，开始承担起新的责任。这一过程指的是个体化、独立、自主及分离。精神分析理论家认为，自主和脱离父母对发展健康的自我认同感而言不可或缺。而发展心理学家则提出，健康的自主是在与父母保持持续积极关系的背景中才产生的；也就是说，青少年可以在不必疏离自己的家庭成员的情况下发展自我依靠。

自主可以包括从身体上、物质上、情绪上与父母的分离。尤其是，情绪自主的建构被认为是一种发展适应的过程，这一过程中青少年要减少他们那些不成熟的对父母的依赖。青少年的情绪自主发展持续整个青春期，一直到进入成年期才能大功告成（McElhaney et al.，2009）。在青少年期变得独立的过程既可能有积极的结果，也可能有消极的结果。一方面，青少年期要发展更多的自我依靠、自我调节以及决策技能。反过来看，脱离父母也可能反映了一种重要的损失——失去教诲、指导及支持的资源。

圈里频点赞，情绪出麻烦。

研究发现，情绪自主明显而父母支持少的青少年，其社会适应过程更可能出现问题（Lamborn & Steinberg，1993）。研究者认为，情绪自主是一种“关系结构”，对情绪自主的评估必须放在父母与青少年之间关系的各种背景中来进行。也有研究表明，情绪自主与青少年适应之间的关系受到家庭环境中支持水平的调节。更高的情绪自主分数是情绪分离的一种指标，它与非支持性家庭中的良好适应相联系，但是与支持性家庭中的不良适应相联系（Fuhrman & Holmbeck，1995）。在情感上变得自主的青少年，如果他们还感觉到与父母疏远，他们的心理适应水平就会较低；那些表现出相同程度的情感自主，但仍然感觉到与父母的亲密和依恋的青少年，心理上比他们的同龄人更健康（Allen et al.，2007），这些青少年在友谊和恋爱关系中也能够更好地平衡自主性和亲密性（Allen & Loeb，2015；Moilanen & Manuel，2017；Oudekerk et al.，2015）。这些研究提醒我们，青少年以疏远、冲突和敌对的方式来脱离父母的方式是不健康的（Jager et al.，2015；Parra et al.，2015）。

除此之外，对青少年的情绪发展有影响的重要背景因素还有父母的心理病理问题（Jacob，1987）。如果父母存在心理障碍，那么他们与青少年孩子的互动更有可能出问题，进而对青少年产生不利影响（Yap et al.，2010）。研究发现，抑郁父母的孩子与非抑郁父母的孩子相比，他们出现心理病理问题的可能性更高（Cummings & Davies，1994）。而且，父母抑郁的家庭明显存在着家庭功能失调（如 Goodman & Gotlib，1999）。因此，在父母中有一人抑郁的家庭中成长的青少年，可能会与那些父母不抑郁的青少年在个体化和自主的发展上截然不同。也就是说，在适应脱离抑郁的或者不抑郁的父母的过程中，情绪自主很可能对青少年有着不同的意义和影响。母亲抑郁在情绪自主与青少年的适应之间起调节作用：对于母亲抑郁的孩子来说，高水平的情绪自主（分离）能显著地预测内化问题和外化问题的增长；而对于母亲不抑郁的孩子来说，高水平的情绪自主能显著地预测青少年问题的减少（Garber & Little，2001）。

父母中有一人抑郁的家庭往往具有破坏性（McCauley & Myers，1992），这种环境可能是一种会导致年幼青少年情绪疏远及相应的适应不良的背景因素。与母亲不抑郁的家庭相比，母亲抑郁的家庭往往缺乏凝聚力和情绪表达，冲突更多（Goodman & Brumley，1990）。此外，抑郁的母亲往往也不是支持性的，她们易怒，有敌意，对自己的孩子百般挑剔，吹毛求疵（Garber et al.，1991）。这种消极的家庭模式被认为导致了孩子的情绪和行为问题（Goodman & Gotlib，1999）。这些问题之所以发生，其原因是青少年在父母的支持和接受还很必要的时候就从情绪情感上脱离了父母（Hauser et al.，1991）。研究表明，在母亲抑郁的家庭中，家庭功能失调可明显地预测青少年的问题：较高的功能失调水平导致了青少年的情绪和行为问题，并且这种关系部分地受到情绪自主的调节（Garber & Little，2001）。青少年正在出现的自我感和能力知觉还需要积极的亲子关系来支持（Harter，1999），而这时他们却从情绪上脱离了父母。

此外，青少年所在的文化背景也可能对其实现情绪自主有一定影响。亚裔青少年比白人青少年更少从父母那里寻求自主权，亚裔青少年也更有可能以他们与父母的关系来定义自己（Pomerantz et al.，2009）。在亚裔家庭中，青少年和父母对自主权的期待差异引发的冲突水平远低于白人家庭（Jensen & Dost-Gözkan，2015）。有研究指出，在更重视集体主义文化的背景中，青少年想要从父母那里实现情绪自主更加困难（Yu，2011）。在亚裔背景的家庭中，青少年要脱离父母获得自主，可能需要付出更多代价才能实现。

第二节　家庭冲突与情绪支持

青少年寻求情绪自主的过程中，往往容易与父母产生分歧。同时，随着青少年情绪自主的发展，他们越来越认为，父母对他们的某些行为的管控是过度的（Chan et al.，2015），从而引发很多冲突。这些冲突除了有助于训练青少年的社会技能外，对其情绪的发展也有着重要的影响，尤其是父母在这方面给予的情绪支持具有特别的积极意义。

一、家庭冲突的影响

青少年期发生的冲突在以前被认为是脱离依恋的过程，即青少年要打破在发展的早期非常重要的那种亲子依恋。这些冲突在早期的精神分析理论模型中被认为是情绪发展的正常表现，如果家庭中没有出现不和谐的音符，那倒是被认为可能给青少年的发展带来潜在的问题。当代的理论家则认为，亲子关系是非常和谐且稳定的，而高水平的冲突可能意味着家庭功能失调。

在青少年期，家庭中的频繁争吵会对父母和青少年造成极大压力，使青少年出现心理问题和情绪困扰（Ohannessian et al.，2016；Klahr et al.，2011）；并且，这种情况具有跨文化的一致性（Chung et al.，2009）。父母的频繁批评会对青少年的情绪产生不利影响，提高他们的皮质醇水平，进而影响他们的身体健康（Griffith et al.，2018；Lippold et al.，2016）。

对家庭冲突频率的研究表明，其估计范围是平均每三天一次争吵，每次争吵持续时间大约为 11 分钟；如果把与同伴的争吵包括进来的话，则每天争吵达到七次（Laursen & Collins，1994）。尽管有人认为青少年期冲突增加是研究方法不当造成的人为结果，但是，研究却一致地表明，对诸如争执、插嘴等言语冲突的测量都反映出家庭冲突在青少年早期增加，而到青少年后期则下降（Laursen & Collins，1994；Tsai et al.，2013）。青少年与父母的冲突包含了更多的消极情绪，超过青少年同伴之间或者与恋爱对象之间发生冲突时的情形，并且母亲比父亲更经常地卷入冲突之中（Shek，2007）。随着父母和青少年之间的关系变得更加平等，他们在解决冲突方面会变得更好（van Doorn et al.，2011）。

研究已经表明，有处于青少年期的孩子的家庭，在总体冲突水平上存在着很大的差异。研究者就青少年男孩的冲突和危机提出了三种发展模式（引自 LaFreniere，2000）。大约 25%的青少年男孩的成长过程是持续稳定的，青少年与父母之间是相互尊重的，他们有一种目的感、有自信。大约 35%的青少年的成长过程是动荡起伏的，愤怒、蔑视和不成熟经常会打破平静。最后，大约有 25%的青少年的成长过程是喧嚣骚乱的，充满了压力、紧张和冲突。剩下的 15%没有什么明显的特征。在此关键的问题是，这些不同的成长模式从发展心理病理学的角度看，其起因是什么，它在成年期会带来什么样的后果。

实际上，很多家庭冲突并没有严重到使青少年觉得自己在家里无立锥之地。相反，他们总是在为日常生活中的问题斗嘴。青少年在家的时间充满了没完没了的，经常是微不足道的恼怒。尽管家务事只是青少年生活中的一小部分，但是他们却认为这是与父母发生冲突的重要原因。父母经常要求青少年分担一些家务劳动，但是青少年却把这种要求视为折磨。很多青少年，尤其是男孩，觉得自己不用对家庭的需要承担什么责任，所以父母在向他们提出这种要求时，他们就会恼火起来（Larson & Richards，1994）。

二、家庭冲突的解决

要理解青少年在家里的冲突，非常重要的是要考虑这些冲突是如何解决的。不幸的是，这些冲突有时候处理不当，会使得家庭成员要么被迫顺从，要么回避争论（Laursen & Collins，1994）。研究证实，青少年和父母之间的冲突往往不是通过妥协来解决，而是通过一方让步或离开来解决，这两种方式都不能提高关系质量或有助于问题解决（Marceau et al.，2015；Moed et al.，2015）。

解决家庭冲突的策略具有非常重要的意义，研究已经反复证明它与青少年的情绪功能和心理社会性功能相联系。通常用来评估冲突解决策略的方法是对家庭成员在一起讨论问题的情形进行录音。一项研究发现，得到父母鼓励表达自己意见的青少年，以及对家庭成员仍然有情绪情感上依恋的青少年，他们的心理能力更强，他们具有更高的自尊，有更好的应对策略。在家里缺乏自主的青少年则报告了更多的抑郁感，他们更可能在各种背景中都出现问题行为（Allen et al.，1994）。

在一项纵向研究中，研究者先后对八年级和十年级男生进行了观察（Capaldi et al.，1994）。研究者对情绪情感、问题解决的有效性以及家庭关系的质量进行了等级评定，同时也对自尊进行了评估。研究发现，如果家庭成员对家里出现的问题视而不见，消极情绪的表现水平较高（尤其是愤怒），或者调节紧张的水平比较低，那么这种家庭往往无法解决家庭争端，而处于青少年期的孩子也会感到比较忧伤。在情绪调节水平低的家庭中，亲子关系的质量也是比较低的。随着时间的延续，积极的情绪以及幽默感会明显烟消云散，而诸如焦虑、紧张和蔑视等等消极情绪却有风起云涌的架势。最后，在经常有积极情绪的家庭中，处于青少年期的男孩自尊的水平较高。由此可见，在家庭中调节消极情绪的能力对青少年的问题解决能力和家庭关系都有影响。

不过，研究发现，尽管青少年与父母的冲突比较多，但是这些冲突并没有明显地破坏亲子关系的质量。这些冲突可能会对青少年的发展产生某些积极的影响，特别是当亲子关系属于安全型的情况下更是如此（Paikoff & Brooks-Gunn，1991）。青少年期家庭冲突的增加未必就会导致家庭纽带的断裂。

三、情绪支持

青少年的应对策略和父母的情绪支持似乎也对青少年在家里所面对的压力有着重要的影响。研究者指出，父母的支持可能会促进青少年积极情绪的发展，因为他们相信在自己需要的时候父母是可以依靠的（Wills，1990）。研究发现，早期低水平的亲子关系可引发青少年更多的消极情绪，导致其自伤行为发生率提高；而温暖的亲子关系则有助于保护儿童免受不良邻里关系和家庭压力事件带来的消极影响，进一步提高个体对不同类型环境风险的情绪和行为的适应能力（Flouri et al.，2015）。相信父母会给予支持的孩子也很可能对父母解决问题的能力有信心，并且也很可能会学到更多成熟的应对策略。因此，青少年可能会对消极的生活事件有较为健康的看法，他们很少花时间沉浸在自己的问题中苦思冥想。由此可以看到，青少年期调节消极情绪的能力至少部分地有赖于他们的家庭经历。

青少年在家里的情绪体验以及情绪的表现可能与青少年的性别以及父亲或者母亲有联系。在青少年早期，无论男孩女孩，他们所报告的情绪感受都走向消极，到青少年后期，又再走向积极，但是，男孩女孩这些情绪体验的持续时间并不相同。女孩的消极感受持续的时间往往比男孩更长一些。此外，与年长的青少年相比，年心中怀感激，情绪更积极。

幼的青少年，特别是年幼的女孩，很少把父母视为朋友。从父母这方面来看，母亲和父亲给予处于青少年期的孩子的情绪支持是不同的。一项考察社会支持的研究表明，在情绪支持方面，母亲和兄弟姐妹处于同等重要的地位，但是父亲在这方面的作用就被认为不太重要（Furman & Buhrmester，1992）。青少年女孩更可能与母亲或者同胞讨论情绪情感问题，寻求她们的帮助和指导，而男孩则报告说主要是父亲告诉他们应该怎么做（Moser et al.，1996）。这些研究发现表明，在整个青少年期，孩子可能并不认为父亲提供的情绪支持比母亲多。

那些建立了权威型教养方式的家庭对青少年的情绪支持水平更高，权威型父母更有可能随着孩子年龄的增长而逐渐给予他们更多的自主权，这有助于孩子发展自我价值感。正因为如此，权威型父母促进了青少年能力的发展，增强了他们抵御各种潜在负面影响的能力，包括应对压力（Hazel et al.，2014）和抵御反社会同伴的影响（Flamm & Grolnick，2013；Tilton-Weaver et al.，2013）。那些认为自己与家庭成员情感亲密的青少年，其自尊的水平也是比较高的。成长中的青少年正在家庭中、同伴团体中探索着新的社会角色，应对着这些变化所引发的种种挑战。如果他们感受到充满温情的、支持性的家庭气氛，则有助于缓冲这一过渡时期可能产生的潜在消极影响。实际上，众所周知，自我知觉和同伴关系都明显地受到个体依恋关系质量的影响。

对父母有安全依恋的青少年对社会环境更加敏感，并且能够更好地利用与他人的关系来缓冲压力对心理健康的影响（Gunnar，2017）。相似地，研究发现依恋的质量与情绪调节和来自父母及同伴的支持相联系（Kobak & Sceery，1988）。安全型依恋的青少年被同伴认为社会能力强、适应好、不忧伤、更有能力建设性地平复自己的情绪。这些青少年也认为自己的父母是支持性的，觉得父母是爱自己的。当然他们并没有把父母理想化，他们也能够看到父母有欠缺，但能够对过去发生的事欣然释怀。相比之下，不觉得依恋关系重要的那些青少年则被朋友们认为更有敌意，有强迫性的自我依靠。他们感到被父母拒绝，没有得到父母的爱，但是他们又往往把自己与父母之间的关系加以理想化。在谈到这些关系时，他们常常难以记起细节，并且觉得与父母的依恋关系并不重要。这些青少年也不愿意从父母那里寻求支持或者安慰。最后，过分沉浸于依恋关系的那些青少年则被朋友们认为是焦虑的，并且黏在这种关系上也无助于解除焦虑。这些青少年认为朋友们是支持性的，但是他们的朋友却认为这些人根本没有从同伴友谊关系中获得足够的支持。沉浸于依恋关系的青少年也往往颠倒了亲子角色，他们过分警惕地监控着自己的父母。此外，他们也很少表现出自主，因为他们几乎每做一件事都要寻求父母的支持和认可。这些研究发现表明，成功地解决自我认同危机的能力以及自信地面对来自同伴世界的情绪挑战的能力，可能部分地有赖于在支持性的家庭中建立起安全的关系。

第三节　同伴关系中的情绪表现

在生命周期的任何时候，同伴团体在社会性和情绪的发展中所起的作用，都没有哪一个时期像青少年期那样重要。青少年与同伴成群结队在一起的时间，以及对同伴压力的敏感性要超过任何其他的发展阶段。青少年在努力转变自己在家庭中的角色时，他们开始依靠同伴，特别是依靠朋友来寻求情绪支持。同伴关系性质上的这些变化可以反映在同性友谊中不断增加的稳定性、共情以及支持上，同时也反映在约会关系中亲密性的发展上。

一、同伴关系对情绪发展的影响

青少年的同伴关系对其情绪的健康发展有很多方面的影响。首先，同伴关系提供了一种重要的背景，使得青少年能够表达和调节自己的积极情绪和消极情绪，因为他们完全是平等的。其次，同伴能够在新颖的情境中为青少年提供情绪支持和安全感，这一点在家庭关系比较紧张或者是非支持性的时候，可能尤为重要。再次，同伴之间的友谊提供了一种来自家庭之外的自信源和认可（Asher & Parker，1989）。甚至在那些一直给青少年提供建议和情绪支持的家庭中，同伴也常常被看成更能够理解青少年的独特情绪需要的人（Savin-Williams & Berndt，1990）。研究者指出，朋友不仅通过情绪管理来提供帮助，而且也让青少年有机会在没有威胁感的环境中进行自我表露和探索（Asher & Parker，1989）。青少年友谊关系的亲密性源自这样的认识：同伴是平等的，他们会提供一种特别的亲近感和情绪支持。

青少年报告他们最开心的时刻是和朋友在一起，通常他们和朋友在一起要比跟家人在一起快乐得多。研究者（Larson & Richards，1994）发现，有两个关键原因导致了这种情况：

一是青少年发现自己的密友和自己有着相同的情绪。这与他们和父母相处时的情绪形成剧烈的反差。当和父母在一起时，青少年经常体验到消极的情绪，这与他们父母的感受之间有巨大的鸿沟：父母享受与青少年在一起的时光，而青少年则觉得心情低落，并希望到别的地方待着。

二是青少年觉得面对朋友时更自由，更能真实地表现自己，而他们面对父母时很少这样。也许，这就是友谊的本质——朋友会接纳和喜欢真实的自己。对于青少年来说，有时这意味着能否与人探讨自己内心最深处的情感，尤其是正处于萌芽期的恋爱情感。有时候这也意味着伴随着青少年充沛的活力，做一些疯狂的、愚蠢的或是放纵的事情。

然而，并不是所有的青少年都得到了同伴团体的情绪支持，或者，并不是所有的青少年都有一个亲密的朋友。同伴接受性和友谊上的这种差异至关重要，因为其每一方面都可能对个体的社会性发展和情绪健康产生不同的影响（Bukowski & Hoza，1989）。同伴接受性或者受欢迎度是同伴团体对其成员的一种知觉，而友谊是两个人之间的相互喜欢程度，这是两种不同的东西。比如，受欢迎的青少年可能会没有什么朋友。然而，同伴团体不喜欢的那些青少年更可能没有什么朋友，甚至一个朋友都没有。研究发现，被同伴喜欢的青少年中，91%的人有一个要好的朋友，而同伴接受性低的青少年中，只有54%的人有一个要好的朋友（Parker & Asher，1993）。同伴接受性高的青少年的自尊水平也更高（Brown et al.，2008）。那些同伴接受性低的青少年则报告说感到更加孤独，不过有要好的朋友的那些青少年比没有要好朋友的青少年的孤独感少一些。国内有研究发现，同伴拒绝水平更高的青少年更有可能因为愤怒而在网络环境中表现出欺负行为（褚晓伟等，2020）。

二、同伴友谊与情绪发展

拥有朋友而产生的这些缓冲效应可能有赖于同伴关系本身的质量。同伴接受性低的青少年的友谊中有更为频繁和持久的冲突，要解决这些冲突也是难上加难，并且这些冲突也不是以和平的方式结束的。与普通的同伴或者较受欢迎的同伴相比，这些友谊关系也不太亲密，亲社会性方面也不足。尽管这些青少年因为拥有一个朋友而感到不太孤独，但是其友谊关系的质量并没有让他们因为拥有友谊而从中获得应该获得的好处。

此外，同伴接受性低的青少年认为自己的友谊关系不太具有支持性，不太值得信任，不够忠诚（Asher & Parker，1989）。同伴接受性低与辍学相联系，并且同伴接受性低的攻击型青少年更可能在青少年期和之后的成年期犯罪，而同伴接受性低的退缩型青少年则报告孤独感最为强烈，这表明同伴接受性低的青少年中存在着很大程度的差异（Asher et al.，1990）。

综合起来看，友谊以及积极的同伴关注的作用看来就是给予社会性支持和情绪支持，以及提供一种高度的自尊感。

当然，青少年的友谊并不仅带来情感支持和快乐时光。在体验取样研究中发现，朋友也是青少年最消极的情绪的来源，如愤怒、沮丧、悲伤、焦虑。被同伴拒绝是青少年压力的重要来源，他们对拒绝表现出比儿童更强的大脑激活，以及更强的生物压力反应（Bolling et al.，2011；Stroud et al.，2009）。青少年对朋友的强烈依赖和依恋也让他们在情感上十分脆弱，他们非常担心朋友是否喜欢自己以及他们是否足够受欢迎。研究发现，由前青少年期进入青少年期，诸如焦虑、忧伤和愤怒这样的消极情绪都增加了，并且这种增加主要是与朋友联系在一起的（Larson & Richards，1991）。男孩女孩都报告针对异性朋友的消极情绪增加了，这主要是因为他们和这些朋友在一起度过的时间非常多。女孩也报告针对同性同伴的消极情绪增加了。在青少年早期的女孩中间，要好的朋友成双结对是司空见惯的，这种现象到了青少年后期仍然显而易见；然而，要好的朋友三天两头就换、背后说坏话、为鸡毛蒜皮的小事儿而斗嘴、阴险使坏等现象则销声匿迹了。在青少年后期，女孩在情感方面表现出更为明显的观点采择能力，并且她们已经对朋友们的需要和情绪非常敏感。

青少年社会关系中的其他发展变化可以从青少年对友谊的决定中看到。尽管年幼的儿童把朋友看成是自己喜欢与之一起玩耍的人、愿意与之分享玩具的人，但是青少年则把朋友看成是能够向其表白内心秘密的人，是自己尊重的人（Selman & Schultz，1990）。研究者指出，亲密感除了作为青少年早期友谊概念体系中的一个问题，也是他们与朋友交谈过程中的一个问题（Berndt & Perry，1990）。那些认为自己的要好朋友是支持性的、自己的友谊中消极因素比较少的女孩，也会感到自己的需要与好友的需要是合拍的。难怪这些支持性关系中的女孩更经常地报告说她们的朋友能够很好地满足自己的需要；而友谊关系是非支持性的、充斥着矛盾冲突的那些女孩则不是这样（Gavin & Furman，1996）。

三、同伴冲突与情绪发展

友谊对青少年情绪发展的影响可能部分地有赖于这些关系中所产生的支持或者视乎冲突的多少。一项关于同伴关系的纵向研究发现，拥有积极的同伴关系、得到亲密友谊支持的那些青少年，进入成年期以后在心理上更为健康（Hightower，1990）。这一发现可以有两种解释：青少年期积极的同伴关系可能对心理健康具有持久的影响，或者，促使青少年能够发展积极友谊的那些心理特质（包括他们过去的发展历史）在其一生当中都是维持不变的。

与此同时，当冲突发生时，个体解决冲突的能力也是各有千秋。因此，他们可能会通过选择而使得朋友与自己在社会技能和情绪能力上比较相似；当然出现这种结果也可能是因为其他更具有社会能力的同伴拒绝他们的帮助。遭拒绝的青少年的友谊通常缺乏在一般朋友之间可以看到的典型的亲社会行为。比如，一项对青少年早期友谊质量进行的研究发现，青少年社会能力总体上的评估得分与其提名的亲密朋友的社会技能之间存在着很强的相关（Dishion et al.，1995）。在问题解决情境中，与一般的同伴相比，反社会的男孩和他们提名的好朋友都喜欢发号施令，相互交往更为消极，很少有彼此的相互帮助和鼎力支持。此外，这些友谊关系最初是在不同的背景中形成的。尽管大多数青少年会在学校里碰面，但是反社会的青少年则是在其他地方，并且，他们选择的朋友是和他们自己相似的、有着逮捕记录的那些人。在一年以后面谈时，发现反社会青少年的友谊比其他同伴的友谊更为短暂，并且他们的友谊往往是由于冲突导致不欢而散。

针对青少年同伴冲突解决策略与其特质情感和友谊质量的研究发现，青少年的同伴冲突解决策略可以分为积极解决（反省和解、说服建议）和消极解决（忽视回避、攻击伤害）两类，积极情感可以通过积极的同伴冲突解决策略预测积极的友谊质量，而消极情感则可以分别通过积极的和消极的同伴冲突解决策略预测积极的友谊质量和消极的友谊质量（张云运，陈会昌，2011）。研究发现，更具攻击性、不受欢迎的青少年使用更多的消极策略，而更受欢迎、具有攻击性的女性青少年则使用更多以问题为中心的策略。相比之下，那些被忽视的青少年认为对同伴麻烦的控制更有限，他们使用较少的消极策略和较少以问题为中心的策略，但采用更多以情绪为中心的策略（Bowker et al.，2000）。

四、亲密关系中的情绪表现

尽管约会可能是青少年在家庭之外获取独立的一种重要手段，但是处于青少年中期的青少年却表示父母的赞同对其约会关系而言至关重要，并且他们也会尝试突出约会对象的积极品质。此外，对青少年彼此之间感受到的亲密度而言，父母的支持似乎是一个不容忽视的因素。比如，一项探讨大学一年级学生约会关系中的支持性的研究发现，亲子依恋的质量与约会双方所获得的支持量密不可分（Simpson et al.，1992）。在容易引发焦虑的情境中，与其他类型的人相比，安全型依恋的女孩更可能向父母寻求情绪支持，并且为得到情绪支持而感到放心。此外，这些女孩越是感到焦虑，需要的安慰就越多，她的父母就越是具有支持性。随着焦虑的增加，约会的青少年双方身体上的接触就越多，亲吻也越多。相比之下，回避型依恋的青少年在高焦虑的情境中寻求和获得的情绪支持以及安慰都比较少。在焦虑增加的时候，他们很少微笑，目光接触也比较少。而且，青少年的约会关系一般都比较短暂，持续时间大约为四个月（Feiring，1996）。

这些短暂的罗曼史可能是在同伴团体中获得更高的自尊以及地位的源泉之一，而且也可能是导致更多的混乱的原因之一（Larson & Asmussen，1991）。

当然，约会关系中的冲突并不总是对这种关系产生消极影响，在某些情况下，甚至会加强这种关系（Laursen，1995）。并且，在儿童进入青少年期以后，他们大部分的愤怒、挫折、担忧都是源自与异性交往有关的方面，这既包括现实中真实的关系，也包括想象的关系（Larson & Asmussen，1991）。浪漫恋爱的情绪剧变可能是青少年在亲密性方面初出茅庐一试身手的结果，是他们更加开放自己的情绪而无视其脆弱性的结果。根据传统上的一些刻板定型看法，我们可以预料女孩在这些关系中会反映出驾驭约会及恋爱的情绪本质的能力，而男孩在性方面的举止会更多一些。有研究发现，男孩女孩的确对自己的约会关系有着不同的描述：女孩更加强调关系质量，而男孩则看重约会对象的身体魅力（Feiring，1996）。

实际上，男女青少年都可能没有做好充分的准备去处理约会关系，因为情绪判断中一些更为复杂的方面只是初显端倪。在青少年期以前，儿童还不明白特定的情境或者特定的个人可能会产生多种冲突情绪。在青少年早期，他们明白了自己能够在同一时间感受到两种完全相反的情绪，但是，他们仍然不能够理解在同一个人身上可以体验这样的两种情绪。到 11 岁左右，青少年开始理解矛盾冲突的情绪可

依恋不安全，
上网易迷恋。

以发生在同一个人身上。他们在第一次约会时会感到兴奋，但是又害怕会做错什么事。并且，对复杂情绪的这种认知评估还没有得到充分发展。与还没有建立恋爱关系的青少年相比，正在约会的青少年反映出更大的情绪不稳定（Larson & Richards，1994）。

另外，青少年在试图确定恋爱对象的意图时往往容易出现归因误差。当这种充满情绪性的社会关系中出现认知误差时，诸如忌妒这样的消极情绪就无法避免了。这些归因误差也可能造成青少年那种令人混乱的“迷恋”体验。由于无法正确理解一个异性朋友可能会有一种友爱之情，而非爱情，这样一来，青少年就可能很难在异性友谊首次出现的时候有正确的认识。

五、友谊中情绪表现的性别差异

随着青春发育期的开始，生理的、认知的以及社会性的因素使得性别分化达到极致，甚至在青少年逆转了儿童期性别隔离的趋势，转而花更多的时间和异性同伴交往的情况下也是如此。在儿童期的同性朋党中已经可以看到大量的性别差异。研究一般都发现，与女孩相比，男孩倾向于在较大的团体中玩耍，通常进行的是表现身体强壮和有竞争力的游戏。他们在身体上更为活跃，参加更有风险的游戏，对同伴表现出更多的愤怒和攻击性。女孩通常参加的是较小的更具有排他性的团体，她们通常以更为亲密的方式进行交往，她们会提出直接的以及间接的言语要求，而不是指手画脚，表现身体上的优势。

在青少年期，与男孩相比，女孩看重的是她们人际关系中的亲密性。相互表白、共享秘密、讨论感受等构成了青少年女孩亲密友谊的典型特征。女孩经常把朋友当成一种调控焦虑的手段，她们能够在电话里把一天内发生的大小事儿捣鼓几个小时。比如，研究发现，女孩在感到受到朋友及约会对象的伤害或者被他们弄得心烦意乱时，她们往往征询朋友对情绪管理的意见（Apter，1990）。她们并不是简单地做一个被动的听者，相反她们会积极地相互帮助，以应对青少年世界更为复杂的各种情绪。此外，女孩不仅报告自己看重朋友们给予的情绪支持，而且她们也会求助于由亲密朋友构成的小团体，或者求助于某一个要好的朋友以寻求情绪支持（LeCroy，1988）。

男孩看重友谊则是基于完全不同的原因，这当中社会支持可能具有迥然不同的意义。像女孩一样，男孩也由于归属于有着紧密联系的朋党或者朋友团体而从中获得安全感和地位。然而，与女孩不同的是，情绪支持并不表现为长时间对自己情绪的亲密讨论。相反，提供情绪支持的形式可能是积极的帮助，比如帮助朋友修车、打架的时候朋友拔刀相助，或者与朋友在一起以一种轻松惬意的方式开开玩笑，而过程中没有明显的紧张或者冲突。或许是因为青少年男孩团体动力机制上的原因，男孩们在友谊关系中看重的特质是忠诚，并且男孩之间的友谊通常都是稳定的。一般而言，被认为是支持性的友谊关系都是男孩女孩非常看重的（Berndt & Perry，

1990）。

在青少年期，在友谊的亲密性上也形成了性别差异，这时男女两性之间的友谊以及约会关系已经变得越来越普遍。比如，处于青少年早期的女孩报告说，她们与同性之间的友谊比异性友谊更加亲密。到青少年后期，女孩报告说异性友谊与同性友谊一样亲密无间。对处于青少年后期的男孩来说，异性友谊比同性友谊更加亲密，这意味着男孩变得更加健谈，而女孩对男孩则比较谨慎（Maccoby，1998）。大量的证据也表明，男孩女孩在沟通方式上存在着差异。比如，在异性友谊和约会关系中，男孩往往更加主动，而女孩则有更多试探性的言语。在经历儿童中期长时间的男女隔阂之后，这时男孩女孩开始发展异性关系，因而他们必须调整自己的行为，学习与异性的沟通方式。

对情感能力（情绪感染、情绪认知、情绪体验、情绪评价、情感调控）的研究发现，总体上女性高于男性，但差异不显著。不过，在情绪体验上，女性显著高于男性。其他各项因子除情绪调控一项外，也都是女性得分略高于男性，但差异不显著。男性在情绪调控因子上得分略高于女性，差异也不显著。可以说，男女青少年在情感能力上存在的差异属于结构性差异（竺培梁等，2010）。

第四节　情绪调节

情绪调节对于情绪起伏不定的青少年来说极其重要，而父母影响着特定情境内的情绪表现、情绪调节以及情绪调节能力的获得和对情绪调节过程的理解。父母作为青少年重要的依恋对象，其支持和情绪有效性对孩子具有适应性的情绪调节的发展有着很大影响。

一、情绪调节的个体差异

情绪可以定义为个体对自己所处的环境的一种反应：要么维持与环境之间的关系，要么改变这种关系。这种观点关注的是情绪的动力本质、个体内部的差异、与情绪有关的行为范式，并且关注情绪调节的适应目标（Gross，1998；Thompson，1994）。情绪调节包括对情绪反应的强度、持续时间和潜伏期的监控、评估及修正（Thompson，1994），这将有助于目标的实现。

情绪调节有效性上的个体差异至少可从三个基本的过程中见到，即：情绪产生的前提（比如，评估）、情绪反应的模式（比如，应对方式），以及情绪的监控（比如，情绪的自我意识）（Carver & Scheier，1999；Zimmermann，1999）。

在引发特定的情绪及其强度的情境或者事件上、在对自己的情绪的自我意识上，以及在适应和调节与情绪有关的行为上，个体之间存在着差异（Chang，1998a，1998b）。那些存在情绪调节障碍的青少年往往难以识别和理解自我情绪，更易表现出愤怒、暴躁、喜怒无常等不良情绪（刘丽芳等，2019），导致其产生负面自我评价（Coates & Messman-Moore，2014），继而引发焦虑和抑郁症状（Poole et al.，2018）。考察青少年日常情绪状态与情绪自我调节方式的研究发现，高心理弹性高中生的日常消极情绪水平显著低于中、低心理弹性同伴；并且，高心理弹性组情绪平衡大于中、低心理弹性组，中心理弹性组大于低心理弹性组。究其原因，研究者认为与青少年的情绪调节策略有关，即高心理弹性高中生在情绪的两端均对其进行调节。相比于低心理弹性高中生，面对积极情绪，高心理弹性高中生在输入端通过更多评价来诱发积极情绪刺激，继而增强积极情绪，在输出端通过相对更多的宣泄及更少的抑制把积极情绪表达出来。面对消极情绪，高心理弹性高中生在输入端采用相对更少的重视、在输出端采用相对更少的抑制，这些调节方式显然有利于减低消极情绪的水平和作用（席居哲等，2013）。

从发展模式上来看，较之早期青少年，晚期青少年调节情绪时选择的调节对象种类呈现多样化，且好朋友是其中最重要的人际情绪调节对象。晚期青少年调节人际情绪时会更多采用“参与型”策略，包括：价值评价、社会比较、共情、认知改变和事件干预等。早期青少年较之晚期青少年，其人际情绪调节倾向和回避策略的适用性更强。同时，人际关系的质量和情境是影响人际情绪调节策略使用有效性的重要因素（胡娜，2022）。

二、亲子依恋与情绪调节

依恋系统是一种安全的行为调节系统，如果它被消极情绪诱因激活，那么它会引导一个人去寻求或者维持与那些能够帮助他们应付这一情境的知己朋友的亲密联系。依恋行为的主要目的是重建心理安全感，这一点既可以通过沟通交流消极情绪来达到，也可以通过寻求亲密朋友的支持来达到。所以，依恋行为对消极情绪的调节来说已经成了一种社会性策略（Grossmann et al.，1999）。

在青少年期和成年期，依恋模式并不像婴儿期那样是可以直接观察的情绪表现和调节模式。所以，研究者会使用“成人依恋访谈”（Adult Attachment Interview，AAI；George et al.，1985）这样的测量工具，通过表白模式来揭示依恋的组织结构。

在访谈中，具有安全依恋表现的个体会很典型地对自己所报告的依恋经验采取开放沟通的态度。相比之下，被认为过分依恋的那些人则事无巨细且闪烁其词地讨论他们的依恋历史，并且在积极的评估和消极的评估之间摇摆不定，完全没有一个最终的整合评估。在访谈中，他们未必意识到自己的情绪反应模式，因为他们对自己的愤怒表白几乎没有进行元监控。被认为缺乏依恋的那些被试会试图对依恋方面的话题尽量避而不谈，他们的表白也含糊其词，对依恋历史经常记不起来或者表现出矛盾的记忆，相应的评估也是如此（Main，1991）。

尽管在评价方式上存在着差异，但是青少年期和成年期依恋与情绪过程之间的关系同儿童期却有着相似的地方。通过 AAI 对情绪过程进行的研究表明，那些被认为缺乏依恋的个体很少在依恋经验的背景下触及情绪。研究发现，那些经常在言语上抑制与依恋有关的记忆和感受的人（即缺乏依恋的被试），在 AAI 过程中其皮电活动——唤醒状态的一种生理指标——也有相应的增加（Dozier & Kobak，1992）。在另一项研究中，研究者对 AAI 中的言语和面部情绪表现进行了探讨（Zimmermann et al.，1997）。研究发现，缺乏依恋的被试在 AAI 中几乎没有言语水平上的情绪表现，但却表现出很频繁的、离散的消极面部表情（即愤怒、悲伤、消极的惊讶）。与安全型依恋的被试相比，过分依恋的人在 AAI 中其言语上很少有清楚的情绪表现，但是消极面部表情出现的频率却很高，尤其是悲伤（Zimmermann et al.，1996）。

进一步的研究发现，情绪表现和情绪体验一致性上的差异也可见于实验情境中，这一情境中不考虑个人依恋的记忆或者与依恋对象的社会交互作用（Spangler & Zimmermann，1999）。与非安全型依恋的青少年相比，在观看情绪性的电影（比如，母子交往、恋人分离）时，安全型依恋的青少年在其情绪自我评定和通过 EMG（即肌电图，在颧骨等部位进行测量）评定的消极的或者积极的面部表情反应之间，存在着很高的一致性。因此，非安全型依恋的青少年往往会在其对情绪效价的言语表达与其面部表情或者特定的肌肉活动上表现出差异。由于被试是单独待着，所以这些结果不能归因为对情绪表现的有意识掩饰。研究表明，情绪表现与自我评定的情绪体验之间的相关，可能会因为情绪表现上的个体差异（即过度表现与表现不足）而变得很低。这样的差异能够与依恋的表现联系在一起。

研究已经表明，与非安全型依恋的青少年相比，安全型依恋的青少年对同伴敌意较少，不太焦虑，无助感较少，很少对母亲表现出无济于事的愤怒，他们更富有社会能力，会运用更为积极的而不是逃避的策略（Zimmermann & Grossmann，1997）。在检验青少年对一项社会拒绝任务的反应时发现，安全型依恋的青少年有着较富弹性的评估，有着较富弹性的行为策略，对自己的情绪状态有更为直接的语言描述，而缺乏依恋的青少年则不是这样（Zimmermann，1999）。然而，过度依恋的青少年其与情绪有关的行为模式则比较僵硬，也很少触及自己的情绪。可见，依恋与有效的情绪调节之间是存在联系的。

此外，纵向研究的结果表明，除了母婴依恋对适应会产生影响之外（Sroufe et al.，1999a），父婴依恋对青少年的应对策略也具有预测效应（Zimmermann & Grossmann，1997）。具有安全型父婴依恋的青少年在 16 岁时报告了更为主动的、运用社会资源的应对策略，而父婴依恋不安全的青少年则显示了更多回避型的应对策略。由于父婴依恋与青少年的依恋表现并没有明显的联系（Zimmermann et al.，1997），所以，与父亲的关系应该被视为一种独立的纵向效应。尤其是，应对方式可能会受到父亲与孩子之间的互动的影响，这种互动通常包含了游戏或者具有挑战性的情境（Grossmann et al.，1999）。

有研究发现，积极情绪调节策略（包括认知重评、积极设想、求助他人和行为转移）、情绪调节能力与亲子依恋中的父子信任、父子沟通、母子信任和母子沟通呈显著正相关，与父子疏离、母子疏离呈显著负相关；而消极情绪调节策略（攻击他人、自我责备、沉思默想、发泄不满和自我压抑）、情绪调节能力与父子信任、父子沟通、母子信任和母子沟通呈显著负相关，与父子疏离、母子疏离呈显著正相关（刘启刚，周立秋，2013）。亲子依恋不只对情绪调节能力发挥直接作用，而且通过积极情绪调节策略和消极情绪调节策略对情绪调节能力发挥部分中介效应。

三、与父母情绪调节的关系

父母自身的情绪社会化会影响孩子在特定情境中的情绪调节，因此父母必须对情绪有足够的认识，有能力有效、恰当地调节自己的情绪。父母的情绪调节情况不仅会影响孩子的情绪发展及心理健康水平（Hajal & Paley，2020），还会通过家庭互动对孩子的情绪调节起到示范作用（Zimmer-Gembeck et al.，2019；Lieneman et al.，2020）。

研究表明，父母情绪调节异常会导致不适当的情绪表达或体验，这反过来会使孩子情绪发展不良并导致亲子冲突（Dix，1991）。父母对孩子情绪表现出不适当的不一致回应，以及父母从家庭冲突中较难回到积极情绪状态中，都被认为是情绪调节异常的象征，它们与孩子贫乏的社交、行为、情绪能力有关（Compton et al.，2003；Denham et al.，1997）。

研究表明，父母情绪社会化因素对儿童的情绪调节能力发展有一定的影响。情绪调节理论家假设孩子通过模仿学习和社会参照途径来模仿父母的情绪调节模式（Bridges et al.，2004；Denham，1998；Morris et al.，2007）。有研究者（Morris et al.，2007）提出观察学习范式，认为父母给孩子提供了可以模仿的情绪表现模型（包括调节策略）。父母的情绪调节创设了情绪环境，孩子可以根据环境中情绪的效价、持续性和强度来学习恰当的情绪表达。还有研究者（Thompson，1994）指出，恒定暴露在一种情绪调节类型下会导致孩子模仿父母调节情绪的方法，最终当自己面对类似的情绪诱发情境时，他们会使用与父母相同的策略。

也有研究者（Cole et al.，1994）提出，儿童通过内化方式来发展与父母相同的情绪调节策略。他们认为，有心理病理问题的父母可能存在情绪调节异常，他们缺乏成为合适榜样的能力。父母的情绪表现反映了他们自己的情绪调节策略，即频繁表现积极情绪是使用适当有效的情绪调节策略的反映，频繁表现消极情绪则是使用无效的情绪调节策略而导致情绪调节异常的反映。

还有研究考察了情绪调节能力的模仿或内化模型。例如，一项研究（Silk，2006）选取有抑郁症状和没有抑郁症状的母亲，通过实验操作诱发他们的孩子（4～7 岁）产生悲痛情绪，考察孩子对悲痛情绪的调节风格。结果发现，母亲抑郁的孩子更多地使用被动等待的调节策略（这属于适应不良的情绪调节策略），母亲没有抑郁的孩子则更加积极地分散自己的注意（这属于适应性情绪调节策略）。研究者认为，有抑郁症状的母亲使用的适应不良的情绪调节策略给孩子造成一种消极或惩罚性的情绪氛围，孩子也因此发展出适应不良的策略。另一项研究对母亲的策略使用进行了评估，得到了一致性的结论（引自 Garber & Dodge Eds.，1991）。实验将抑郁和非抑郁母亲以及他们的孩子（8～13 岁）置于悲伤诱发情境中，要求他们报告在该情境中使用的情绪调节策略，评分者对被试报告的情绪调节策略数量和质量进行独立评估。结果发现，抑郁母亲和他们孩子报告的情绪调节策略显著更少、质量更低。

关键术语

情绪，情绪自主，青春期，家庭冲突，同伴友谊，情绪支持，情绪调节，亲子依恋

内容要点

1. 情绪在青少年期呈现出新的特点。青少年在谋求独立的过程中在情绪情感上要逐渐地脱离父母，追求一种“情绪自主”，这是其情绪的基本特点。

2. 青少年日常生活中的情绪的特点反映为初中生体验到的消极情绪比小学阶段的儿童更为突出，青少年报告的极端积极情绪和消极情绪都比他们的父母多，但是中立的或者温和的情绪状态则不及他们的父母那么多。

3. 青少年个体化和自我认同探索的过程，要求他们在情绪情感上逐渐独立于父母。从情绪的角度看，青少年再次进入了向父母争取自主的阶段。

4. 青少年寻求情绪自主的过程中，往往容易与父母产生分歧，发生冲突，这些冲突除了有助于训练青少年的社会技能外，对其情绪的发展也有着重要的影响，尤其是父母在这方面给予的情绪支持具有特别的积极意义。

5. 同伴关系对青少年情绪的健康发展有多方面影响：同伴关系提供了一种重要的背景，使得其能够表达和调节自己的积极情绪和消极情绪；同伴能够在新颖的情境中为其提供情绪支持和安全感；同伴之间的友谊提供了一种来自家庭之外的自信源和认可。

6. 青少年的友谊并不仅是朋友情感上的支持和在一起的娱乐时光。朋友也是青少年最消极的情绪的来源，如愤怒、沮丧、悲伤、焦虑。青少年对朋友的强烈依赖和依恋也让他们在情感上十分脆弱，他们非常担心朋友是否喜欢自己以及他们是否足够受欢迎。

7. 在青少年期，女孩看重的是她们人际关系中的亲密性。相互表白、共享秘密、讨论感受等构成了青少年女孩亲密友谊的典型特征。与女孩不同的是，男孩的情绪支持并不是表现为长时间对自己情绪的亲密讨论，而可能是积极的帮助。

8. 父母的情绪社会化会影响孩子在特定情境内的情绪调节，因此父母应该对情绪有足够的认识，有能力有效、恰当地调节自己的情绪。

复习思考

1. 如何理解青少年的情绪自主?
2. 青少年的日常情绪体验表现出怎样的特点?
3. 如何理解青少年追求的情绪自主和父母提供的情绪支持之间的关系?
4. 同伴关系如何影响青少年的情绪发展?
5. 青少年的情绪调节受到哪些环境因素的影响?

第五章

青少年的自我与社会认知

开脑思考

1. 你曾经对自我感到迷茫吗？这一时期持续了多长时间？随着通信技术的不断进步，人们对各种信息的交流更加频密快捷，熟人之间和生人之间都更容易建立联系。那么，这样的状况是让你对自我更加迷茫呢，还是有助于确定自我？

2. 有时候我们看到一些年轻的父母会给自己的小儿子穿花衣、穿裙子，甚至是取一个女性化的小名，他们觉得等到孩子长大一些后改过来就行了。你认为这样的做法会对孩子的未来产生什么影响吗？

3. 13 岁的阿超在日记中写道："没有人理解我，尤其是我的父母。他们不了解我的感受，也从来没经历过我感受到的痛苦。"阿超为什么会认为自己的感受是独一无二、别人无法体会的呢？

学习重点

1. 把握青少年自我的表现、自尊和自我概念的发展特点及影响因素；
2. 领会青少年自我认同的状态和性别角色的发展；
3. 运用自我中心思维观点分析青少年的社会认知的表现。

青少年期是一个决定学业、人际关系、工作和未来方向的重要时期。对这些问题的思考会促使青少年对自己提出更多的问题："我到底想从生活中得到什么？""哪些事情对我来说是重要的？""我究竟想成为什么样的人？"（Lawford & Ramey, 2015；Malin et al.，2017）因此，青少年期一直被认为是个体开始探索并检验自我的心理特征的时期，青少年这样做的目的是发现真正的自己，是弄清自己与生活于其中的世界是否相容。特别是自从埃里克森提出关于青少年"自我认同"（也称"同一性"，identity）危机的理论之后，学者们就一直把青少年期看成是一个自我探索的时期。后来有更多的研究关注了"自我概念"（self-conceptions）的发展。

青少年期对自我的理解是复杂的，研究者认为青少年期自我的发展分为"解构"

“重建”和“巩固”几个阶段。即，青少年起初会面对矛盾的自我描述，继而试图解决这些矛盾，接下去会发展形成一个整合的自我理论，即形成“自我认同”。

作为自我认同的重要方面，完成心理性别认同也是青少年阶段的重要发展任务。个体在社会文化维度上的性别，可称为“心理性别”(gender)。目前关于心理性别的研究多认为两性之间的差异之前被夸大了，但对于青少年早期的女孩来说，心理性别的强化具有特别的意义，她们对生活的体验与男孩不同，她们有“不同的声音”。

青少年的社会认知发展特点主要表现为“自我中心”思维和观点采择能力的提升。不同于幼儿时期的自我中心，青少年阶段的自我中心主要体现为“假想观众”和“个人神话”，这两种思维有助于理解青少年阶段的某些独特行为。同时，随着观点采择能力的提升，青少年的社会交往、社会适应能力也会得到相应提升。

第一节　自我的表现

在青少年期，个体的自我发展是复杂的，有很多方面的表现（Harter，1998，1999）。

一、自我的表现类型

（一）抽象的自我与分化的自我

按照皮亚杰的观点，很多青少年开始具备抽象思维能力，反映在其对自我的看法上，就表现为青少年在描述自我时比儿童更加喜欢使用抽象的、唯心的词语。比如，他们会说：“我是一个人。我很犹豫。我不知道自己是谁。”“我生来是一个敏感的人，我真的很关心别人的感受。我觉得自己的长相不错。”尽管并非所有的青少年均以唯心的方式来描述自己，但是大多数青少年是能够区分真实的自我和理想的自我的。

青少年自我的发展是越来越分化的。和儿童比较，他们更可能根据具体环境或者情境来描述自我（Harter et al.，1996）。比如，他们在描述自我时可能会使用一组和家庭有关的特征，或者使用一组和同伴、朋友有关的特征。然而，在谈到和异性之间的关系时，有可能是使用另外一组描述特征。总之，青少年比儿童更能够理解因个人角色的不同或者环境的不同，每个人都会有不同的自我。

（二）波动的自我与矛盾的自我

由于青少年的自我具有矛盾的特性，其自我就自然会随着情境和时间的不同而波动变化（Harter，1990）。比如，他们可能无法理解自己怎么会变得那么快——刚才还心情愉快，继而就感到忧心忡忡，再过一会儿，又变得对人讥讽有加。有研究者戏称青少年的这种波动的自我为“温度计自我”（Rosenberg，1986）。青少年自我的这种不稳定性一直会持续到其建立起更为统一的自我理论为止，这大概是在青少年后期，或者直到成年初期。

在青少年进行自我分化，使之成为不同情境中的多重角色之后，这些分化后的自我之间潜在的矛盾也就自然显现。研究表明，青少年自我描述中所表现出的矛盾（喜怒无常与善解人意、丑陋与有魅力、无聊与好奇、关怀与忽视、内向与好开玩笑等）的数量在七到九年级有很大增长（Harter，1986）。到十一年级时，自我描述中的矛盾有所下降，但是仍然比七年级时高。青少年在试图建构关于自我或者个性的一般理论的过程中，逐渐发展和形成了侦测自我中的这些差异的能力（Harter & Monsour，1992）。

（三）现实的与理想的自我、真实的与虚假的自我

青少年逐渐出现的、建构现实自我及理想自我（个体想成为的那种人）的能力，对青少年来说可能是令人困惑的。这种能够认识到现实自我与理想自我之间差异的能力反映了其认知能力的发展（Oyserman & Fryberg，2006），但是，人本主义心理学家罗杰斯（Rogers，1950）却认为，在现实自我与理想自我差异太大的时候，它就成了适应不良的标志。抑郁就可能源于个体现实自我与理想自我之间的巨大差异，因为对这种差异的意识能够产生一种失败感和自我批评。

尽管一些理论家认为现实自我与理想自我之间的强烈差异是适应不良的，但是另外一些人却不这么看，尤其是在青少年期更不是那样。比如，有人认为，理想自我或想象的自我的一个重要方面是“可能自我”（possible self），即个体所希望成为的那种人、其愿意成为的那种人，以及其害怕成为的那种人（Cota-Robles et al.，2000）。以这种观点看，所希望的自我及所害怕的自我的出现，在心理上是健康的，可以提供积极的、期望的自我与消极的、担忧的自我之间的一种平衡。未来积极自我的特征（上好大学、令人敬重、事业成功）能够指出未来积极的状态是什么，而未来消极自我的特征（失业、孤独、没有进入好大学）则能够标示个人在未来要回避的东西。

现实自我和可能自我的意识为一些青少年提供了努力趋向理想型自我和避免成为恐惧型自我的动机（Oyserman & James，2009）。一项旨在鼓励青少年发展学业上的可能自我的干预研究发现，与控制组相比，接受干预的青少年的学业主动性和分数提高了，而抑郁症状和学校的不当行为下降了（Oyserman et al.，2006）。

那么，青少年能够区分他们的真实自我和虚假自我吗？当青少年展示“虚假自我”的时候他们能够意识到，虚假自我是一种他们呈现给其他人的自我，但是他们知道它并不代表他们真正的想法和感受（Harter et al.，1996；Weir & Jose，2010）。青少年最有可能向他们的约会对象呈现虚假自我，而最不可能呈现的对象是亲密朋友和父母（Sippola et al.，2007）。青少年表现其虚假自我是为了给他人留下深刻印

象，是为了尝试新的行为或角色。这是因为其他人迫使他们以虚假的方式来表现自我，或者是因为其他人并不理解他们的真实自我。一些青少年表示，他们并不喜欢自己的虚假自我行为，但是有些人却说这种行为不会给自己带来困扰。跟自己的亲密朋友相比，他们更经常在父母面前表现出虚假自我（Harter，2011）。研究发现，那些父母和同伴情感支持较少、自尊心较低、对生活的满意度相对较低的青少年更有可能表现出虚假自我行为（Impett et al.，2008；Thomaes et al.，2017）。

（四）社会比较中的自我与自我意识中的自我

一些发展理论家认为，与儿童相比，青少年更可能通过社会比较来进行自我评价（Chang et al.，2003；Ruble et al.，1980）。然而，随着年龄增长，愿意承认在社会比较中来对自我进行评价的青少年在减少，因为他们把社会比较看成窝囊的做法。他们认为，承认自己的社会比较动机可能会危及自己的受欢迎度。在青少年期，依靠社会比较信息可能会引起混乱，因为这一时期的参照群体不计其数。比如，青少年通常把自己和同学相比较吗？和同性别的人比较吗？和受欢迎的人比较吗？和长相好的人比较吗？和运动员比较吗？同时考虑所有这些社会比较群体对青少年来说可能是令人困惑的。

与儿童相比，青少年更可能意识到并专注于他们的自我。青少年花费很多的时间关注自我，实验研究发现，在看自己、朋友或陌生人的照片时，青少年中期的个体比其他年龄段群体更经常把目光放在自己照片上（Doi & Shinohara，2018）。青少年变得更加内省，这是其自我意识和自我探索的表现之一（Chang et al.，2001）。然而，内省并不总是在社会性孤立中完成的。有时，青少年会寻求朋友的支持来澄清自我，会获取朋友们对其日渐形成的自我界定的意见。青少年得自他人的、关于自我的评价，其主要来源往往是朋友，这是青少年焦急地盯着看的“社会镜子”（Rosenberg，1979）。

（五）自我保护中的自我与无意识中的自我

在青少年期，对自我的理解包含了多种保护自我的机制。尽管青少年通过努力地内省以理解自我时常常会感到混乱和冲突，但是他们也会通过一些机制来保护和提升自我。在保护自我的过程中，青少年倾向于否认自己的消极特征。比如，积极的自我描述（有魅力、会开玩笑、敏感、感情真挚以及好奇）就可能被青少年归为自我的核心，表明其重要性，而消极的自我描述（丑陋、平凡、忧郁、自私以及神经质）就可能被放到自我的外围，表明其不重要（Harter，1986）。青少年保护自我的倾向与其用理想化的方式来描述自我的倾向一脉相承。

扫描拓展

现实束缚多，网上显真我。

在青少年期，对自我的理解包含了内容更为丰富的认识，即自我包含着无意识成分和意识成分，这种认识只会在青少年后期出现

(Selman，1980)。也就是说，和年龄较小的青少年比较，年龄较大的青少年更可能相信自己心理经验的某些方面是无法意识到的，或是无法控制的。

二、自我的整合

在青少年期，对自我的理解会变得越来越整合，特别是在青少年后期，自我的各个分离的部分会更为系统地结合在一起。年龄较大的青少年在试图建构关于自我的一般理论、形成整合的自我认同感时，更可能会检测到自己早先的自我描述中的不一致性。

因为青少年创建了多种自我概念，所以，要整合这些不同的自我概念并非轻而易举。在青少年必须把自我分化为多种角色时，形式运算思维的出现也迫使其整合并形成一个连贯一致的自我理论。这些刚刚崭露头角的形式运算思维技能首先使得青少年能够检测到自我在不同角色之间的矛盾冲突，之后则提供对这种明显的矛盾进行整合的认知能力。研究表明，14～15岁的青少年不仅会发现自己的不同角色(比如，与父母、朋友及恋人在一起时的角色)之间南辕北辙，而且与年龄较小(11～12岁)及年龄较大(17～18岁)的青少年相比，他们对这些矛盾更感到困扰(Damon & Hart，1988)。

第二节　自尊和自我概念

青少年除了对自我有其理解，即对自我的特征加以界定和描述之外，也会对这些特征进行评价，这就是“自尊”(self-esteem)和“自我概念”(self conccpt)。

一、自尊和自我概念的变化

自尊是对自我的总体评价，它也可以指“自我价值”(self-worth)或“自我映像”(self-image)。比如，某一青少年可能不仅仅会看到自己是一个人，而且是一个好人。自我概念包含的是对自我的具体方面的评价。青少年会对生活中的很多方面进行自我评价——学业、运动、长相等(Santrock，2001)。不过，研究者们通常并不深入追究两者的区别，有时甚至交替使用这两个概念。

在从儿童期向青少年期过渡的过程中，个体开始发展关于自我的更为抽象的特质(Yip，2008)。青少年会把儿童期使用的孤立的特质(“聪明”“有天赋”)，统一为更为抽象的描述(“智力”)，并且自我概念变得更加分化且得以更好地组织。青少年开始根据个人的信念和标准来看待自我，而不是根据社会比较(Harter，1998，2006)。对我国青少年“我是谁”反应的内容分析也指出，青少年的自我概念随年龄的增长，逐步由外在的、具体的描述转向内在的、抽象的描述(易艳等，2013)。

青少年期自我概念的典型特征是，他们常常以相互矛盾的方式来描述自我，比如，他们可能会提到一些相反的特质——“害羞”和“闹腾”、“聪明”和“脑残”。这是因为其社会世界扩展之后，产生了新的人际压力，在不同的人际关系中表现不同的自我。即，他们的自我概念在不同背景中判若两人，青少年与同伴在一起时和与父母、老师在一起时，对自己的看法迥然不同(Harter et al.，1998)。

并且，如前所述，青少年常常会做出“虚假自我行为”(其行为方式不是真实的自我表现)，特别在同学之间以及在恋爱关系中更是如此。不过，虚假自我行为对青少年心理健康产生的影响有赖于这种行为的动因：出于贬低真实自我而做出虚假自我行为的青少年，他们会受到抑郁及绝望的困扰；而目的在于取悦他人或者只是好奇尝试的青少年，其做出的虚假自我行为则与这些问题缘悭一面(Harter et al.，1996)。

青少年自我概念的不一致会使他们痛问“真我是谁”。但是这种矛盾在几年之后就会寥寥无几，因为青少年形成了更为一致的关于自我的看法。

此外，青少年既从总体上对自身进行评价，也从一些具体的方面——学业、运动、外表、社会关系以及道德行为——进行评价。并且，自我概念的具体方面与总体自我价值之间的关系在不同领域判然不同。例如，青少年对自己外表的评价是整体自尊最重要的预测因素，对女孩而言尤其如此(Kistler et al.，2010；Thomaes et al.，2011)；另外一个重要的预测因素是同伴关系(von Soest et al.，2016)(自尊的发展趋势及其他领域与自尊的相关趋势如图 5-1 和图 5-2 所示)。与学龄儿童相比，青少年尤其重视社会性品质，比如互助友好、细心周到、慷慨仁慈、乐于合作等；年龄大一些的青少年对自我进行描述时，个人价值观和道德价值观都是关键所在。尽管研究者发现青少年的身体自尊是整体自尊的最佳预测因素，但当被问及时，青少年说他们的身体外形是最不重要的因素之一。换句话说，青少年往往不知道他们的自尊与他们对自己外表的评价之间的重要联系(DuBois et al.，2000)。

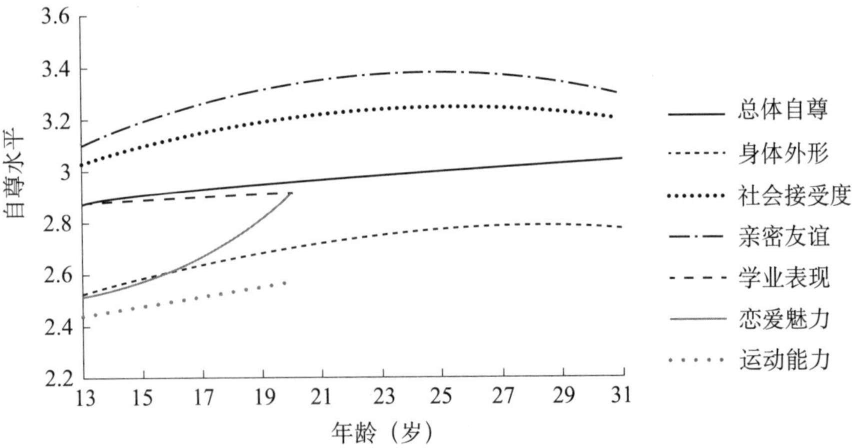

图 5-1　总体自尊及六个领域的自尊的发展趋势

资料来源：von Soest et al.，2016。

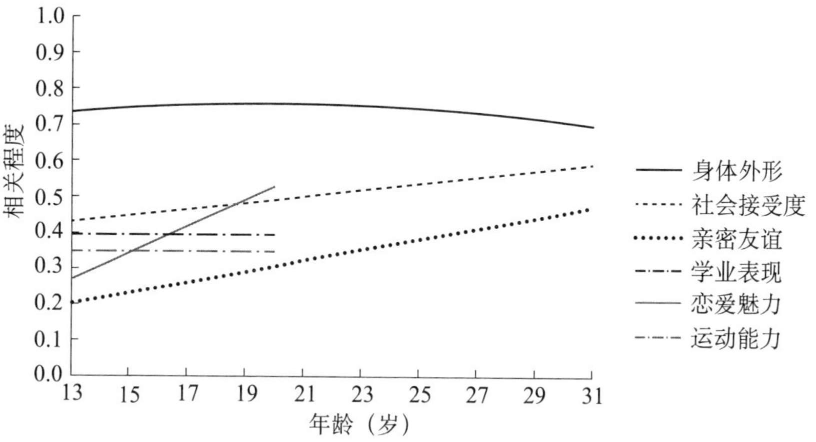

图 5-2　六个领域的自尊与总体自尊的相关程度发展趋势

资料来源：von Soest et al.，2016。

青少年的自尊与其对各种活动的价值评估，以及在这些活动中获得的成功之间的联系变得更强。比如，青少年的学业自尊就可以很清晰地预测他们对所学科目的有用性及重要性的判断，预测他们会付出的努力程度，以及最后的职业选择（Whitesell et al.，2009；Denissen et al.，2007）。

一般而言，总体自尊在青少年期是稳定的，并且在这一时期会稍有增长（Trzesniewski et al.，2003；Harter，1998）。与年龄更小或者更大的人相比，处于青少年早期的个体其自尊更为波动起伏，但是随着年龄增长，自尊会变得稳定（Liu & Xin，2015）。到青少年后期，十几岁的孩子们会发现自己更容易接受行为和感受会随着情境而变化（Hitlin et al.，2006）。青少年对自己的感觉每天都在波动，特别是刚进入青春期时，但从大约 14 岁开始，自尊变得相对稳定（Birkeland et al.，2012），有些青少年的自尊水平还会增强（Chung et al.，2014；Orth et al.，2015；von Soest et al.，2016）。

当然，有些青少年的自尊比较稳定，有些则不然。在不同的种族和性别之间，自尊的状况也有天壤之别（Gray-Little & Hafdahl，2000）。然而，高水平的自尊是与父母赞同、同伴支持、社会适应以及在校成功等因素联系在一起的。

如果从文化的视角看，非裔美国人往往比其他种族群体有更高的自尊，从儿童期到青少年期，这种差异与日俱增（Gaylord-Harden et al.，2007）。白人青少年往往比拉美裔、亚裔和美国原住民有更高的自尊（Twenge & Crocker，2002）。比较不同种族群体青少年的自尊的研究发现，亚裔美国人的自尊常常是最低的。另外，在非裔美国人的文化中自尊提升得最多，而在亚裔美国人文化中最少（Greene & Way，2005）。亚洲文化所青睐的互依自我往往阻止高自我评价，鼓励关注别人的需求和关切（Heine et al.，1999；Nishikawa et al.，2007）。

二、自尊和自我概念的影响

自尊给人的生存以尊严，它产生于人际交往中，在这种交往中自我对某些人来说被看得很重要。自我价值感的建立需要很长的时间，需要通过个体不断地思考和探索来实现（Wang et al.，2017）。青少年的自尊水平会因为得到他人，特别是父母和同伴的认可，以及在学校的成功而增强（Birkeland et al.，2014；Chung et al.，2014；Ojanen & Perry，2007）。

（一）心理健康

一种积极的自我知觉，或者说较高的自尊，是人的发展过程中应该形成的。它和长远的心理健康以及情绪幸福感联系在一起（Klein，1995；Orth & Robins，2013）。自尊心相对较强的青少年的大脑中调节自我的区域和控制奖励的区域之间有更强的联系（Chavez & Heatherton，2015），这意味着他们的延迟满足能力更强。而自尊未得到充分发展的人会表现出大量不健康的情绪症状，比如可能会出现焦虑症的心身症状。研究还发现，低自尊是与药物滥用及未婚怀孕联系在一起的一个因素（Blinn，1987）。事实上，未婚怀孕常常是年轻女性为提升自尊而做出的一部分努力（Streetman，1987）。低自尊也和神经性厌食症、贪食症等进食障碍有关（Fenzel，1994），并且是影响青少年抑郁、焦虑及自杀的一个因素（Orth et al.，2014；Rieger et al.，2016）。低自尊导致抑郁的一个原因是，对自己有负面感觉的青少年更不可能从其他人那里寻求积极反馈和社会支持（Marshall et al.，2014；Masselink et al.，2018）。或许他们认为其他青少年不喜欢他们，这使他们倍感孤独，并进一步降低了他们的自尊（Vanhalst et al.，2013）。

有时，低自尊的青少年会试图以一种虚假的态度来面对外部世界。这是一种补偿机制，旨在使别人相信自己是有价值的，目的是克服自己的无价值感。青少年会试图通过假装出某种行为举止来给人留下深刻影响。然而假装做出一种行为是令人神经紧绷的，在一个人并没有感到自信、友善和欣喜而又要假装出这样的感受时，那将是持续的内心挣扎。这种焦虑会产生严重的紧张状态（Fenzel，1994）。

低自尊的人所表现的另外一种焦虑是其自我的飘浮不定。低自尊的青少年对批评或者拒绝的自我意识太强、太脆弱，这证明了他们发展不良、无能或无价值（Rosenthal & Simeonsson，1989）。在受到嘲笑、受到责备时，或别人对他们提出不好的意见时，他们可能会深感不安。他们越是感到自己脆弱，其焦虑水平就越高。这种青少年会说“他们的批评深深地伤害了我”或“在我做错事的时候，我无法承受别人的嘲笑或责备”。因此，他们在社交场合会感到笨拙、不自在，并可能会尽量地逃避这样的窘迫。

（二）在校表现

越来越多的证据表明，自我概念和学业成绩之间是相关的。成功的学生有更高的自我价值感，自我评价更好，尤其是对亚裔美国青少年而言（Rivas-Drake et al.，2008)。然而这是一种交互关系。那些高自尊的青少年往往学业成绩也很好，而学业成绩较好的那些青少年自尊也比较高（Liu et al.，1992)。一般情况下，学生的平均成绩越高，其越是可能有高水平的同伴接受性（Mboya，1989)。原因之一是对自己有自信的学生有勇气去尝试，实现他们对自己的期望。对自己持消极态度的学生则会给自己的成绩设置限制。他们觉得自己“怎么也做不好”，或者自己“不够聪明”（Fenzel，1994)。

研究者比较关注学生对自己在学校不能取得成功做出解释时所使用的策略，发现他们认为成绩不好是环境造成的（比如，耽误了、没有认真努力、因为其他人的事而没有学习，以及其他的自我欺骗策略)，而不是由于自己缺乏能力。并且男孩比女孩更多地使用这种策略，而与成绩好的学生相比，成绩不好的学生更是如此（Midgley & Urdan，1995)。

其他的研究强调参加课外活动也和较高的自尊有关，但是还需要弄清楚是由于高自尊而参加呢，还是由于参加而提高了自尊。同时，参加课外活动与较高的平均成绩和较低的缺勤率联系在一起（Fertman & Chubb，1992)。其他类似的研究发现，参加学校的活动，特别是体育活动，与男孩女孩的高自尊是联系在一起的（Steitz & Owen，1992)。

重要他人（母亲、父亲、祖父母、哥哥姐姐、特别的朋友、老师，或辅导员）的正面态度和支持，可能会对学生的学业自我概念产生重要的影响。有更好的家庭和同伴关系的青少年比他们的同龄人更有可能保持积极的自尊或发展出更强的自尊（Zimmerman et al.，1997)，他们也有更高的生活满意度（Tolan & Larsen，2014)。感受到别人对自己的学业能力有信心的学生，对自己也会很有信心。如果父母提供了爱和鼓励，青少年的自尊会提升，如果父母污蔑或冷漠，青少年会用更低的自尊回应（Ojanen & Perry，2007)。来自家庭之外成人的支持，尤其是老师，也有利于自尊（Dusek & McIntyre，2003)。

（三）社会适应

低自尊的青少年会出现社会适应困难（DuBois et al.，1997)。自我概念低的人常常会遭到他人的拒绝。接受他人，被他人所接受，尤其是被最好的朋友所接受，这些都与自我概念有密切的联系。对自我的接受与接受他人及被他人所接受之间，有显著的正向相关。因此，在自我接受与社会适应之间就存在着密切的联系。在青少年期可能出现困扰的信号之一就是他们无法建立友谊，或无法与新人进行交往。

与低自我概念和低自尊联系在一起的社会适应不良，可以有多个方面的表现。低自尊的青少年在社交场合极少露面。他们很少受到别人的注意，也很少被选为领导者，并且他们也常常不参加班级活动、俱乐部活动或社交活动（Fenzel，1994）。他们在事关自己利益的事情上并不维护自己的权利，或表达自己的意见。这些青少年往往形成了孤立感和孤独感。

害羞的人在社交场合常常感到笨拙、不自在，这又使得他们更加难以和他人进行沟通。由于他们想讨人喜欢，所以他们更容易受他人的影响和支配，并且他们因为缺乏自信而常常让他人做决定。

（四）职业期望

对于一些人来说，职业选择就是实现自我的一种尝试。想在职业上获得成功的愿望和期望，也有赖于自尊。已经为自己确定了事业目标的青少年与没有确定的人相比，他们的自尊更高（Chiu，1990；Munson，1992）。期望事业成功的男孩会表现出强烈的自尊感，而没有这种想法的男孩常常想的是全面地改变自我，这反映了他们的自我拒绝。高自尊和低自尊的人都认为事业成功至关重要，但是，低自尊的人则很少认为自己能够获得成功。他们更可能会说："我希望事业有成，但是我觉得自己的想法实现不了。"他们不相信自己具备获得成功所应该具备的素质。研究表明，青少年的学业自尊是其最终的职业选择的有力预测因素（Whitesell et al.，2009）。

低自尊和高自尊的青少年所期望的职位有区别吗？一般情况下，低自尊的人会回避自己被迫行使领导权的职位，也回避被别人指挥的职位；他们既不想指挥别人，也不想被别人指挥。逃避领导权或者被别人监督，实际上是在逃避评价或批评。

教育及职业期望部分地受到自我映像的影响，而它又是家庭背景的衍生。研究表明，在贫穷的地区，青少年的教育计划与自我映像都比中高社会经济地位地区的青少年差（Sarigiani et al.，1990）。在乡村地区，青少年的自我映像和教育计划与父母所受的教育程度呈正相关。低期望的青少年其自我映像也差。

三、自我概念的影响因素

那么，青少年形形色色的自我概念是如何形成的呢？概括来看，青少年自我概念的发展主要受到以下因素的影响。

（一）重要他人与亲子关系

自我概念部分地决定于他人对我们的看法，或我们认为他人是怎么看待我们的。然而，并非所有人的影响都不分伯仲。"重要他人"就是那些能够产生重要影响的人。他们有影响力，他们的意见有价值。不过，他们的影响也有赖于他们卷入的程度、亲密度、他们提供的社会支持以及他们所拥有的权力和权威（Blain et al.，1993）。

其一，母子关系及对母亲的认同。母子关系的质量是影响青少年自尊的一个重要因素。认为与母亲比较亲密的年龄较大的青少年女孩，会认为自己自信、聪明、理性、自控。认为与母亲比较疏远的女孩对自己的看法则是负面的，会认为自己反叛、冲动、暴躁、幼稚。所以，对母亲的认同程度影响着青少年的自我概念。

对父母榜样非常认同的男孩女孩都会通过自我与榜样品质的融合，来形成对榜样的真正喜爱，而不是形成过分认同。对父母的过分认同被认为会抑制自我，从而掐掉了“含苞待放的自我认同”（Erikson，1968）。然而对父母的不适当认同，也会使孩子形成不良的自我认同。女孩对母亲的认同不足以及过分认同，都会使她形成不良的自我认同。所以，中等程度的认同似乎才是最健康的。

其二，父子关系及对父亲的认同。父亲在青少年的发展中也是重要的。温情而有益的父女关系在帮助女孩认识自己的女性品质的价值、逐渐对自己作为女人有正面认可、适应异性交往的过程中，起着关键的作用。对于青少年男孩来说也是如此。他们如果认同父亲，并与母亲能够共享温情，那么他们与女性的关系更可能是舒畅愉快的。

其三，父母的兴趣、关注和管教。决定父母在帮助青少年建立健康的自我认同的过程中是否起积极作用的一个重要因素，是他们对孩子所表现出的温情、关注及兴趣。关心孩子并表现出对孩子感兴趣的父母，其子女更可能具有较高的自尊。而且，高自尊的青少年与低自尊的青少年相比，其父母是民主的，但是并不纵容（Bartle et al.，1989）；父母是严格的、前后一致的，他们要求高标准，不过在特定的情况下也会有足够的灵活性，允许孩子偏离规则。

（二）社会经济地位

社会经济地位对自尊可能会产生各种影响。一般而言，低社会经济地位的青少年比高社会经济地位的自尊低。然而，有研究却表明，高社会经济地位的女孩其自尊不及中低社会经济地位的女孩（Richman et al.，1985）。高社会经济地位的女孩承受着巨大的压力，她们必须在学业成绩、身体魅力、社会活动等方面出类拔萃。一旦在其中某一方面遭遇失败，她们的自尊就会丧失并出现不适感。低社会经济地位的男孩女孩都更加习惯于失败，所以这不会给他们带来与高社会经济地位女孩一样的伤害。

父母的社会经济地位本身并不会导致孩子的低自尊。如果父母的自尊较高，低收入家庭的孩子也会具有高自尊。父母的这种自尊又有赖于父母所属种族或宗教团体的威信，有赖于团体中成员的自我接受性。最好的例子就是犹太青少年，尽管他们来自少数派的宗教团体，但他们的自尊往往很高。这可能是由于犹太父母的自尊较高，其亲子关系恰当。父母的支持能减少剧烈及慢性压力的影响，有助于维护青少年的自尊。

然而，经济困难与青少年的自尊之间有一定的关系。经济困难对青少年的自尊会产生负面影响，而这种影响主要受到亲子关系的调节。经济困难可能会减少父母对子女的情感支持，继而传达出一种对青少年的负面评价，因而会降低他们的自尊（Ho et al.，1995）。

（三）性别

大多数关于性别对自尊的影响的研究发现，在青少年期，女孩的自尊比男孩的自尊低一些。一项对数百个研究进行的元分析更进一步证实了这一点（Kling et al.，1999）。该研究发现，男孩的自尊总体上比女孩略胜一筹，而这种差异在青少年后期最大。并且，这种特点在其他国家也如出一辙，比如瑞士的青少年女孩的自尊就比男孩的低（Bolognini et al.，1996）。

女孩自尊形成的基础也与男孩不尽相同。女孩的自尊主要是与其知觉到的身体魅力联系在一起的（Wade & Cooper，1999），是与她们对和他人交往（她们的社会网络）的感受紧紧联系在一起的（Josephs et al.，1992）。男孩的自尊主要是与其对成就和能力的感受联系在一起的。

为什么青少年女孩的自尊比男孩的低呢？一些研究者认为，这是由于社会对男性特质的评价高于女性特质（Markus & Kitayama，1991）。其他研究者则指出了媒体对女孩身体形象的负面影响（Kilbourne，1995），还有一些人认为在主要依赖他人对你的影响来建立自尊时，要保持较高的自尊是举步维艰的。

（四）压力

一项针对14～19岁青少年的研究表明，随着消极生活事件的增加，青少年的自尊水平是下降的（Youngs et al.，1990）。消极生活事件包括亲密家庭成员的死亡、考试失败、转学换校或搬家、生病、人际关系出问题、家庭变化（比如增加新成员或离婚）等。压力对自尊会产生负面影响，进一步，又会影响青少年生活的方方面面。因此，就不难理解青少年早期的适应与自尊的降低之间的负相关（Tevendale et al.，1997）。

四、自我概念的改善

总体上看，自我概念在青少年期渐趋稳定（Chiam，1987）。然而青少年对其生活中发生的重要事件和变化是非常敏感的。例如，一项研究发现，初中阶段的青少年和家人搬家到另一个很远的城镇之后，其自我概念会下降。搬迁的时间越近，搬迁越频繁，对自我概念的消极影响就越大（Hendershott，1989）。

有研究发现，自我概念在12岁左右时最低，但是导致这种积极自我映像锐变的，不是青春期本身，也不是种族、社会经济地位、学校成绩及年龄本身，起决定作用的是学生是否进入了初中。一般来说，进入青春期前和青少年早中期的自我概念差异，比青少年早期和后期之间的差异更大，这表明自我概念最明显的波动发生在进入青春期的过渡期，之后就会发展得更加平稳（Thomaes et al.，2011）。从小学进入初中以后，老师、同学，甚至教室都常常发生变化，这会对自我映像造成干扰。并且，在初中更可能受欺负。所以，从小学向初中或中学的转变，对于较小的青少年来说可能是一件有压力的事件。这也意味着可以通过有益的事件来促进青少年的自我映像和自尊（Markstrom-Adams & Spencer，1994）。

总之，自我概念在青少年期并没有完全巩固，并且会因为一些有影响力的事件而改变。帮助形成了消极自我认同的青少年找到一个成熟的、积极的自我映像是可行的，并且这种改善在青少年期比在成年期容易做到。

要改善青少年的自尊可以通过四个途径：一是确定自尊的来源；二是给予情绪情感支持；三是创造成就感的体验；四是直面问题解决问题。

第一，确定自尊的来源——对自我而言极重要的能力领域——对改善自尊来说是关键所在。研究者指出，旨在提升自尊的项目以自尊本身为目标，仅仅是鼓励个体对自己形成好感，这种做法实际上收效甚微。相反，如果要使个体的自尊得以显著改变的话，干预措施必须从自尊的起因入手（Harter，1998）。青少年在对自我而言极为重要的领域表现得有能力时，他们就会有非常高的自尊。因此，应该鼓励青少年弄清楚他们所看重的那些能力领域。

第二，给予情绪情感支持。来自他人的情绪情感支持和社会赞许会产生有力的影响（Harter，1990）。有一些低自尊的青少年是来自充满矛盾冲突的家庭，或者他们曾经受过虐待或被忽视——在这样的情境中，他们是得不到支持的。某些情况下，可以给予青少年其他形式的支持：一方面——非正式地——可以是老师、教练或另一重要成人给予的鼓励，另一方面——正式地——也可以是一些专门的干预项目。尽管同伴赞许在青少年期变得越来越重要，但是，成人和同伴的支持对青少年的自尊都有着举足轻重的影响。

第三，创造成就感的体验。成就感也能够促进青少年的自尊。比如，直接地教给青少年真正的技能，往往能提高他们获得成功的机会，使之体会到成就感，继而提升其自尊。形成了较高自尊的那些青少年知道什么任务对实现目标来说是重要的，并且他们已经有过相似的成功经验。强调成就感在促进自尊的过程中的重要性，与班杜拉的社会认知概念——“自我效能感”——是相通的，它指的是个人对自己能够把握情境并获得成功的信念。

第四，直面问题解决问题。在青少年面对一个问题并试图解决它而不是逃避的时候，其自尊也常常会得以提升（Lazarus，1991）。如果青少年主要是直面问题，而不是逃避，他们在面对问题时常常有一种现实的、诚实的态度。这样做会产生支持性的自我评价，继而带来自我赞许，最终提升自尊。相反，非支持性的自我评价会促发欺骗以及逃避，使他们否认他们实际上已经看到的真实的东西，从而导致低自尊。就个人适当感而言，这一过程会导致自我否定的反馈。

第三节　自我认同的形成与状态

迄今为止，关于自我认同发展的最全面的理论是埃里克森提出来的。一些研究青少年问题的专家认为，埃里克森的理论是唯一最有影响的青少年发展理论。不过，关于自我认同的发展，当代研究者又提出了一些重要的观点。

一、自我认同的形成

首先，自我认同的发展是一个较长的过程，在很多情况下，它并不是像埃里克森的“危机”概念那样隐含巨变，而是一个渐缓的过渡（Baumeister，1991）。其次，自我认同的发展极其复杂（Marcia，1989）。自我认同的形成既不是始于青少年期，也不是止于青少年期。它开始于婴儿期依恋、自我感、独立倾向的出现，在老年时通过对人生的回顾和整合而达到其最终阶段。在青少年期，尤其是青少年后期，对自我认同的发展而言，重要的是生理的发育、认知的发展及社会性的发展首次到了一个关键点；这时，个体能够对儿童期的自我认同及对父母的认同进行梳理和综合，为走向成年铺就可行的道路。在青少年期，自我认同问题的解决并不意味着自我认同在未来的人生就是稳定的。形成了健康的自我认同的个体是具有灵活性和适应性的，他们开放地面对社会、人际关系以及职业中所发生的变化（Adams et al. Eds.，1992）。这种开放性使完成了自我认同的个体在其生活中能够对自我认同的内容进行多次的重组。

正如人们越来越多地用多元自我来描述青少年的自我系统一样，研究者们也开始用多元自我认同来界定青少年的自我认同系统（Lerner & Steinberg Eds.，2009）。尽管青少年期的自我认同始于儿童期的自我认同，但是核心问题，比如“我是谁?”“我的自我认同的哪些方面是来自不同的背景?”等，在青少年期更经常被提到。在青少年期，自我认同很重要的特征是平衡自主的需要与亲近感（connectedness）的需要。

自我认同的形成不是单纯地发生的，并且通常也不会一蹴而就。它至少包含了对职业方向、意识形态立场及性倾向的承诺。对自我认同的各个成分进行综合是一个漫长的过程，其间个体会对各种角色进行否定或确认。自我认同的发展是一点点推进的。青少年做决定时不能一劳永逸，但是又必须一次又一次地面对这一问题。并且他们要做决定的事也是形形色色，包括和谁约会、是否分手、是否发生性关系、是上大学还是中学毕业就找工作、选什么专业、是学习还是玩儿、要不要参加政治活动等（Rice & Dolgin，2002）。

二、自我认同的状态

青少年自我概念和自尊的发展为其自我认同的形成奠定了基础。詹姆斯·马希耳（James Marcia，1980，1991，2010）根据埃里克森的理论衍生出两个关键的标准（“探索”和“承诺”）来评估自我认同的发展，并提出了四种自我认同的状态：“自我认同完成”（identity achievement），指的是经过探索之后，对价值观、信念、目标有所承诺；“自我认同延迟”（identity moratorium），指的是只有探索，尚无承诺；“自我认同早闭”（identity foreclosure），指的是未经探索，就有承诺；“自我认同扩散”（identity diffusion），指的是既无探索也无承诺的无动于衷。这就是所谓的“自我认同状态模型”（identity status model）（见表 5－1）。

表 5－1 马希耳的四种自我认同状态

自我认同状态	特征	举例
自我认同完成	个体经过对各种选择的探索后，对一个清晰的、自我选择的价值观和目标有了承诺。他们会感受到一种幸福感，知道自己该往何处去。	在整个中学阶段，小付都想去打篮球。九、十年级时，她觉得做物理学家很棒。十一年级时，她选修了计算机课程，一拍即合——她找到了适合自己的方向，她知道自己以后应该学的是计算机科学。
自我认同延迟	这些个体仍未做出明确的承诺，他们还在探索着，在收集信息、尝试各种活动，希望能够找到指导自己生活的价值观和目标。	小白几乎喜欢中学的所有课程，有时候他会觉得当化学家很有意思，有时候又想当作家，有时候又想当老师。虽然总是见异思迁，他也觉得有点奇怪，但是却乐在其中。
自我认同早闭	这些个体已经有了承诺，但其价值观和目标并非自己探索后确定的。他们接受权威人物（通常是父母，有时是老师或恋人）为他们选择的现成的自我认同。	自从能够记事起，小苏的父母就告诉她，她以后应该做律师，所以她没有多想就去学法律了。
自我认同扩散	这些个体缺乏明确的方向。他们既没有对价值观和目标做出承诺，也没有积极地进行探索。他们可能永远都不会去尝试，或已经被困难吓倒。	小李讨厌思考自己未来应该做什么，所以他把自己的自由时间都用来玩电子游戏。

每个人自我认同的发展都自行其是。有些人会逗留在某一种状态，有些人则会经历多种状态。并且，在不同的自我认同领域内，比如性取向、职业、价值观等，其模式也是五花八门，通常见不到在各个领域内同时获得自我认同的人（Kroger & Green，1996；Kroger et al.，2010；Meeus et al.，2012）。

当然，这四种状态并非恒久不变，它们随着个体的发展也会改变（Marcia，2002）。很多人会从“较低”的状态（早闭、扩散）走向“高级”的状态（延迟、完成），但是有些人也会走回头路（Kroger，2001）。随着年龄的增长，处于暂停或扩散状态的个体比例明显下降（Klimstra et al.，2010；Meeus et al.，2010）。从青少年后期开始，越来越多的人处于延迟或完成状态（Kroger，2003），但是也有一些人，甚至是年轻的成人，仍然处于早闭或扩散状态。在 21 岁以前，大多数人没有达到自我认同完成的状态（Kroger et al.，2010）。早闭者到中年时，回顾自己的生活历程，往往会由早闭状态转为延迟或完成（Kroger & Haslett，1991）。有一些人对自己是谁永远感到困惑（特别是在青少年期和青年期），也有一些人似乎一直在探索和尝试新的身份（Meeus et al.，2010）。实际上，成人在面对个人和家庭的危机时，可能会数次经历“延迟—完成—延迟—完成”（MAMA）的循环（Marcia，1991；Kroger，2003）。

三、自我认同状态与情绪及行为

在青少年探索各种亲密关系中所包含的情绪体验的同时，他们也在转变和加深对自身的理解。大量研究已经表明，青少年的自我认同状态与其情绪和行为有着密不可分的联系，不同的自我认同状态与心理发展和情绪发展中稳定的个体差异模式相联系（Grotevant，1998；Marcia，1993）（见表 5-2）。

表 5-2　不同自我认同状态下的情绪与行为变量

自我认同状态	情绪与行为变量
自我认同完成：经过探索之后有了承诺。	内控[b]；有道德，共情，富有同情心[b]；受同伴欢迎，不太服从[b]；较有创造性，深思熟虑[b]；学习习惯良好，考试分数高，选修较困难的科目[b]；有能力释放紧张，不敌对[a]；团结人，会向他人征询意见[a]。
自我认同延迟：没有承诺，还在探索中。	更为深思熟虑，较开放[b]；更多探索，至少暂时是稳定的[a]；焦虑水平高[b]；性活动方面探索性强，容易染上吸食大麻的习惯[a]；内化问题及外化问题都突出[a]；道德推理水平高[a]。
自我认同早闭：未经过探索而形成承诺。	认知上具有灵活性，相信社会刻板印象，服从权威[b]；社会期望高[b]；女孩使用控制性的策略[a]；男孩敌对性更强[a]。
自我认同扩散：没有探索，没有承诺。	外控[b]；最不受同伴喜欢，可能会服从同伴压力[b]；经常服用药物[a]；存在中等程度的药物依赖[a]；中等焦虑水平[a]；逃避困难的认知任务[b]；选修不太困难的科目[b]。

资料来源：[a]Grotevant，1998；[b]Marcia，1993。

首先，从表中可以看到，自我认同完成者在广泛的领域都表现出积极的适应模式。与其他青少年相比，自我认同完成者较突出的共情能力反映在他们较高水平的同情心和道德判断上。在学业上，这些青少年希望挑战自我，经常选择较困难的科目，他们具有良好的学习习惯，在考试中也能获得高分。自我认同完成者不仅仅是学得多或者学得好，他们在其他领域也很有创造性，自我驱动也很强。与同伴在一起时，他们比较受欢迎，不太可能受到同伴压力的影响。自我认同完成者不太可能因为他们已经做出了承诺就屈服于社会压力。在各种社会背景中，这些青少年都很少有敌对性，他们能够找到有效的方法来调节情绪和释放紧张。他们与其他人之间获得了一种个人的亲密感，以及归属感，所以他们在自己需要帮助的时候能够去征询他人的意见。自我认同完成者能够以内部控制的方式，满怀信心地去迎接青少年期的各种挑战。在各种有压力的情境中，他们能够应对自如。

其次，相对于自我认同完成者的自信，自我认同延迟的青少年会表现出焦虑，并且其焦虑水平在各种自我认同状态青少年中是最高的，其内化问题和外化问题上的得分也很高。研究者认为，自我认同延迟的青少年更加难以调节紧张的情绪体验，因为他们已经处于一种慢性的高压力状态（Marcia，1993）。自我认同延迟的典型特征是处于一种探索状态，这一点既反映在他们的思维上，也反映在他们的行为中。

自我认同延迟者的自我认同状态是最不稳定的，因为处于这种危机状态的青少年正在进行积极探索，以便能够做出某种承诺。这些青少年愿意接受各种体验，他们在积极地探索着，其道德推理的水平很高。自我认同的这种危机可能反映在他们对性的探索中，以及中等程度的药物尝试中。尽管如此，他们似乎并没有明显的药物滥用或者成瘾，因为他们服用药物可能反映的是他们的好奇心。此外，自我认同延迟的青少年和同伴们相比，他们很少与权威人物合作，但是他们又往往会服从于这两者。这些研究发现表明，自我认同延迟的青少年游离于权威人物之外，但是他们又完全不清楚自己应该何去何从。

再次，根据马希耳的看法，自我认同早闭的青少年尚未探索任何可能的选择就已经做出了承诺，比较典型的是他们采用自己父母的价值观。这些青少年的家庭往往都是以孩子为中心的、墨守成规的，并且这种家庭的孩子往往与父母比较亲密，被父母视为掌上明珠。自我认同早闭的青少年也往往是独裁型的人，他们以刻板的方式来看世界。他们有严格的是非观，并且很少会质疑自己立场的正确性。这些青少年所报告的焦虑水平在各种自我认同状态青少年中是最低的。其原因可能是这样的：服从于父母所提出的角色和价值观的青少年，不太可能会体验到那些怀疑权威的青少年所遇到的焦虑和冲突。他们有按照他们认为别人希望他们做的那种方式去做出反应的需要，这种需要反映在他们所得到的社会期望度的高分上，以及他们遵从权威人物指导的意愿上。尽管自我认同早闭的青少年表现出明显的服从权威的模式，但是他们也会尝试以一种更为不易觉察的方式来张扬自己。另外，自我认同早闭的青少年，尤其是女孩，常常显得有很好的适应和很高的自尊水平。

最后，相比之下，自我认同扩散的青少年所面对的发展困难则反映在很多领域。他们的家庭情境是与自我认同早闭的青少年完全相反的：他们与父母的关系通常是苛刻的、消极的；他们很少表现出对父母价值观的认同。他们的学业目标一般都比较低，因为他们都选择不太困难的科目，逃避认知挑战。自我认同扩散的青少年可能并不会把这些结果归因于个人的失败；相反，他们责备环境，或者是做出其他类型的外归因。自我认同扩散的青少年也难以好好地处理自己的社会关系，其原因可能也是相同的。比如，他们往往不太受同伴欢迎，尤其是不受自我认同完成者的欢迎。他们确实很容易屈从于同伴压力，比如他们服用药物的水平就很高。他们经常表现出一种偶然性的生活方式，这实际上只是在掩饰他们高水平的焦虑。一般而言，他们可能会显得厌烦、悲伤，缺乏动机，这可能反映了他们缺乏对任何连贯一致的价值观的承诺。一般情况下，这些青少年似乎很容易在成年期出现心理病理方面的问题。

玩家迷化身，网游更上瘾。

第四节　自我认同的发展与影响因素

埃里克森和马希耳都把自我认同看成一种状态或结果。他们并不关注青少年形成其自我认同的过程。而后来关于青少年自我认同的形成的研究，大多数关注的是这一过程。

一、自我认同的发展过程

格若特万特（Grotevant，1992）是最早也是最有影响的从过程观来探讨自我认同的研究者之一。他强调，探索是寻求自我认同的关键，个体需要综合关于自我及环境的信息来为生活做决定；这一点与埃里克森的观点并不矛盾。

有研究者（Burke，1991）提出了一个“自我认同控制系统”，它由两个人际成分和三个个体成分组成。人际成分包括个体的“社会行为”和个体从他人那里得到的“人际反馈”。个体因素则是“自我概念”、个体的“自我认同标准”，以及评价两者之间相似性的“参照仪”。当个体做出某种行为并得到反馈时，他们的自我概念就会受到影响。“参照仪”会对比个体的自我知觉与其所期望的标准之间的吻合度。如果两者之间有差异，那么个体的行为、标准或自我概念就必须进行修正，以增加一致性。

青少年的自我认同发展与其大脑和认知的发展特点是对应的。从生理机制上来看，脑成像研究发现，在要求个人思考自我的任务中，青少年和成年人的大脑活动模式有很大不同（Burnett et al.，2011；Pfeifer & Blakemore，2012；Sebastian et al.，2008）。与成年人相比，青少年在被要求思考自我时，会付出更多有意识的、刻意的努力（Blakemore，2018）。这可能是因为成年人已经建立了明确的自我认同，而青少年才刚刚开始发展。

建立连贯的自我认同需要很长的时间。青少年会探索不同的身份行为，做出承诺，重新考虑，并进行更多的探索（Crocetti，2017；Wang et al.，2017）。在成功解决青春期的危机后，他们最终形成一系列基本的生活承诺，涉及职业、意识形态、社会、宗教、道德和性（Côté，2009）。一项对国内高中生及大学生自我认同发展的研究发现，青少年自我认同发展的年级差异显著，自我认同完成表现出随年级而递增的趋势；自我认同延迟在各年级间无显著差异；大二、大三年级的自我认同早闭水平显著高于其他年级，高三的自我认同早闭得分显著低于其他年级；在自我认同扩散上，高一年级得分显著高于其他年级。同时，自我认同完成、自我认同早闭存在显著的性别差异，男生显著高于女生；自我认同完成、自我认同早闭也存在显著的城乡差异，城市学生的得分显著高于农村学生；不过，自我认同发展的各种状态在独生子女与非独生子女间未见显著差异。总之，青少年自我认同随年龄的发展是不平衡的，各个维度的发展表现出不同的特点，同时表现出一定的性别和城乡差异（张建人等，2010）。

处于不同自我认同状态的青少年处理这些差异的方式是各显神通。自我认同扩散者尚未形成自我认同的标准。自我认同早闭者会过分强调来自父母和重要他人的反馈，并过早地由此形成自我认同标准；如果不协调的反馈与其已经建立的自我认同标准不匹配，他们就会对其打折扣。自我认同延迟者积极地寻求反馈，并愿意调整其自我认同标准。自我认同完成者与自我认同早闭者一样有其稳定的自我认同标准，但是他们形成这些标准的过程要慢一些，并且是基于更加广泛的反馈（Kerpelman et al.，1997）。

有研究者提出了三种探索自我认同的方式（Berzonsky，1997）：一是“情报式”，这种青少年会搜寻具有诊断价值的信息，并且在必要时调整自己的计划和行为。这种方式是自我认同延迟和自我认同完成者的特征。二是“标准式”，这种青少年抗拒变化，封闭有差异的信息。这是自我认同早闭者的特征。三是“逃避式”，这是自我认同扩散者最可能在探索自我认同的过程中表现出的形式，他们推迟做决定，逃避反馈；即使他们有了一些变化，这些变化也是表面化的、短期的。

自我认同的形成是一个终生动态的过程，这当中个人或环境的变化都可能为自我认同的重新塑造带来可能。综合来看，对自我认同可能产生影响的因素包括多个方面。

二、家庭对自我认同的影响

父母是青少年自我认同发展过程中的重要人物。探讨自我认同发展与父母教养方式之间关系的研究发现，民主型的父母由于鼓励青少年参与家庭决策，从而促进了自我认同的发展。专制型的父母由于对青少年的行为进行控制，不给他们机会表达意见，从而促成了自我认同早闭。纵容型的父母对青少年的指导极少，并且让他们自行其是，结果促成了自我认同扩散（Enright et al.，1980）。

除了关于教养方式的研究，研究者也考察了自我认同发展过程中个体化与亲近感的作用。有研究者（Grotevant & Cooper，1985，1998）认为，对个体化与亲近感均有促进作用的家庭气氛，对青少年自我认同的发展来说不可或缺。个体化包含两个维度：一是“自我张扬”（self-assertion），即具有并表达一种观点的能力；二是“分离性”（separateness），即对表现自己与别人如何不同的沟通方式的使用。亲近感也包含两个维度：一是“共鸣性”（mutuality），即对他人观点的敏感和尊重；二是“渗透性”（permeability），即对他人观点的开放性。研究表明，既具有个体化又有亲近感的家庭关系会促进自我认同的形成，这种家庭关系一方面鼓励青少年发展自己的观点，同时也为青少年探索更为广阔的社会世界提供了安全感。然而，当亲近感较强、个体化较弱时，青少年的自我认同常常是早闭的；相比之下，当亲近感较弱时，青少年往往可能会呈现自我认同混乱。

国内一项研究考察了青少年自我认同的发展与父母教养方式、亲子沟通的关系，发现青少年自我认同状态的人数分布中，延迟状态占66.4%，完成状态人数最少，占7%，扩散状态占15.6%，早闭状态占11.0%（王树青等，2006）。自我认同状态从初中到高中呈现前进的发展趋势，与初中生相比，高二和高三学生更多处于完成状态，更少处于早闭和扩散状态。除高一男生比女生更多处于完成状态外，其他年级各种自我认同状态上均不存在显著的性别差异。溺爱型、权威型和忽视型教养方式在完成状态上得分均较高，权威型还有最高的早闭状态得分，专制型教养方式有最高的扩散状态得分和最低的完成状态分数。亲子沟通可正向预测自我认同完成和早闭状态，反向预测自我认同扩散状态。与专制型和忽视型教养方式相比，溺爱型和权威型教养方式有更好的亲子沟通。

国内的研究发现，父母教养权威性（父母接受/参与、行为上的严厉/监督、心理自主）以信息风格（个体通过积极地加工、评价和利用与自我相关的信息来解决自我认同问题）和扩散风格（个体以拖延或防御性的逃避为特征，有策略地逃避解决个人问题、冲突和做出决定）为中介，正向预测自我认同完成状态，反向预测自我认同扩散状态；父母教养权威性对自我认同延迟状态既有一定的直接预测作用，也以信息风格和扩散风格为中介产生间接影响（王树青等，2008）。

其他研究者（Hauser & Bowlds，1990）也阐明了促进青少年自我认同发展的家庭过程。研究发现，使用解释、接受、共情等行为的父母会促进青少年自我认同的发展，而使用判断及贬低等限制性行为的父母则适得其反。总之，在一种支持和有情感共鸣的环境中给予青少年提问的权利、允许他们有不同观点，将促成健康的自我认同发展模式（Harter，1990）。

三、性别与自我认同的发展

在埃里克森提出其自我认同发展理论的时候，他认为劳动分工使男性的期望主要指向职业和意识形态的选择，而女性则关注婚姻和生儿育女。并且，20 世纪 60 年代和 70 年代的研究都支持埃里克森这一关于自我认同的性别差异的论断（如 LaVoie，1976）。现在女性有了更为强烈的职业兴趣，某些性别差异正在消失（Madison & Foster-Clark，1996）。

一些研究者认为，男性女性是以不同的次序走过埃里克森所描述的阶段的。其中一种观点认为，对于男性而言，自我认同的形成在亲密阶段之前，而女性则是亲密阶段在自我认同之前（Douvan & Adelson，1966）。这些看法与这样的认识是一致的，即女性更为关注的是人际关系和情感联系，而男性更为注重的是独立自主和获取成就（Gilligan，1992）。在一项研究中，青少年女孩所形成的清晰的自我感是与其对人际关系中的关怀和反应相联系的（Rogers，1987）。在另一项研究中，与女性强烈的自我感相关的是她们解决人际关系中与自我和他人联系在一起的关怀问题的能力（Skoe & Marcia，1988）。因此，研究者提出，对女性自我认同发展的概念建构和测量都应该包含人际关系的成分（Patterson et al.，1992）。

青少年男孩的自我认同发展在青春期早期和中期往往落后于女孩，但到了青少年后期就会迎头赶上（Klimstra et al.，2010）。女性对自我认同的探索可能比男性更为复杂，因为她们可能需要在比男性更多的领域来建立自我认同。在今天的世界，提供给女性的选择增加了，因而也就常常可能让人迷茫和感到冲突，特别是对那些希望好好处理家庭和职业角色关系的女性就更是如此（Archer Ed.，1994；Archer，2000）。

不过，后来的研究发现在自我认同和亲密模式中没有性别差异。这一发现已经被美国（Montgomery，2005）、荷兰、澳大利亚（Zimmer-Gembeck & Petherick，2006）和以色列（Seginer & Noyman，2005）的样本所报告。这个变化可能是源于这些国家性别平等的增加。

第五节 性别角色的强化与认同

性别有“生理性别”（sex）和“心理性别”（gender）之分，前者着重点在于两性生理上的不同，后者着重点在于社会文化所决定的性别特点和差异。个体的心理性别是从婴幼儿期就开始发展的，到了青少年期更是发展的关键阶段。所谓的性别角色认同，即按照生活环境对两性的行为规范而行事，并形成相应的稳定的特质，即个体认可所在生活环境中性别刻板印象的程度（林崇德主编，2018）。

虽然很多文化都将男女两种性别分开界定并做出不同要求，但关于心理性别的研究一致认为，男女两性之间的差异经常被夸大了（Hyde & Plant，1995）。很多研究所报告的性别差异实际上可能微乎其微，有些甚至在统计上都没有达到显著的水平，要么就是不能够由其他的研究来重复证实（Denmark & Paludi Eds.，1993）。

当然，并不是所有的心理学家都同意男女之间的差异很小或者微不足道。有研究者（Eagly，1995）认为，这种看法来自女权主义者将男女平等观作为获取政治平等的途径的做法，来自对相关实验研究的断章取义和不当解释。一般来说，在孕期前八周，不同性别胎儿的大脑是没有分别的；但从第八周开始，男性胎儿的睾丸开始分泌大量睾酮（一种雄性激素），其水平远比女性胎儿的睾酮水平高。受到不同水平性激素的影响，最终男性胎儿的大脑比女性胎儿的大脑更为“男性化”。这种大脑上的性别差异决定了某些行为模式，其中许多行为可能要到很久以后才会真正表现出来（Sisk & Romeo，2019）。

进化心理学的研究提出，男女心理上的差异主要表现在进化过程中他们面对不同的适应问题的那些方面（Buss，1995，2000）。比如，男性在空间旋转的认知方面比较强，这种能力对狩猎来说至关重要。再者，在萍水相逢的性关系上，男性中做这种事的比女性多，男性一生中所期望的性伴侣数量也比女性所期望的多（Buss & Schmitt，1993）。

一、性别刻板印象的发展

性别刻板印象在各种文化中都大行其道，它是社会文化根据社会成员的生理性别而赋予男性或女性的相应行为、价值观或动机等；也就是说，对于男性或女性，人们所期望的言行举止有天壤之别。社会鼓励女孩要友善、文雅、合作、对他人的需要保持敏感，对男孩则是希望他们变得有支配性、张扬、独立、有竞争性。在现代工业化社会中，心理性别定型的压力同样一脉相承，人们仍然尊崇传统的针对男性女性的性别刻板印象（Twenge，1997）。

总体上看，男性化的角色在当今世界范围内都处于主导地位，但传统的男性化特征可能也有其消极面，尤其是在青少年期会有负面的影响（Levant，1999）。在男性主导的文化中，男性青少年认识到，如果他们发生婚前性行为、去喝酒、吃违禁药物、干违法犯罪的勾当，那么他们就显得更有男子汉气概，并且其他人也会认为他们更有男子汉气概。而那些具有传统女性性别角色的女孩更有可能发展出更多传统女性心理问题，如进食障碍（McHale et al.，2001）。一项研究对 1680 名 15～19 岁男性青少年的性别角色取向和问题行为进行了调查（Pleck et al.，1994），结果表明青少年男性的问题行为明显地与他们对男性化的态度相联系。对男性化抱有传统信念的青少年男性（比如，认可“男人即使不够高大，也要够强硬”“对小伙子来说，赢得他人的尊重很重要”），也很可能报告自己在学校有麻烦、酗酒、参与违法犯罪的活动等。因此，通过制定政策来对青少年男性关于男性化的传统信念提出挑战，可能会有助于减少他们的问题行为。

研究发现，青少年更愿意与遵守性别刻板行为的同龄人交往，当他们在一起时，群体内部压力会进一步促使他们以符合性别角色期望的方式行事（Kornienko et al.，2016）。此时，表现得不够男性化的男孩和表现得不够女性化的女孩更有可能被同伴拒绝和排斥，并因此出现更多的心理健康问题（Smith & Juvonen，2017）。

与此同时，随着社会的发展，男性女性都对严格的性别定型角色强加给自己的负担心怀不满，开始摸索“男性化”及“女性化”特征的替代特征。于是，“双性化”（androgyny）的概念就被提了出来，它指的是同一个人表现出很高程度的、合乎需要的男性化特征和女性化特征。双性化的个体既可以是一个张扬的（男性化）、有爱心的（女性化）的男性，也可以是一个富有支配性的（男性化）、对他人的感受很敏感的（女性化）的女性。双性化的个体被认为比完全男性化或者完全女性化的个体更有灵活性，心理更加健康。在亲密的关系中，女性化或者双性化特征可能是更合乎需要的，而在学业和工作中，男性化或者双性化特征可能是更合乎需要的。当然，就此而言，个体生活于其中的文化对什么样的特征具有适应性有着重要的影响。

在多种文化中，在坚持性别类型行为方面，男孩面对着更大压力，男孩也比女孩更快地采纳性别类型化的玩具偏好（Smith et al.，2018）。到青少年早期，女孩最终还是偏好（或服从）大体上的女性角色。一方面，青春期的身体发育使她们更有女人味；另一方面，认知的发展使她们对此有了更好的理解，她们也变得更关心他人的评价，更倾向于服从相应的社会期望。与对年幼儿童的研究一致，不符合传统男性性别角色规范的青少年男孩自尊心较低，更容易被判断为离经叛道，并且比那些偏离女性角色的女孩更容易被欺负（Gupta et al.，2013；Roberts et al.，2013）。

二、性别角色的强化过程

由于青春期的身体发育，青少年男孩和女孩经历很多身体的和社会性的变化的时候，他们也必须对自己的性别角色进行重新界定（Belansky et al.，1992）。研究者发现，14～15 岁的青少年以性别定型方式行事的压力会突然增加（Galambos et al.，2009；Lobel et al.，2004）。

心理学家约翰·希尔和玛丽·林奇（John Hill & Mary Lynch，1983；Lynch，1991）提出，青少年期是性别社会化特别重要的一个时期。他们提出的“心理性别强化假说”（gender intensification hypothesis）认为，在从童年期向青少年期过渡的时候，男性和女性的心理和行为差异尤其明显，因为会有很大的社会压力要求他们遵从社会要求的性别角色内容。虽然，在刚进入青春期时，青少年的性别角色观念会变得更加灵活，不再像学龄儿童那样严格保持性别隔离，但是很快社会压力会迫使他们表现出更多的性别刻板行为。研究发现，社会和环境因素对性别角色行为的影响远大于青春期激素变化的影响（Galambos et al.，2009）。

青春期在心理性别强化的过程中所起的作用可能在于它向社会化代理人（比如，父母、同伴以及老师）发出了一个信号：青少年正在开始走向成年期，因此，青少年的言行举止应该像典型的成人男性或者女性那样。尤其是那些持传统性别角色信念的父母，可能会比过去更加明确地鼓励孩子“与性别相适宜”的活动和行为（Shanahan et al.，2007）。

青少年期的女孩会比男孩更加有对外表的自我意识，因为外表吸引力已经变成女性性别角色非常重要的一个部分。另外，女孩比男孩更喜欢并擅长建立亲密的友谊。希尔和林奇认为，这是因为对青少年来说，建立亲密友谊符合女性性别角色，而不符合男性性别角色。另一项研究发现，青少年早期发生性别角色服从的最重要的原因几乎都是受其父母要求的影响（Crouter et al.，1995）。这项研究表明，性别强化并不是对所有的青少年都有不分彼此的影响，但对于那些受到家庭社会化压力影响、要求他们遵循传统社会角色的青少年来说，性别强化的效应尤其明显。

三、女孩与心理性别强化

有研究者特别探讨了青少年早期对女孩心理性别的强化所具有的意义。吉利根（Gilligan，1996）对 6～18 岁的女孩进行了广泛的访谈，结果表明女孩们一致地显示出对人际关系有很清楚的认识，这是她们通过倾听和观察人与人之间所发生的种种而获得的。女孩能够很敏感地把握到人际关系中的不同脉搏，并且常常能够追随自己的感情走向。

女孩发展到青少年期，对她们来说是一个关键节点。在青少年早期，女孩会意识到自己对亲密感兴趣盎然，而这在男性主导的文化中无关紧要，虽然社会也推崇关心他人的、利他的女性。所以，女孩面对着一个两难问题：做出选择，要么让自己显得自私自利（如果她们变得独立，追求自我满足），要么使自己显得无私忘我（如果她们保持对他人的有求必应）。吉利根认为，处于青少年早期的女孩面对这一两难问题时，她们会越来越“沉默”，不再发出“不同的声音”。她们会变得更加不自信，在发表自己的意见时更具有试探性，这种状况往往会一直持续到成年期。一些研究者认为，这种自我怀疑和矛盾的心理非常容易转化为抑郁，并且导致青少年女孩的进食障碍。

自拍越积极，越厌烦自己。

当然，人际背景的不同对青少年女孩是否沉寂自己的“声音”会有影响。一项研究有更为深入细致的发现，即女性化的女孩在公共场合（在学校与老师和同学在一起）时，很少发表意见，但是在更为私人的人际关系中（与亲密的朋友和父母在一起时）则不是这样（Harter et al.，1996）。然而，双性化的女孩则在各种场合都有很大的声音。研究还发现，如果女孩所了解的信息是“女性是让人看的，不要说话”，这种女孩在其发展过程中是最容易出事的，那些不仅不出声，而且还强调外貌的重要性的女孩经常就是这样。

一些人批评吉利根及其同事过分强调了性别差异，特别是夸大了男性女性在亲密感和亲近感方面的差异。不过，无论怎样，越来越多的证据都表明，青少年期对女孩的心理发展来说是一个关键的时刻。女孩的自尊在青少年期明显地比男孩下降了许多（Rosner & Rierdan，1994），在 8～9 岁时，60%的女孩是自信、张扬的，对自己的感受是积极的，相比之下，男孩为 67%。然而，八年以后，女孩的自尊下降了 31 个百分点——只有 29%的中学女孩对自己的感受是积极的。同样经过这么长的时间，男孩的自我价值感下降了 21 个百分点——还有 46%的中学男孩保持较高的自尊，这时候两性之间的差距达到了 17 个百分点。

四、性别角色认同

男孩女孩的成长受到生物学因素、社会信息及强化、认知发展等因素的影响，女孩因此被按照性别定型塑造成了具有女性化特质的人，或者使得她们相信自己应该具有女性化定型的特质；接着，她们就会把自己的自我认同选择限定在遵从这些特质的范围内。所以，她们可能会羞怯地避开需要自我张扬和相互竞争的那些职业，并且觉得她们必须好好地相夫教子。如果男孩相信自己只有具有男性化定型的特质时才是有价值的，那么他们就会全身心地投入工作，并且贬低社会中人际关系的价值。

现在越来越多的女性都是通过自己的职业和工作来建立自我认同，而这些职业传统上看只能够由男性来做（Mills & Mills，1996）。即使如此，在建立职业自我认同的过程中，相比于男性，还是更多的女性在这方面遇到了麻烦。原因之一可能是大学对男性的自我发展来说比对女性更为有利，特别是从职业选择和为工作做准备的角度来看更是如此。并且，在女性角色处于变迁的时期，女性在获得自信感和作为女性所特有的价值感方面充满着冲突。然而，鼓励孩子独立的母亲所培养的女儿更可能在家庭之外找到她们的自我认同。父母离婚的中学女生明显地比父母未离婚的中学女生更可能形成确定的自我认同。在青少年女孩走向成熟的自我认同的过程中，传统家庭所提供的安全感可能并没有为此提供最佳的环境。

站在传统心理性别定型的角度看，形成成熟自我认同的女性与男性相比很少表现出积极的特质，这主要是由社会偏见造成的。比如，她们的自尊是四种处于不同自我认同状态的女性中最低的。她们也表现出很高的焦虑，这表明虽然她们通过某一种职业获得了成熟的自我认同，但是这与性别定型的文化期望南辕北辙，所以她们认识到这一社会教条之后相应地就会出现焦虑感和低自尊。不过随着社会的发展，这一状况已经慢慢地改变了，获得成熟的自我认同的女性已经变得很有自尊了，其表现出的焦虑也减少了（Rice & Dolgin，2002）。

一些研究表明，男女在自我认同发展的过程、领域和时间表方面所表现出的差异减少了（Dellas & Jemigan，1990），个体之间的差异可能比两性之间的差异还大一些。研究发现，与不进行自我反省的人相比，自我反省能力较强的女性其自我认同发展的水平更高（Shain & Farber，1989）；这表明自我认同发展的过程越来越分化的模式与认知发展的相应变化是一致的，反映了思维过程越来越成熟。

一些研究已经表明，女性自我认同的发展道路可能与男性自我认同的发展道路不尽相同。女性往往通过与他人之间的关系来界定自我，而男性则主要遵循“传统的男性化”路线，通过自己的职业自我来进行自我界定。所以，女性自我认同的发展与男性是不同的，亲密感对女性来说是重要的问题，而对男性则是另外一回事（Enns，1991）。

第六节　社会认知的发展

随着认知能力的发展，青少年的社会认知也展现出崭新特点。社会认知指的是个体对其所处的社会环境及环境中的他人进行认识并做出判断的过程。日益复杂、行之有效的思维发展使得青少年在看待自己、他人和周围世界的方式上出现了显著的变化。

进入青春期前后，个体对他人心理状态的理解变得更加细致入微，这可能与大脑相关区域功能发育有关，同时也与青少年心理理论能力的提升有关（Harenski et al.，2012；Pfeifer & Peake，2012）。随着他们发展出更复杂的心理理论，即能够理解他人的信念、意图和观点可能与自己不同，青少年能够更好地解释他人的信念并推断他人的动机和感受（Choudhury et al.，2006；Dumontheil et al.，2010）。与此相对应，由于社会认知能力的提升，青少年在撒谎欺骗他人方面也更加得心应手（Evans & Lee，2011）。除了心理理论视角的分析之外，青少年的社会认知发展还体现在自我中心和观点采择方面。

一、自我中心思维

青少年的自我中心思维，主要跟两个概念——“假想观众”和“个人神话”有关（Elkind，1967；Goossens et al.，2002）。

“假想观众”（imaginary audiences）指的是青少年认为每个人都像他们那样对他们自己的行为特别关注。这一信念导致了过高的自我意识、对他人想法的过分关注，以及在真实的和假想的情境中去预期他人反应的倾向。由于青少年的元认知能力逐渐复杂化，所以他们很容易就能想象出别人正在思考自己，并且他们还能想象到别人思维的细节。进入青春期之后的青少年，特别是青春期早期的个体，经常感觉自己像站在舞台上一样，并相信自己是舞台上的主角，其他人作为观众都在看着自己。

“个人神话”（personal fables）指的是青少年相信他们自己是独一无二的（u-nique）、无懈可击的（invulnerable）、无所不能的（omnipotent）。青少年的个人独特感使得他们感觉没有人能理解他们的感受，在他们的日记中就经常能发现这种特点。为了保持个人独特感，他们可能会编造一个充满幻想的关于自己的故事，沉浸在远离现实的世界里。个人神话还可能使青少年对威胁人身安全的风险毫无畏惧（Klaczynsk，1997）。很多青少年的危险行为可能就是由个人神话造成的（Light-foot，1997；Greene et al.，2000）。

（一）自我中心思维的理论解释

关于假想观众和个人神话的理论解释，我们在此主要介绍两种：一是传统的观点，二是“新视点”（new look）理论（参见雷雳，张雷，2015）。

1. 传统的自我中心观

根据传统的观点（Elkind，1967），假想观众和个人神话与从儿童期向青少年期过渡过程中发生的重要认知变化相联系。认知的自我中心有一种特殊的形式，即无法区分自己的想法和他人的想法，它是形式运算思维必然的副产品。这种区分的缺乏本身反映在假想观众这一心理结构中（特别是无法区分自己所关注的东西与他人所关注的东西），而个人神话则是对这些感受的过度区分。

青少年期的巨大变化经常会占据个人思维的中心位置。然而，青少年可能会错误地相信自己的外表和行为是其他人关注的焦点，就好像他们自己非常关注一样（Elkind，1985），并且错误地认为其他人对他们的评价与他们自己的评价是一致的。所以，青少年建构了假想观众，认为这些“观众”一直在观察和评价他们，并且青少年会对这些“观众”做出反应。

什么类型的人总是受到他人的关注和评价呢？独一无二的人、与众不同的人。

因此，出现了另外一个被误导的观念——个人神话，它反映了青少年认为自己的感受和经历完全与他人不同的错误信念。青少年因此可能会相信“别人无法理解我做的事”“那种事不会发生在我身上”“我可以摆平一切”。

假想观众和个人神话看来抓住了被视为青少年典型行为的那些方面，比如与外貌有关的自我意识以及对同伴团体的服从等——相信其他人（即假想观众）正在看着自己、正在评价自己。而孤独感及冒险行为可以被视为个人神话的结果——相信自己是独一无二的、无懈可击的。

2. “新视点”理论

青少年对自我认同的探索，也被认为解释了其看似自我中心的思维过程，特别是解释了假想观众的建构过程（O'Connor，1995）。当青少年开始质问自己是谁、他们要怎么适应以及他们应该为自己的生活做点什么的时候，青少年的自我意识就增强了，他们也开始关心别人对他们的看法了——这就是“新视点”。

新视点理论（Lapsley，1991，1993）并没有把假想观众和个人神话与逻辑思维或一般的认知发展相联系，相反，与之相联系的两个观念是：（1）社会认知的发展；（2）“分离-个体化”的过程。

青少年开始发展自我认同时，初期可能会以对他人的观察作为个体化和自我认同发展的参照。对自我认同发展过程的自我关注和社会要求，可能会导致青少年混淆自己所关注的东西与他人所关注的东西（O'Connor，1995）。与那些不关心自我认同的人相比，纠缠于各种自我认同问题的青少年可能会对假想观众有比较高的敏感性，而自我认同危机就往往伴随着更高的假想观众观念的建构（Vartanian & Saarnio，1995）。

“新视点”理论指出，假想观众和个人神话有助于青少年从心理上脱离父母。假想观众和个人神话观念的建构都不完全是自我中心本身；事实上，假想观众观念的建构仅仅是关于人际交往和人际情境中的自我的白日梦倾向。

分离-个体化作为青少年期的任务，也是获得成熟的自我认同所必须迈出的一步。其目的在于建立家庭关系之外的自我的同时，保持一种与家庭成员的亲近感。假想观众和个人神话观念的建构有助于分离-个体化过程的进展。当这一通常的发展过程向前推进时，青少年会越来越关注与非家庭成员的关系，并且开始思考或者想象自己在各种社会情境或者人际情境中的样子，并认为在这些情境中他们是注意的焦点。当他们重新评估和建构与父母的关系时，这种人际倾向的白日梦让他们能够维持一种与他人的亲近感。对独一无二、无懈可击、无所不能等的强调（即进行个人神话观念的建构），有助于青少年构思独立的自我，即脱离家庭纽带的自我。

（二）自我中心与问题行为

假想观众和个人神话常常被用来解释成人所关注的青少年的典型行为，其反映的思维模式似乎抓住并解释了与青少年早期相联系的典型感受和行为。

1. 自我中心与冒险行为

差不多每一种类型的冒险行为青少年都有份参与。虽然大多数青少年能够准确认识到风险所在，但是，他们在决策的时候却经常对此不屑一顾，而自我中心可能就是原因之一。

青少年可能会相信自己对那些发生在别人身上的冒险行为的后果具有免疫力。比如，当青少年女孩列举她们不使用避孕药具的原因时，个人神话的解释是最常见的——“我觉得怀孕这种事绝对不会发生在我身上”。

个人神话中的“独一无二”对青少年对冒险行为的态度具有很强的预测作用，并且假想观众能够很好地预测主观标准。个人神话与青少年对回避冒险行为的态度之间呈反向关系（Greene et al.，1996）。假想观众和个人神话也能够有效地预测青少年是否会采取能够减少自己冒险行为的方式（Greene et al.，1996）。个人神话，尤其是其中的“无懈可击”，与青少年感知到的易感性、避免冒险行为的意图以及主观标准等的联系是反向的。

假想观众可能也对行为有影响。高假想观众的表现与更明显的服从他人的倾向相联系，这可能对行为有正面的影响，可能会使得青少年更加在意。而较高的个人神话表现与较高的“感觉寻求”的表现融合，则能够解释大多数青少年的冒险行为（Greene et al.，2000）。

2. 自我中心与内化问题

在青少年成长过程中，他们会经历分离-个体化的过程；就此来看，假想观众与亲近感相联系，而个人神话与分离有关（Lapsley，1993）。假想观众反映的是与丧失有关的焦虑，而个人神话观念的建构则对分离焦虑有一种缓冲作用。换言之，建构了假想观众的青少年体验着正常的分离焦虑，但是，恰恰是这些观念建构又补偿了这种丧失。相比之下，个人神话的信念则是对这种焦虑以及相关的消极情绪状态的防御性否认。所以，在这种意义上来讲，个人神话的信念是一种根本的防御机制，它可以使青少年避免消极情绪体验。

青少年的假想观众和对自己“独一无二”的信念，与心理压力有着直接的联系，而他们对“无懈可击”和“无所不能”的感受则与其心理压力水平呈负相关（Docherty & Lapsley，1995）。在“无懈可击”和“无所不能”上的高分数与青少年低水平的抑郁和孤独感相联系（Goossens et al.，2002）。

二、观点采择能力

观点采择能力与个体的自我中心相对立，而与青少年的去自我中心相一致。观点采择能力是青少年的社会认知中居于核心地位的能力。“观点采择”（perspective-taking）是指个体在采取别人的观点来理解他人的思想与情感时一种必需的认知技能，即能够认识到对同一事物或事件别人可能会有不同观点和看法，并能试图站在他人的立场上去看待问题。

（一）塞尔曼的观点采择能力发展观

从 20 世纪 70 年代，塞尔曼及其同事利用类似于柯尔伯格的两难故事的方法，对儿童对友谊、权威、亲子关系等不同社会交往情境中社会观点采择的发展进行了研究，并建构了儿童观点采择发展阶段理论。

塞尔曼采用的方法是向儿童呈现一系列人际两难故事，并利用这些故事对儿童进行深度访谈。通过测查这样的两难故事，塞尔曼认为儿童观点采择能力的发展分为五个阶段，见表 5－3。

表 5－3　塞尔曼的观点采择能力发展阶段

阶段	基本特点
阶段 0（3～7 岁）：自我中心的或无差别的观点	儿童不能认识到自己的观点与他人的不同，往往根据自己的经验对问题进行判断。
阶段 1（4～9 岁）：社会信息角色采择	儿童开始意识到他人有不同的观点，表现出对他人心理状态的关心，但不能理解产生不同观点的原因。此阶段的儿童有时仍将自己的观点投放到他人身上。
阶段 2（6～12 岁）：自我反省式观点采择	儿童能认识到即使面临同样的信息，自己和他人的观点也可能会有冲突。这时的儿童能考虑他人的观点，并据此预期他们的行为反应，也能根据他人的观点来评价自己的观点和情感。
阶段 3（9～15 岁）：相互性角色采择	儿童或青少年能同时考虑自己与他人的观点，能以一个客观的旁观者的身份对事件进行解释和反应。
阶段 4（12 岁至成年）：社会与习俗系统的角色替换	个体可以用社会标准或信息去衡量和判断事件。由此产生一些关于社会法则方面的概念，并能了解到人类不仅可以共享某些语言及表面上的经验，也可以共享更深层次的情感及价值观。

在青少年早期，个体进入了相互性角色采择阶段，即阶段 3。这时，青少年能够以第三方身份看待问题，同时能够明白一个人的观点和行为是如何影响另一个人的，即能看到人际互动及其对彼此的影响。到青少年中晚期，观点采择进入了一个更高的阶段，也就是阶段 4，即社会与习俗系统的角色替换阶段。在此阶段，青少年开始能够理解个体在某一问题上的看法和观点是受多种因素影响的，并且懂得社会群体中主要的观点对个体的看法和观点具有极其重要的影响。因此，随着青少年认知能力的发展，他们最终获得了社会观点采择的能力。

（二）观点采择能力与青少年的社会性发展

观点采择能力是个体社会认知的重要方面，随着这种能力的发展，青少年的社会交往、社会适应能力也会得到相应提升。

首先，观点采择有助于调整青少年对他人的评价与反应（Selman & Adalbjarnardottir，2000)。例如，青少年若把他人对自己的不友好归因为厌恶而不是忽视，他们就会做出不同的反应——归因为厌恶时的反应会比归因为忽视时的反应更消极。相反，青少年如能理解他人行为原因的多样性，那么他们在对他人做出评价时就会更加客观而全面。

其次，观点采择有助于青少年理解人际关系，提升他们在同龄群体中的地位和友谊质量（Selman & Schultz，1990)。观点采择能力的发展能使青少年认识到与他人建立良好的人际关系，不仅需要兴趣爱好一致，还需要态度、价值观一致，需要彼此信任。只有认识到了这些，青少年才能产生相应的人际行为，建立良好的人际关系。

再次，观点采择有助于青少年的社会行为更加成熟。个体的认知推理越成熟，他们的社会行为也相应地越成熟。例如，青少年若能站在父母的角度理解他们，就会减少与父母的冲突，对父母的言语和行为也会更合理、更真切、更成熟。

最后，观点采择有利于青少年的道德发展。随着观点采择能力的发展，青少年能从人与人的关系上，能从不同角度看待某个道德问题，在社会交往中能意识到彼此对等的地位，觉察到别人行为时的心理状态，因此其道德判断就能顺利地从他律向自律过渡。可见，观点采择能力的发展与提升是青少年道德发展的直接推动力量。

关键术语

自我，自我概念，自尊，自我认同，自我认同完成，自我认同延迟，自我认同早闭，自我认同扩散，心理性别，性别角色认同，性别刻板印象，心理性别强化，自我中心思维，假想观众，个人神话，观点采择

内容要点

1. 在青少年期，个体的自我发展是复杂的，有很多方面的表现，比如抽象的自我与分化的自我、波动的自我与矛盾的自我、现实的与理想的自我、真实的与虚假的自我、社会比较中的自我与自我意识中的自我等。

2. 在从儿童期向青少年期过渡的过程中，个体开始发展关于自我的更为抽象的特质。青少年会把儿童期使用的孤立的特质，统一为更为抽象的描述，并且自我概念变得更加分化且得以更好地组织。

3. 青少年的自我概念及自尊会对其心理健康、社会适应、在校表现、职业期望、违法犯罪等方面产生重要影响。它本身又受到多方面因素的影响。

4. 青少年自我认同的发展包含四种状态，即“自我认同完成”“自我认同延迟”“自我认同早闭”“自我认同扩散”。

5. 青少年的自我认同状态与其情绪和行为有着密切的联系，不同的自我认同状态与心理发展和情绪发展中稳定的个体差异模式相联系。

6. 探索自我认同的方式可以分为三种：一是“情报式”，即青少年会搜寻具有诊断价值的信息，并且在必要时调整自己的计划和行为；二是“标准式”，即青少年会抗拒变化，封闭有差异的信息。三是“逃避式”，这主要是自我认同扩散者的表现。

7. 青少年开始进入心理性别强化的时期，即关于男性女性的刻板印象进一步提升，更走向传统的性别认同。

8. 女性自我认同的发展道路可能与男性是不同的。女性往往通过与他人之间的关系来界定自我，而男性则主要遵循“传统的男性化”路线，通过自己的职业自我来进行自我界定。

9. 青少年的社会认知表现出自我中心的思维特点：假想观众指的是青少年认为每个人都像他们那样对他们自己的行为特别关注；个人神话是指青少年相信他们自己是独一无二的、无懈可击的、无所不能的，这一信念可能使青少年对可能威胁人身安全的风险毫无畏惧。

10. 观点采择是在采取别人的观点来理解他人的思想与情感时一种必需的认知技能。青少年处于相互性角色采择阶段与社会和习俗系统的角色替换阶段。随着这种能力的发展，青少年的社会交往、社会适应能力也会得到相应提升。

复习思考

1. 如何理解青少年的自尊水平随年龄变化的发展特点？

2. 影响青少年自我概念的因素有哪些？

3. 根据马希耳的观点，青少年自我认同的四种状态是什么？不同状态的表现有何不同？

4. 如何理解青少年自我认同的发展和形成过程？

5. 为什么性别角色在青少年阶段会被强化？

6. 如何理解青少年的社会认知表现出自我中心的特点？

第六章

青少年的道德与价值观

开脑思考

1. 有些青少年在使用网络时表现出欺骗、盗窃、欺负等多种不道德的行为。对此，有人指出，互联网会导致青少年道德感沦丧，失去行为的底线。我们应如何看待互联网对青少年道德的影响?

2. 有调查显示，人们看重的工具性价值观包括“有礼貌”“有责任感”“与他人沟通”“纪律与服从”“快速获取信息”“尊重知识”“精明”和“敬业”等。你认为这些方面真的那么重要吗？或者更重要的是什么呢?

3. 有人提出，在判断他人的行为的对错时，女性更重视该行为是否伤害了其他人，而男性则更注重此行为是否符合公平和正义原则。对此，你怎么看?

学习重点

1. 领会皮亚杰、柯尔伯格、吉利根和世界观理论关于青少年道德发展的观点；

2. 把握青少年道德认知、情感和行为的发展特点；

3. 理解青少年价值观的表现形式及教育方式。

青少年阶段是道德和价值观形成和发展的重要时期。青少年经常会思考一些问题，如：什么是正确的？什么是重要的？应该以什么样的标准来判断人的行为？青少年对这些问题的思考也会经历一个不断变化的过程。“道德”（morality）作为一种调节人与人、人与社会、人与自然之间相互关系的社会准则与规范，对社会和个人都具有深刻的价值内涵。人们之所以能够按照社会既定的道德准则从事各种活动，是因为它能够给社会和个人带来积极的影响，满足人们的某种需要。“价值观”（values）是关于世间万物应该如何存在的一套信念和态度，是个体认定事物、辨别是非的一种思维或价值取向。在本章中，我们会介绍关于道德和价值观的一般理论，并探讨青少年道德和价值观的现状、特点、教育对策等问题。

第一节　道德发展观

道德心理结构是指个体在外界影响下产生道德行为的中介过程所涉及的心理成分相互关联和制约的模式或动力机制。道德发展的一个重要方面是道德认知的发展，皮亚杰、科尔伯格和吉利根等人都对道德认知发展进行了不同的解释。

一、皮亚杰的他律自律道德观

皮亚杰（Piaget，1932/1965）对儿童道德判断的研究主要关注道德推理的两个方面：一是"对规则的尊重"的发展，二是"公正"概念的发展。通过分析5～13岁儿童的游戏行为及他们对故事中角色的道德判断，皮亚杰提出道德推理的发展有三个阶段，儿童到达每一阶段的年龄虽有差异，但是阶段的顺序是不变的。

第一阶段是"前道德期"（premoral period）。皮亚杰认为，学前儿童不太关心规则，或者未意识到规则。在玩游戏时，前道德阶段儿童的游戏行为中很少包含赢的意图。取而代之的是，他们自己定规则，他们认为游戏时大家应该轮流得分，游戏就是为了高兴高兴。

第二阶段是"他律道德"（heteronomous morality）。在5～10岁时，儿童变得极其尊重规则，皮亚杰称之为他律道德，指的就是"服从他人的规则"。这时候儿童相信规则是由权威人物制定的，它们神圣而不可改变。比如，对于急救车风驰电掣地开往医院，他们也认为这破坏了交通规则，是应该受到惩罚的坏行为。他们相信任何道德问题都有对错之分，而遵守规则就是对的。

他律儿童也可能根据行为的后果、而不是意图来评定行为的好坏。比如，很多5～9岁的儿童认为虽有好的意图（为了准备晚餐），但打碎15个杯子的儿童更加淘气，而不是认为因偷吃糖果，但只是打碎1个杯子的儿童更加淘气。

他律儿童也赞成"赎罪惩罚"，即只要做错事就该惩罚，而不管它与该行为的本质关系。比如，6岁儿童可能会赞成打屁股以惩罚打碎玻璃的男孩，而不是让他赔偿玻璃。此外，他律儿童也相信"内在公正"（immanent justice），即认为任何违反社会规则的行为都会不可避免地受到这样或那样的惩罚。

第三阶段是"自律道德"（autonomous morality）。在10～11岁时，大多数儿童会认识到规则是协商一致的结果，是可以挑战的，在管理者的认可下甚至是可以改变的。他们也觉得只要是为了人的需要，规则也是可以违反的。所以，急救车超速也不再是不道德的。

这时候关于对与错的判断主要依赖于行为者违反社会规则的意图，而不是行为本身的后果。所以自律阶段的儿童会说，为偷吃糖果（坏意图）而打碎1个杯子的儿童更加淘气，而不是为准备晚餐（好意图）而打碎15个杯子的儿童更加淘气。

这时候的儿童通常赞成“互换惩罚”，即惩罚是为了让规则破坏者明白犯规意味着什么，是为了减少其再犯的可能性。所以，他们会认为打碎玻璃的孩子应该赔偿，而不是被简单地打屁股。此外，此时儿童不再相信内在公正，因为经验告诉他们，违反社会规则经常是神不知鬼不觉，当然也未受到惩罚。

值得注意的是，皮亚杰关于儿童道德发展的描述被认为大致上正确无误，只不过他可能低估了儿童获得道德能力的年龄（Yuill & Pearson，1998）。

二、柯尔伯格的习俗道德观

柯尔伯格（Lawrence Kohlberg，1963，1984）通过道德两难故事来考察儿童青少年的两种选择：一是服从规则、法律或权威人物，二是采取与这些规则和要求冲突的行动以满足人的需要。柯尔伯格感兴趣的不是他们做何决定，而是有何依据，或是存在什么样的“思维结构”。下面是这些两难故事中典型的一个，大意如下：

> 欧洲一位妇女得了一种特殊的癌症，死神步步逼近。特效药开价高昂，她的丈夫海因茨想方设法也没有筹到足够的钱买特效药，药商又不肯降价或接受延期付款。最后海因茨破门而入，偷了特效药。问题是：海因茨应不应该偷药？为什么？

柯尔伯格提出，每个人的道德都是随年龄经验的增长而逐渐发展的，并且这种发展遵循一种普遍性的顺序原则，这就是他提出的三水平六阶段道德发展理论（见表 6 - 1）。

表 6 - 1 柯尔伯格道德发展理论的三水平六阶段

水平		阶段		心理特征
一	前习俗水平（4～10 岁）	1	避罚服从取向	只从表面看行为后果的好坏。盲目服从权威，旨在逃避惩罚。
		2	相对功利取向	只按照行为后果是否带来需要的满足，来判断行为的好坏。
二	习俗水平（10～13 岁或以后）	3	寻求认可取向	寻求别人认可，凡是成人赞赏的，自己就认为是对的。
		4	遵守法规取向	遵守社会规范，认定社会规范中所定的事项是不能改变的。
三	后习俗水平（青少年早期，或成年初期，或永远达不到）	5	社会法制取向	了解行为规范是为维护社会秩序而经过大家同意所建立的。只要大家同意，社会规范是可以改变的。
		6	普遍伦理取向	道德判断是以个人的伦理观念为基础的。个人的伦理观念用于判断是非时，具有一致性和普遍性。

首先，“前习俗道德水平”（preconventional level of morality）。9 岁以下的儿童，当他面对道德两难情境进行道德判断时，还带有自我中心倾向；凡事必先考虑行为的后果，是否能满足自己的需要，不能兼顾行为后果是否符合社会习俗或社会

规范的问题。在这一水平，道德发展又可以分为两个阶段，分别代表个体两种不同水平的心理取向。

第一阶段：避罚服从取向。这是人类道德发展的最低水平。处于这一水平的人对某种行为表现的是非判断，不从行为本身看，而从行为带来的后果看。如果儿童因做一件事而被惩罚了，不管他的理由是什么，他就是错的。因此，儿童之所以服从，并不是因为他确实知道他应该遵守社会规范，而只是害怕受到惩罚。

第二阶段：相对功利取向。这种取向是一种利益交换的心态，个体帮助别人就是因为他希望别人帮助他。而且在利益交换时总希望得到的比付出的多。这种取向是具体而现实的。所以，个体进行道德判断时会认为，不管理由如何，打破三个杯子的过失就比打破一个杯子的过失大。

其次，“习俗道德水平”（conventional level of morality）。10 岁以上一直到成人，一般都遵从世俗或社会规范来进行道德判断。在家里符合父母期望，在学校遵守校规，在社会遵纪守法，这样的人其道德发展都是达到了习俗水平。这一水平也可以分为两个阶段，分别代表个体两种不同水平的心理取向。

第三阶段：寻求认可取向。这是一种社会从众的心态：大家认可的就是对的，大家反对的就是错的。这种取向是由于在家里顺从父母管教而养成的，以后扩大到社会的人际关系中。一般认为帮助别人使别人快乐的行为就是良好行为。

第四阶段：遵守法规取向。这种取向是一种信守法律权威、重视社会秩序的心理取向。道德发展达到这一水平的人在心理上认同自己的角色，在行为上有责任心，有义务感；在学校做学生就应该尽学生的责任，在社会做公民就应该尽公民的义务。而每个人的责任和义务通常都是以法律规定或习俗限制为基础的。

最后，柯尔伯格提出的道德发展第三水平是“后习俗道德水平”（postconventional level of morality）。道德发展达到这一水平的时间大约是在青少年早期，或成年初期，但是，一些人也可能永远达不到。处于这一水平的人超越了他们所处社会的特定规则来思考普遍的道德原则，其道德原则比特定社会所使用的更加宽泛。

第五阶段，社会法制取向。处于这一阶段的人会进行理性的思考，看重大多数人的意志和社会利益，会做出正确的事，因为他们对社会公认的法律具有一种义务感。他们会认识到法律与人的需要有时会发生冲突，但是，从长计议遵守法律对社会有好处。当然，法律可以作为固有社会契约中变化的一部分而进行修改。

第六阶段，普遍伦理取向。在最后这一阶段，个体遵守法律是因为他们以普遍的伦理原则为基础。他们不会服从违背原则的法律。他们的所作所为是基于自己的对错判断，而不管他人的意见。他们的举动遵循内化的标准，如果不这么做，他们会谴责自己。

值得注意的是，柯尔伯格的道德发展理论一方面由于其文化偏见而受到质疑，被认为更适合西方文化（Snarey，1995）；另一方面，该理论也被认为难以解释女性的道德发展（Gilligan，1982）。

道德越高尚，
网上爱帮忙。

三、吉利根的关怀道德观

由于柯尔伯格最初的研究是以男性为被试进行的，所以卡罗尔·吉利根（Carol Gilligan，1982）认为柯尔伯格的道德系统过分重视了公平和公正这一“男性”价值观，而忽视了共情、责任和关怀等“女性”价值观。吉利根认为，女性核心的道德两难是自己的需要与他人的需要之间的冲突，在道德问题上她们有“不同的声音”，那就是“关怀道德”（morality of care）。

吉利根提出了一个道德发展阶段理论，以解释个体对关怀和责任的深入理解的发展过程（见表 6-2）。在第一阶段，儿童完全关注自己的需要。在第二阶段，人们开始关心他人，尤其是那些无力照顾自己的人，比如婴儿和老人。在第三阶段，对他人的关怀和对自己的关怀统一为对整个人类关系的重视、对剥削和人类暴力的谴责。比如，青少年可能会去无家可归者收容所帮忙，这样做并不是因为其相信无家可归者真的是一贫如洗，而是认为所有的人都应该彼此照应，并且认为收容所里的很多人是因为受剥削才落到这般田地。

表 6-2　吉利根的女性道德发展水平

阶段	特征	举例
水平 1： 个人生存取向	女性关注的是自己，看什么是实用的、什么是对自己最有利的。	一年级女孩和朋友玩耍时，可能坚持只玩自己选择的游戏。
过渡 1： 从自私到责任	女性认识到自己与他人的联系，并且会考虑从他人以及自己的角度看什么是有责任的选择。	
水平 2： 自我牺牲的善良	女性为了他人的需要而牺牲自己的愿望，并把它当成是自己的愿望。她认为自己对他人负有责任。	女孩可能认为，作为一个好朋友，她必须玩朋友选择的游戏，即使自己并不喜欢这些游戏。
过渡 2： 从善良到真实	女性对自己的决定的评估，不只是基于他人会如何对自己做出反应，而且也基于自己的意图和行动的后果。她的判断会考虑到自己的需要，以及他人的需要。她想通过对他人负责而成为“好人”，也想通过对自己负责而成为“诚实的人”。生存再次成为关注的重点。	
水平 3： 非暴力的道德	女性把对他人（包括自己）的伤害的禁令提升到统领所有道德判断和活动的原则水平，从而在自身和他人之间建立一种“道德平等”，并能够为道德两难中做出的选择承担责任。	女孩可能认识到，朋友必须在一起共同分享时间，并寻找双方都喜欢的一些活动。

吉利根认为女性不像男性那样关心抽象的公正和公平，她们更关心的是对他人的责任。不过，基于大量相关研究的元分析却指出，尽管女性更可能想到关怀，男

性更倾向于公正，但是这些差异却显得微不足道，对大学生而言尤其如此。这当中，年龄和两难问题的类型可能是比性别更为重要的特征（Jaffee & Hyde，2000）。男孩女孩以及男人女人对道德问题的推理如出一辙，他们都会从关怀和人际关系的角度进行思考（Turiel，2006）。

而在吉利根自己后来的研究中，她认为男性女性的道德发展都超出了抽象推理的范围，很多人在 20 多岁时对狭隘的道德逻辑已经心怀不满，他们更可能与道德矛盾相安无事（Gilligan et al.，1990）。所以，吉利根早期研究中"不同的声音"可能反映的是另一种价值系统，但是它不是以性别为基础的。

实际上，吉利根的关怀道德更有意义的是拓展了道德范畴，让我们看到，道德领域除了公平公正，还有关爱关怀。后来海特（Haidt，2012）进一步提出，除了公平、关爱，道德范畴还涉及忠诚、权威、圣洁等。

四、道德发展的世界观理论

尽管柯尔伯格关于道德发展的理论声称具有其跨文化的普遍性，但是，文化心理学家理查德·谢韦德（Richard Shweder，2003；Shweder & Haidt，2000）对此提出了挑战。谢韦德相信，要想理解道德发展，就必须理解作为其基础的文化世界观（cultural worldview）。谢韦德提出，人们道德推理的"内容"（包括他们关于对与错的看法）是道德发展的核心所在，不能漠然视之。

个人对其文化中的规则和期望的了解并不是与生俱来的，他们必须学习这些东西，甚至有时候是无意当中违反了这些规则和期望，并从父母及其他人那里观察到相应的反应之后而习得的。有研究通过比较印度和美国的儿童、青少年及成年人，发现到 5 岁的时候，儿童已经掌握了其文化中的道德标准，他们的看法从儿童期到青少年期直至成年期基本上保持不变。两国之间虽然有一些相似之处，但是也有很多方面相去甚远。比如，5 岁的时候，两国的儿童都知道拿别人的财物（比如，从邻居的花园里偷花），或者有意地伤害（比如，踢睡在路边的狗）是错的。然而，两国幼儿对很多问题却有着不同的道德观点。比如，印度幼儿认为父亲把遗产更多分给儿子、更少分给女儿，是可以接受的；而美国孩子却认为这样做不对（引自 Shweder Ed.，2009）。

谢韦德及其同事提出了一种理论来替代柯尔伯格的道德发展理论（Shweder et al.，1997）。这一理论被称为"道德发展的世界观理论"，主要是由他过去的一个学生丽恩·简森（Lene Jensen，2008，2011）完善的。根据简森的看法，道德的终极基础是个人的"世界观"（worldview）。世界观是一整套文化信仰，它可以解释世界对人而言有何意义、人类的关系应该如何处理、人类的问题应该如何解决。世界观提供了"道德推理"（对一种行为之对或错的解释）的基础。道德推理的结果是"道德评价"，即对一种行为之对或错的判断，这进一步又会对"道德行为"加以描述界定。道德行为会强化世界观。这一理论可以由图 6-1 来形象地说明。

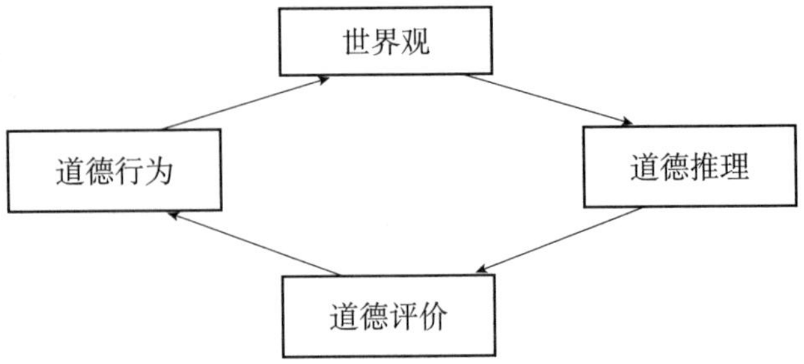

图 6-1 道德发展的世界观理论

简森在她的研究中对人们关于道德问题的反应进行了编码，依据是基于不同世界观的三种“伦理”（ethics）。

一是“自主的伦理”（ethics of autonomy），它把个人界定为主要的道德权威。个人有权做自己想做的事，只要他们的行为不会对他人造成伤害。

二是“社区的伦理”（ethics of community），它把个人界定为社会团体的成员，对社会团体有承诺和义务。在这种伦理中，个人在家庭、社区及其他团体中承担角色的责任，是其道德判断的基础。

三是“神性的伦理”（ethics of divinity），它把个人界定为神的实体存在，服从于神的权威的指引。这种伦理包括基于传统宗教权威和宗教文本（比如，《圣经》《古兰经》）的道德观。

以道德发展的世界观理论为指导来对青少年的道德发展进行的研究虽然并不多，但是其对成年初期道德发展的探索已经有所收获。已有研究表明，美国年轻成人的道德主要是基于自主的伦理。简森（1995）发现，在解释自己关于道德问题（比如，离婚和自杀）的看法时，美国年轻成人相比中年期成人或老年期成人更多地依赖于自主的伦理。并且，有研究发现，在美国和巴西，大学生在处理各种各样的道德问题时更多依赖于自主的伦理（Haidt et al.，1993）。然而，也有研究发现，当涉及指导其生活的价值观，以及希望能够传递给下一代的信仰和价值观方面时，年轻成人对自主的伦理和社区的伦理的使用不分伯仲，但是很少会使用神性的伦理（Arnett，2011）。

第二节　道德发展的特点

道德发展在个体的不同阶段呈现不同的特点。对于青少年而言，道德发展呈现出一定的年龄差异和性别差异。下面我们从道德认知、道德情感和道德行为三个方面来看青少年的道德发展。

一、道德认知的发展

道德认知是道德发展的重要方面，前面提到的关于道德发展的理论几乎都是从认知的角度来看道德的发展状况的。《心理学大词典》对道德认识的定义是：对客观存在的道德关系及如何处理这种关系的原则和规范的认识，包括道德印象的获得、道德信念及道德观的形成、道德信念的产生、道德评价和道德判断能力的发展等（朱智贤主编，1989）。根据柯尔伯格的观点，道德认知是对是非、善恶行为准则及其执行意义的认识，并集中表现在道德判断上。从总体上看，从儿童期到青少年期，个体的道德认知和推理变得越来越有自己的原则（Eisenberg et al.，2009）。

（一）道德推理和判断

根据柯尔伯格的道德发展阶段理论，有研究者对10～22岁的个体进行了追踪研究（Sprinthall & Collins，1995），发现处于青少年早期（13～14岁）的个体的道德判断以阶段二和阶段三为主。也就是说，13～14岁的青少年的许多推理还处于前习俗水平，即自我物质利益决定着价值选择的多个方面。但跟10岁的孩子比，他们的前习俗水平道德判断有明显的下降，阶段三的模式将起到更重要的作用。从前习俗水平到习俗水平的转变要到高中阶段才能大功告成。

国内针对农村地区青少年的研究发现，道德判断存在发展关键期。12～13岁是农村中小学生价值观认同的分层阶段，10～12岁是其道德情感与道德行为表现较好的时期，14岁则是其道德判断的迷茫期。这一方面可能是因为该年龄段学生正处于初高中的过渡阶段，不仅要适应学业难度的变化，还要维持心理和情绪的稳定。另一方面，来自教师和家长的压力、青春期的逆反心理常使他们无暇顾及相关的道德问题，学校教育和家庭教育也会忽视道德教育，故处于青少年过渡阶段的学生的道德判断会表现出一定程度的迷茫与困惑（张峰峰等，2022）。

到了16～18岁，阶段三的推理成为主要模式。在这一阶段，阶段二的推理比例迅速下降，约三分之二的关于公平问题、公正游戏等的推理是遵从主要参照群体而做出的。此外，还有少数（14%）青少年出现了阶段四的推理，他们开始按照一系列广泛的规则和社会法律来处理价值问题。跟阶段三相比，阶段四的规则和法律更稳定、更具普遍性。另外，从阶段三到阶段四的转变还涉及参照点的变化。在第三阶段，个体进行道德推理的参照点是社会群体，其思维是受他人支配的；在第四阶段，法律成为参照点，个体思维受内部支配，具有了理性思考问题的能力。能够做计划、分析和评论问题是两个阶段的主要不同之处。

虽然道德判断显示出一定的年龄差异，但是并不代表所有该年龄段的个体都使用这种发展模式。表6-3显示了不同年龄组个体道德成熟的发展变异情况。如表中数据所示，青少年的道德判断（13～14岁、16～18岁）表现出五个不同水平的推理，而10岁和20～22岁的个体仅表现出四个水平。尽管不是所有青少年都能达到柯尔伯格的后习俗水平道德发展阶段，但多数青少年会开始重视抽象的价值观和道德原则（Rest et al.，1999），并开始向自己内心寻找基本的判断原则，而不是任凭外部环境和他人来决定自己的道德认同（Krettenauer & Victor，2017）。

表 6-3 不同年龄组道德发展阶段的情况

柯尔伯格的道德发展阶段	10 岁	13～14 岁	16～18 岁	20～22 岁
阶段 1、2 混合	47.6%	8.1%	2.2%	0
阶段 2	33.3%	16.2%	11.1%	0
阶段 2、3 混合	14.3%	56.8%	17.8%	9.4%
阶段 3	4.8%	16.2%	44.4%	31.3%
阶段 3、4 混合	0	2.7%	24.4%	40.6%
阶段 4	0	0	0	18.8%

资料来源：Sprinthall & Collins，1995。

尽管多年来心理学家一直在争论道德发展是否存在性别差异，并且很多研究者认为男性和女性对道德问题的看法存在不同的观点，但研究并未发现这种差异（Smetana & Villalobos，2009）。因此认为女性表现出更多服从的说法并不正确，至少对于青少年来说是这样。

（二）道德推脱

道德推脱（moral disengagement）最初由社会心理学家班杜拉提出，用于解释个体做出不道德的行为后未感到内疚的原因。他认为，道德推脱是指个体重新定义自己的认知倾向，使自己接受已经做过的或可能做的不道德行为或想法，尽可能弱化其行为对受伤目标的责任，降低其对行为的内疚感（Bandura，1999b，2002）。道德推脱是个体对行为特定的认知倾向，促使其脱离社会道德标准与道德规范，为不道德行为辩护，使其倾向于做出不道德行为（Moore，2008；杨继平，2010）。

研究表明，男性的道德推脱水平显著高于女性；追踪研究还发现，道德推脱的性别差异并不会随着年龄的增加而产生显著变化（Paciello et al.，2008），但在青少年阶段，道德推脱的总体水平会随着个体年龄（14～20 岁）的增加而有显著下降。

受教育程度也是影响个体道德推脱的重要因素，受教育程度越低，其道德推脱水平就越高（McAlister et al.，2006）。研究发现，道德推脱水平更高的青少年表现出来的犯罪和攻击行为也更多（Bao et al.，2015）。道德推脱水平较高的儿童和青少年会表现出更多的欺负行为和更高的欺负倾向（Gini et al.，2011）。发生校园欺负时，他们对被欺负同学的同情水平更低，也更少保护被欺负的同学（Thornberg & Jungert，2013；Hyde et al.，2010）。

二、道德情感的发展

道德情感是人根据一定的道德需要和原则来感知、理解、评价现实时所产生的内心主观体验，并可表现为对现实的态度和行为。凯根（Jerome Kagan）认为，人类有五种基本的道德情感：焦虑、移情、责任和内疚、疲乏或困倦、困惑或不确定

（引自斯托曼，2006）。在现实生活中，当行为符合社会道德规范时，个体就会产生肯定性的情感体验，如自悦、欣慰、赞赏、敬佩等，否则便会产生否定性的情感体验，如自责、羞愧、厌恶、憎恨等。道德情感是品德结构的重要组成部分，是促使青少年把道德概念转化为道德行为的中介，是人们道德意志和道德行为的内驱力，是个体道德发展与健全人格形成的内在保证。如精神分析学派的代表人物弗洛伊德，他把情感看作人格发展的核心，认为在从本我向超我的转变中，内疚、羞愧、良心等情感起着非常重要的作用。

有研究者（Hoffman，2000）对共情和内疚在道德发展中的价值进行了专门研究，结果发现，道德的源头可以从共情中去探索，共情本身就是一种“亲社会动机”，是有助于维护社会联结、促进建立良好人际关系的一种心理手段。研究发现，10～12 岁的孩子能够对处于不幸中的他人产生共情（Eisenberg Ed.，1998），他们能够把自己的关注点扩展到不幸境遇中人的一般问题，包括贫穷、残疾、无家可归等方面。这说明青少年对更广泛的道德问题开始具备敏感性，并能够思考更高意识形态的问题和做出亲社会行为。但是也应该注意，并非所有的青少年都会对他人产生共情。在年长的青少年中，共情的功能性障碍会引起个体的反社会行为。很多犯罪心理学研究显示，一些暴力犯罪的青少年对受害者的痛苦没有感觉。

羞耻感是指个人依据一定的道德标准，谴责自己的行为、动机和道德品质时所产生的一种情感体验，是一定的道德准则在自我意识中的反映，表现为个人在违反道德准则时良心会受到责备，产生羞愧、内疚等心理，并力图改正自己的行为或形象（斯托曼，2006）。羞耻和内疚等情绪不仅能引发个体的亲社会行为，而且会促使个体为避免此不愉快的情绪体验而改变自己的行为，因而具有重要的道德价值。因违反道德标准而出现的内疚等自我意识情绪在个体发展早期就会出现，并且贯穿于整个儿童期和青少年期。

卢家楣等（2010）对国内青少年的道德情感进行了调查研究，发现青少年的爱国情感水平较高，但是在正直感和责任心方面得分不高，而且道德情感的得分会随着其学业自评等级的提高而逐级提高。研究者认为，正直感发展较差可能与青少年期特有的友谊需要凸显有关，部分青少年宁愿以牺牲原则、违背公正为代价来维护同学、维持“友情”。青少年在勇于承担并尽力完成自己分内的事上情感不足，原因可能有三点：一是在家庭中，当代青少年中独生子女比例很大，家长过度照顾甚至越俎代庖，导致一些青少年缺乏责任感；二是在学校里，部分中小学一味追求“应试教育”，忽略甚至缺乏责任心教育；三是在社会上，受利己主义思想的影响，部分青少年责任意识淡薄。

跟很多情绪情感研究的结论一致，在道德情感方面，青少年期也存在着女生高于男生的差异。根据吉利根的观点，女性在关怀取向上占优势，男性在公正取向上占优势，且这种差异贯穿于个体的整个一生并表现在各种道德情境中。关于共情的研究显示，女孩更容易对处

扫描拓展

感恩水平高，网上更友好。

于不幸中的他人产生同情，在违反道德原则时也更容易体验到内疚、羞愧等情绪（Eisenberg & Mussen，1978）。

三、道德行为的发展

道德行为是指在一定的道德意识支配下表现出的与他人和社会有关的活动，是个体道德意识的外在反映。与此紧密相关的一个概念是“亲社会行为”（prosocial behavior），指的是有益于他人的行为，一种帮助他人或群体并使其受益而行为者却不期待获得外部奖励的行为，经常需要行为者付出代价、做出自我牺牲或冒些风险（Mussen & Eisenberg，1977）。随着青少年道德认知的发展，以及大脑相关区域的成熟，他们的行为也越来越无私（Crone，2013）。道德行为与亲社会行为的发展亦步亦趋，亲社会行为的发展就是个体道德认知水平提高、道德情感丰富的过程。

对亲社会行为的实证研究表明，年幼的儿童就已经能表现出亲社会行为。随着儿童年龄的增长，利他和相关的亲社会行为会与日俱增（Damon，1998）。但到了青少年早期，朋友之间的帮助和慷慨程度比其他同学稍胜一筹（Heyes et al.，2015）。在个人与匿名伙伴玩电脑游戏的实验中，发现随着年龄的增长，信任和互惠都会增加（van den Bos et al.，2010）。多数研究发现青少年的亲社会行为倾向随年龄而增加（Carlo et al.，2002，2003），而国内的多项研究则显示现实生活中青少年的亲社会行为在年级之间没有显著的差异（余娟，2006；刘志军等，2003）。

可以看到，关于青少年阶段亲社会行为的发展模式，不同研究者得到的结论不尽相同，因此有研究者（引自 Eisenberg et al.，1998）对儿童青少年的亲社会行为发展进行了元分析。这项元分析收集了来自 125 项研究的 265 个研究结果，发现亲社会行为的年龄差异具有显著的正向效应；也就是说，亲社会行为的发生率随着年龄的增长而上升，青少年阶段的亲社会行为也是有增无减。但是与儿童期相比，青少年期的亲社会行为发展存在更大的变异。随着年龄的增长，他们道德推理更成熟，对助人的原因有更充分的理解。但由于他们所面对的社会人物和环境越来越复杂多样，他们能否做出亲社会行为可能受到更多人际和情境变量的影响。比如在网络环境中，就有研究发现网络亲社会行为水平随着年级增长而下降，即年级越高，网络亲社会行为越少（马晓辉，雷雳，2011）。原因可能跟网络情境的复杂性和青少年上网经验的增多有关，具体来说，随着年级升高和使用互联网时间的增长，他们逐渐不会再轻易相信网络中的求助信息和求助者，并可能因此而表现出越来越少的网络亲社会行为。

在性别上，女生比男生的利他行为水平更高（Eisenberg & Fabes，1998），女生比男生做出助人行为的时候更少考虑到能否得到回报。这种性别差异在网络环境中也有表现。对青少年网络亲社会行为的性别特征的分析表明，女生比男生表现出更多利他型网络亲社会行为（马晓辉，雷雳，2011）。

最后需要强调的是，上面提到的道德认知、道德情感和道德行为之间是相互关联的。有研究发现，道德推理发展水平较高的青少年更不可能表现出欺骗、作弊或反社会行为，更能够抵御他人的压力，在人际交往过程中也更能包容他人与自己的不同，更可能表现出亲社会行为。在关于道德问题的集体决策中，他们也更有可能对他们的朋友产生影响（Gummerum et al.，2008）。相反，那些道德推理发展水平较低的青少年更具攻击性，更有可能犯罪和接受他人的不当行为（Eisenberg et al.，2009）。当然，在现实生活中行事时，个体的道德判断和道德行为并不总是齐头并进，有时候情境因素才是道德判断和道德决策的决定性因素。

第三节　价值观的体现

一、价值观及其表现形式

（一）价值观的概念

“价值观”（values）是关于世间万物应该如何存在的一套信念和态度。它包括一系列对我们来说很重要的内容，如政治、信仰、金钱、家庭、朋友、职业等。价值观是多种人文、社会学科关注的一个问题，哲学、经济学、伦理学、教育学、人类学、社会学、社会心理学等学科都在这一领域进行过不同角度的探索（杨宜音，1998）。其中，哲学关注价值观所反映的主体和客体之间的关系，伦理学关注价值观对人的行为的规范性，人类学关注价值观表达的文化特征，教育学关注影响价值观形成和改变的个体社会化过程及其教育干预，经济学关注人类经济行为的深层心理原因和类型，社会学关注社会结构及社会变迁对价值观的影响，社会心理学则关注价值观的心理结构、过程、功能及测量。

在心理学领域，价值观是推动并指引一个人采取决定和行动的经济的、逻辑的、科学的、艺术的、道德的、美学的、宗教的原则、信念和标准，是一个人思想意识的核心（朱智贤主编，1989）。它是人们关于好坏、美丑、益损、对错的观念系统，它通常是充满情感的，并为人的正当行为提供充分理由（黄希庭等，1994）。

可以看出，价值观实际上就是人们对事物是否有用以及自己的行为是否有意义的一种评价标准，它引导人们做出决定、实施行动。青少年有他们自己的一套价值观，价值观影响着他们的认知、情感和行为。

（二）价值观的表现形式

价值观是一种比态度更抽象、更一般的具有评价性、选择性、规范性的深层心理结构，是文化成员合理的信念体系。价值观的作用主要通过以下三个方面得到展现：兴趣、信念和理想。

1. 兴趣

“兴趣”（interest）是人的认识需要的心理表现，它使人对某些事物优先给予注意，并带有积极的情绪色彩。例如，对于音乐感兴趣的人，总是对乐器以及有关音乐的书籍、刊物等优先加以注意。对于音乐方面的信息，不论是歌剧还是广播或是别人的演奏，甚至报纸上有关音乐的报道、别人对有关音乐的事的议论，对他都有很大的吸引力，使他总是以积极的情绪去探究、领会和掌握。兴趣进一步发展为从事实际活动的需要时，就变成了爱好。所以，兴趣与爱好往往是联系在一起的。

兴趣是价值观的初级形式。兴趣也是人用来评价事物好坏的一个内心尺度。但是，这个内心尺度稳定性较差，人们往往也不一定有意地用这个尺度来评价事物。兴趣的行为表现通常是自发的，是带有积极情绪色彩的认识倾向。

2. 信念

"信念"（belief）是人对于生活准则的某些观念抱有坚定的确信感和深刻的信任感的意识倾向。例如，人们对于像"功不唐捐""正义必胜"等观念的坚定确信和信任，就是人们的一些信念。信念不仅是一种认识活动，与人的知识经验并以这种知识经验为依据对未来的推断有密切的关系，而且通常是充满感情的。

信念是价值观的核心层次，稳定性强，指引着人的思想和行为，是一种被意识到的具有理论性的价值取向。与信念相类似的一个概念是信仰，这是指能调动人的全部身心力量去为之奋斗的一种信念。

3. 理想

"理想"（ideal）是符合客观规律并同奋斗目标相联系的想象。奋斗目标是人积极向往的对象。作为理想的奋斗目标是符合事物发展规律的。对于这个奋斗目标，人既有生动的想象内容、明确的思想认识，又怀有喜爱、赞扬等肯定的情感体验，并且决心力求加以实现。理想是价值观指向未来的表现形式，因而更具有号召力。

二、价值观的类型与测评

心理学研究者基于不同的理论对价值观的内容进行了分类探索。例如，佩里（Perry，1926）将价值观分为六类，即认知的、道德的、经济的、政治的、审美的和宗教的；奥尔波特等（Allport et al.，1960）根据德国哲学家斯普兰格（Spranger，1928）在《人的类型》一书中对人的分类，将价值观分为经济的、理论的、审美的、社会的、政治的和宗教的六类，并编制了"价值观研究"（Study of Values）量表。其中，经济型的人具有务实的特点，对有用的东西感兴趣；理论型的人具有智慧、兴趣，以发现真理为主要追求；审美型的人追求世界的形式和谐，以美的原则如对称、均衡、和谐等评价事物；社会型的人尊重他人的价值，利他和注重人文精神；政治型的人追求权力、影响和声望；宗教型的人认为统一的价值高于一切，信仰神话或寻求天人合一（Braithwaite & Scott，1990）。基于这一价值观分类而编制的"价值观研究"量表则在 1960 年修订以后被广泛使用，成为 20 世纪六七十年代在西方非常流行的价值观量表。

莫里斯（Morris，1956）从另外的研究角度把价值观概括成十三种生活方式，并以此编制了“生活方式问卷”（Ways to Live Questionnaire）。其中的生活方式包括：保存人类最好的成就，培养人和物的独立性，对他人的同情和关怀，轮流体验欢乐与孤独，通过参加团体活动来实践与享受人生，经常控制变化不定的环境，将行动、享乐和沉思结合起来，在无忧而卫生的环境中享受生活，在安静的接纳中等待，坚忍地控制着自己，静观内心的生活，从事冒险活动，服从宇宙的旨意。这十三种类型又可简化命名为中庸型、达观型、慈爱型、享乐型、协作型、努力型、多彩型、安乐型、接受型、克己型、冥想型、行动型、服务型。

此外，其他一些研究者还从更多角度探讨价值观的结构。例如，帕森斯和希尔斯（Parsons & Shils，1951）将价值观分为个人取向价值观、集体取向价值观和社会取向价值观。罗克奇（Rokeach，1968）将价值观分为终极性价值观和工具性价值观。其中，“终极性价值观”（terminal values）指的是个人价值和社会价值，用以表示存在的理想化终极状态和结果；它是一个人希望通过一生而实现的目标。“工具性价值观”（instrumental values）指的是道德或能力，是达到理想化终极状态所采用的行为方式或手段。据此而编制的价值观调查表包含 18 项终极性价值观和 18 项工具性价值观（见表 6-4），对于每种价值观都有一段简短的描述。施测时，让被试按其对自身的重要性对两类价值系统分别排列顺序，将最重要的排在第 1 位，次重要的排在第 2 位，依此类推，最不重要的排在第 18 位。该量表可测得不同价值观在不同的人的心目中所处的相对位置，或相对重要性。这种研究是把各种价值观放在整个系统中进行的，因而更体现了价值观的系统性和整体性。

表 6-4 罗克奇的价值观分类

终极性价值观	工具性价值观
舒适的生活（富足的生活）	雄心勃勃（辛勤工作、奋发向上）
振奋的生活（刺激的、积极的生活）	心胸开阔（开放）
成就感（持续的贡献）	能干（有能力、有效率）
和平的世界（没有冲突和战争）	欢乐（轻松愉快）
美丽的世界（艺术和自然的美）	清洁（卫生、整洁）
平等（兄弟情谊、机会均等）	勇敢（坚持自己的信仰）
家庭安全（照顾自己所爱的人）	宽容（谅解他人）
自由（独立、自主的选择）	助人为乐（为他人的福利工作）
幸福（满足）	正直（真挚、诚实）
内在和谐（没有内心冲突）	富于想象（大胆、有创造性）
成熟的爱（性和精神上的亲密）	独立（自力更生、自给自足）
国家的安全（免遭攻击）	智慧（有知识、善思考）
快乐（快乐的、休闲的生活）	符合逻辑（理性的）
救世（救世的、永恒的生活）	博爱（温情的、温柔的）
自尊（自重）	顺从（有责任感、尊重）
社会承认（尊重、赞赏）	礼貌（有礼的、性情好）
真挚的友谊（亲密关系）	负责（可靠的）
睿智（对生活有成熟的理解）	自我控制（自律的、约束的）

资料来源：Rokeach，1973。

此外，克拉克洪和斯特罗特贝克（Kluckhohn & Strodtbeck，1961）根据人们的价值取向，把价值观分为五种：关于人类本性天赋特征的概念（恶的、中性的或善恶混合的，可变的或不变的），关于人和自然及超自然关系的概念（人类服从自然、人与自然和谐相处，或人统治自然），关于人类生命的时间取向（过去、现在或未来），关于自我性质的观念（强调现存、变化或行动），关于他人关系的观点（直线式的、合作的或个人主义的）等。

三、青少年的价值观

（一）青少年阶段是价值观形成的时期

从认知的角度来看，美国社会心理学家凯尔曼（Kelman，1961）对内化过程三个阶段的描述对分析价值观形成的内化机制有重要启示。这三个阶段是：

第一，服从。人们会为了获得物质与精神的报酬或避免惩罚而采取表面的顺化行为。服从不是自己真心愿意的表现，而是外在压力造成的，因而在认识与情感上与他人貌合神离。

第二，同化。人们不是被迫而是自愿接受他人或集体的观点、意见，使自己的态度与他人和集体的价值观保持一致。

第三，内化。行为主体真正从内心深处相信并接受他人与集体的观点，将其纳入自己的价值体系，成为自己观念体系中的一个有机组成部分。

林崇德（2002）认为，在幼儿期、童年期，主要是接受社会既定的价值观。这时社会化代理人（比如父母或其他成人）对儿童的行为要求，以及儿童对同性别的父亲或母亲的认同，使儿童形成了基本价值观和基本行为规范。随着年龄的增长和身心的日益成熟，尤其是认知能力的发展，青少年开始对周围世界有了新的认识，开始意识到以往价值观的逻辑性矛盾和父母价值观的局限性，进而对既存价值观进行批评，以重新建立自己的价值观。于是，童年期具体的、外在的价值观开始向青少年期抽象的、内在的价值观过渡。从心理学分析，价值观具有知、情、意、行诸方面的特征。

对于一个人的价值观而言，这个人必然对该观念有了相当了解甚至审慎思考，对它怀有满意的积极情感，在行动上愿意接受并作为一种生活方式反复践履。黄希庭等（1994）从这一角度出发，认为人生价值观的形成大体可以分为三个阶段：自由选择阶段、对价值选择的珍视阶段和行动阶段。

综合已有心理学研究，可以认为，初中阶段价值观开始萌芽，高中阶段价值观初步形成。所以，中学阶段是价值观形成的重要时期。

（二）青少年价值观的特点

现有研究对青少年价值观的探讨，主要使用罗克奇编制的价值观调查表以及自编的问卷，所得出的结果反映出青少年价值观的各个侧面的状况。有研究者对我国五个城市共2125名青少年学生进行的调查表明：我国青少年学生的价值观总的来说相当一致；在终极性价值观中，“有所作为”“真正的友谊”“自尊”“国家安全”被列为四个最重要的价值观，“内心平静”“舒适的生活”“兴奋的生活”“拯救灵魂”被列为四个最不重要的价值观；在工具性价值观中，“有抱负”“有能力”“胸怀宽广”被列为很重要的价值观，而“整洁”“自我控制”“服从”则被列为很不重要的价值观。这当中也存在着某些团体差异和个体差异（黄希庭等，1989）。

黄希庭等（1994）在切实把握当代中国青年价值观各方面的具体特点的基础上，依据前人对价值观的分类方法，并结合我国的具体国情和理论思考，把价值观归纳为人生价值观、政治价值观、道德价值观、人际价值观、职业价值观、审美价值观、宗教价值观、自我价值观、婚恋价值观和幸福价值观十大类别。这项研究连续六年在全国各地进行大规模取样，试图紧密联系我国现实生活的实际，从实证的角度揭示我国当代青年价值观的特点。

进入21世纪，陈树林等（2001）对杭州市青少年的价值观进行了调查，并与黄希庭的调查结果进行了比对。结果显示，十年期间，青少年学生的价值观发生了较大的变化：在终极性价值观方面，1999年排在前四位的价值观，十年前只有一种即“国家安全”，而“有所作为”“真正的友谊”和“自尊”没有排进前四位；排在最后四位的，1999年比十年前少了“舒适的生活”和“内心平静”，多了“成熟的爱”和“享乐”。在工具性价值观方面，“胸怀宽广”“诚实”十年来一直排在前四位。但十年前青少年更喜欢“有抱负”“有能力”，十年后的青少年则更关注“有教养”和“聪明”。在最后四位中，“富于想象”“钟情”代替了十年前的“逻辑性”和“自我控制”。调查结果还显示，性别间价值观差异不显著，各年级青少年在终极性价值观上基本一致，但在工具性价值观上差异较大，主要表现在初一和高一的学生把“诚实”作为第一重要的价值观，但高三的学生把它排在了第四位；高二学生把“聪明”放在第九位，而把“自我控制”放在第四位。排在最后几位的工具性价值观差别不是很大，主要集中于“服从”“钟情”“整洁”和“富于想象”等几个方面。

随着时代和社会的迅速发展，青少年的价值观也发生了巨大的变化。有研究者从对学习目的、金钱、健康、交友等问题的看法等四个方面对深圳市青少年的价值观进行了调查。结果发现，青少年认为最重要的品质是乐观、进取、自信，人生最重要的东西是健康、家庭、知识，交友最重要的是以诚相待，学习的目的是完善自我，最大的烦恼是考试成绩不好，成才愿望是最希望成为有能力的人（徐道稳，2003）。另有课题组从金钱权力、正义公理、学习工作、从众、法律规范、家庭、爱情和公共利益八个维度，对初三到高三四个年级的958名同学的价值观进行了调查研究。结果显示，青少年最重视正义公理、学习工作、法律规范和公共利益，其次是家庭和爱情，最不重视金钱权力和从众（金盛华，田丽丽，2003）。对青少年主流价值观类型的研究显示，青少年的价值观可以分为自我观、法制观、审美观、亲情观、公正观、国家观、友情观、健康观、群体观、财富观、生态观、人权观、集体观、关爱观等十四项，其中健康观、亲情观、自我观、友情观和生态观被青少年视为最重要的主流价值观内容（岑国祯编著，2007）。

一项针对中国初高中生的调查表明，中国学生的物质主义倾向随着年龄提高，高年级学生的物质主义倾向要显著高于低年级学生（Chan et al.，2006）。另一项跨文化研究展现了同样的结果，研究调查了中美两国 600 名 18～35 岁的消费者，发现中国年轻人的物质主义得分显著高于美国人，并且呈上升趋势（Podoshen et al.，2011）。而持有物质主义价值观对青少年有一定的消极影响，研究发现物质主义与青少年的自尊、幸福感、生活满意感呈负相关，与焦虑、抑郁等呈正相关，还与厌学、饮酒吸烟等问题行为有关联，还可能导致像强迫性购买这样的功能紊乱的消费行为（蒋奖等，2016）。物质主义水平高的青少年更以自我为中心，缺乏社会责任感，甚至会过度消费而破坏生态环境，还可能存在偏见和种族主义（Good，2007；Roets et al.，2010）。

从现有研究来看，青少年的价值观总体来说是健康向上的，但受社会现实的影响，呈现多元化的趋势。少数人思想观念中出现一些消极成分。随着年龄的增长，青少年的自我意识增强，但社会责任感有所下降，学习目的更趋于现实（杨韶刚，万增奎，2012）。中国青年价值观表现出几个特点：(1) 传统性与现代性。在当代青年价值观特点研究中这一特点最具争议性。研究发现，当代中国青年价值观的每一个方面几乎都在经历着一场深刻而巨大的变动。但是对这种变动的理解既要强调其中所凸显出的时代精神，也要挖掘这种巨变背后深深蕴藏的源于传统的某种稳定力量。(2) 多元性与整合性。多元化是当代青年价值观的一个突出特点，但也显现出某些整合的趋势。(3) 开放性或世界性。当今所处的改革开放、全球一体化的大背景使当代青年的价值观表现出这一突出特征。在这一环境下成长起来的当代青年乐于接受新事物，紧跟时代潮流，因此他们的价值观会极大地受到当今世界各种流行风潮、时尚、观念等因素的影响（黄希庭等，1994）。

（三）青少年的价值观教育

青少年时期是人生发展和道德品质形成的关键时期，引导和帮助青少年形成健康、积极的价值观，对他们的健康成长具有非常重要的意义。在价值观教育方面，"价值澄清"（values clarification）理论以其广泛的应用性和切实的可操作性在世界范围内产生了巨大影响（雷雳，1993）。

价值澄清理论力图寻找到一种不受具体道德内容、法则和规范约束的普遍适用的价值观教育形式，希望青少年能够通过价值澄清的方式进行自主和合理的选择，确立个体的价值观，以满足社会价值观念复杂多变的选择需要。其主要内容包括：

第一，以价值相对主义和个人经验作为理论基石。价值澄清理论将价值相对主义作为理论的基础，把个人经验作为价值观选择的标准，并以其衡量和评价个体的社会行为。它否定社会价值标准的客观存在性，主张在不同的价值观之间保持中立。

因为“人们在经验中成长和学习”，“不同的经验会导致不同的价值观，而任何个人的价值观将随其经验的积累和改变而更改”，并且，“作为行为准则，价值观随着个体经验的发展成熟而发展成熟”（拉思斯，2003）。价值澄清理论认为，价值观是个人的、相对的、变化的。因此，每个人都有自己的价值观，世界上并不存在普遍的、客观的、绝对的价值标准。

第二，价值澄清理论认为，青少年价值观的形成不是教育的结果，而是自身选择的产物。因此，价值澄清教育的主要任务不是灌输和传授某种“确定”的价值观，而是帮助青少年通过各种选择进行理智的思考，从而确立自己的价值观念，澄清自己的价值行为（拉思斯，2003）。在教育过程中，教育者的作用主要体现在“提出价值问题，引导学生对各种可能结果进行选择并讨论，使学生明确并强化自己的选择”等方面。因此，教育者不能将某种特定的价值观或信仰强加给青少年，而应该在价值澄清过程中，采取不干涉青少年价值观的态度，帮助他们澄清进而形成正确的价值观。

第三，在教育方法上反对灌输，强调青少年和儿童的自由选择。价值澄清理论旗帜鲜明地反对思想灌输，强调价值选择的重要性。他们认为，灌输是以教师为中心的教育方法，学生只是被动地接受，师生之间缺少互动性，同时这也限制了学生的思维空间和选择自由。

在如何培养价值观方面，价值澄清理论将价值观的形成过程分成了“三个阶段、七个步骤”。“三个阶段”，即选择、珍视和行动。“七个步骤”，即：（1）自由选择；（2）从各种可能选择中进行选择；（3）对每种可能选择的后果进行审慎思考后做出选择；（4）珍爱，对选择感到满意；（5）愿意向别人确认自己的选择；（6）根据选择采取行动；（7）以某种生活方式不断进行重复。在这一基础上，研究者又设计了大量关于价值澄清的具体方法，如澄清问答、书面评价、班组讨论、填空、价值观投票法、角色游戏等，包括以生活为中心、对现实认可、鼓励思考、培养个人能力等四个方面的内容。这些过程和方法的提出，为帮助青少年形成自己的思维，提高青少年的价值选择能力提供了有益的帮助。

价值澄清理论中对主体性的强调、对生活的关注、对现实的认可、对青少年价值选择能力的培养等，有别于以往传统德育工作的“灌输”做法，对我们的价值观教育有很好的启发和引导作用。在加强青少年价值观教育中，我们要适应时代发展的要求，尽可能吸收各种理论包含的教育方法的长处，加以综合运用，提高青少年价值观教育的实效性，促进青少年的健康发展。

关键术语

道德，习俗道德观，关怀道德观，道德认知，道德情感，道德行为，价值观，兴趣，理想，终极性价值观，工具性价值观，价值澄清理论

内容要点

1. 道德是调节人与人、人与社会、人与自然之间相互关系的社会准则与规范。关于道德发展的理论主要有以下几种：皮亚杰的他律自律道德观将道德发展分为前道德期、他律道德和自律道德三个阶段；柯尔伯格的习俗道德观通过道德两难故事考察道德认知，将道德发展分为前习俗、习俗和后习俗三个水平六个阶段；吉利根提出的关怀道德则关注女性在道德问题上表现出的共情、责任和关怀倾向；谢韦德的世界观理论则提出，应该将个体放到成长的文化中来理解其对道德的判断。

2. 青少年的道德认知发展大概处于柯尔伯格所说的第二、三、四阶段；在道德情感上，青少年正直感发展较差，女孩比男孩更容易共情他人，犯错时也更易出现羞愧和内疚；在道德行为上，青少年的亲社会行为在增多，女生比男生的利他行为水平更高。

3. 价值观是关于世间万物应该如何存在的一套信念和态度，主要通过兴趣、信念和理想等三个方面得到体现。

4. 关于价值观的类型，斯普兰格将价值观分为经济的、理论的、审美的、社会的、政治的和宗教的六类，并编制了价值观研究量表；莫里斯把价值观概括成十三种生活方式，并以此编制了生活方式问卷；罗克奇将价值观分为终极性价值观和工具性价值观，以其理论为基础编制的问卷得到了广泛的应用。

5. 价值观是通过服从、同化和内化三个阶段形成的，青少年期正是个体价值观形成的时期；从现有研究来看，青少年的价值观总体来说是健康向上的，但受社会现实的影响，呈现多元化的趋势。

6. 在价值观教育方面，价值澄清理论提出青少年能够通过价值澄清的方式进行自主和合理的选择，以满足社会价值观念复杂多变的选择需要。该理论提出的教育方法具备一定的应用性和切实的可操作性，可以作为教育实践的参考。

复习思考

1. 根据柯尔伯格的观点，青少年的道德发展处于什么水平？
2. 如何理解吉利根提出的关怀道德理论？
3. 青少年的道德推理和判断水平与其认知发展水平之间有什么联系？
4. 如何理解价值观的不同类型？
5. 在学校和家庭中，如何对青少年的价值观进行引导和教育？

第七章

青少年的亲子关系

开脑思考

1. 你在青春期的时候是一个叛逆的孩子，还是一个乖巧的孩子？那时候你和父母之间是无话不说，还是无话可说？现在回想起来，当时是什么原因造成了那样的亲子关系？

2. 在青少年期，大多数父母对孩子的言行举止、所思所想仍然会非常关心，但是一些孩子却觉得父母管得太多。父母这时候是应该管呢，还是不管？

3. 在青春期你和父母发生过冲突吧？主要是关于什么问题呢？与你和同伴朋友之间的冲突有何不同呢？它们有本质区别吗？

学习重点

1. 领会青少年亲子关系的建构与理想亲子关系的表现；

2. 理解不同教养方式的特点和亲子依恋对青少年发展的影响；

3. 把握青少年亲子冲突的特点及影响因素。

在青少年成长的过程中，人们对家庭的关注最多。多年来，研究者对家庭关系的研究主要集中在父母与青少年之间的关系上。在青少年早期，父母与孩子之间争吵斗嘴的情况确实是有增无减，并伴随着亲近感的下降，特别是父母和青少年在一起共度的时间减少了。这些变化对父母的心理健康及青少年的心理发展都是有影响的，很多父母都说他们难以适应孩子的个体化表现及谋求自主的努力。

第一节　亲子关系的建构

一、亲子间的交互社会化

很多年以来，青少年的社会化都被看成是一种单向的教化过程。其基本的理念是，儿童青少年必须接受训练以适应社会，所以，他们就必须形成相应的行为。然而，社会化并不仅仅是塑造儿童和青少年使之成为成熟的成人。但是，儿童和青少年并不像是黏土上没有生命的斑点，可以由雕塑家把它磨光。“交互社会化”的过程包含儿童和青少年使父母社会化的过程，就像父母使他们社会化一样，或称作亲子间的“相互影响”或“双向影响”（Willoughby & Hamza，2011）。

（一）家庭系统的作用方式

我们可以通过“家庭系统观”（family systems approach）来理解家庭成员间相互交往的复杂方式，即要理解家庭的功能，就必须理解家庭内部的每种关系如何影响整个家庭（Goldenberg & Goldenberg，2007）。家庭系统由许多子系统组成。例如，在一个由父母双亲和处于青少年期的孩子组成的家庭中，子系统就是母亲和青少年、父亲和青少年，以及父亲和母亲组成的子系统。在非独生子女家庭或家庭关系密切的几代同堂的大家庭中，家庭系统有更为复杂的子系统网络，包括“二元关系”（指两个人之间的关系），也包括三人或三人以上各种可能的组合。

家庭系统观基于两个重要原则。一是每个子系统会影响家庭的其他子系统。例如，如果父母之间冲突水平高，这不仅会影响他们之间的关系，也会影响他们各自与青少年之间的关系（Bradford et al.，2004；Kan et al.，2008）。

二是任何家庭成员或家庭子系统的变化都会造成一段时间的“失衡”（或不平衡），直到家庭系统适应这种变化。当儿童进入青少年期，伴随青少年的发展变化出现大量失衡是自然而然、不可避免的。他们经历的重要变化是青春期来临和性成熟，一般会使他们与父母的关系出现失衡。青少年的认知发展也会带来变化，导致失衡，因为青少年认知变化的方式会影响他们对父母的看法。当青少年逐渐成年，由于离家造成的失衡通常会使他们与父母的关系好转（Aquilino，2006）。他们的父母也在变化，会影响其与孩子的关系，使之出现失衡（Steinberg & Silk，2002）。此外，其他在青少年期可能发生的非正常变化也可能是引起失衡的根源，比如父母离异、青少年自己或父母存在心理问题。

在家庭系统中，婚姻关系、教养方式及青少年的行为都可能会对彼此产生直接的和间接的影响。比如，父母的行为对青少年产生的影响是直接影响，夫妻关系对父母中的一方会采用什么样的方式对待青少年所产生的影响则是间接影响（Emery & Tuer，1993）。婚姻冲突可能会减弱教养方式的效能，在这种情况下，婚姻冲突会对青少年的行为产生间接影响（Wilson & Gottman，1995）。

根据家庭系统观，在个别家庭成员或家庭环境发生变化的时候，家庭关系的变化最为剧烈，这些时候家庭的平衡常常被打破。孩子进入青春期本身就是一个非常重要的变化，所以此时家庭关系发生改变也是理所当然。一项关于青春期男孩与父母互动的研究发现，家庭关系的改变最可能发生在孩子 13 岁或 14 岁时，而有青春期女孩的家庭则发生在孩子 11 岁或 12 岁时（Granic et al.，2003）。

（二）青少年与父亲母亲的不同互动

青少年与母亲和父亲的关系非常不同。在多种不同文化中，青少年往往与母亲更亲近，与母亲单独相处的时间更多，与母亲谈论问题和其他情感问题时感觉更舒服；因此，母亲往往比父亲更多参与青少年的生活（Updegraff et al.，2001；Williams & Kelly，2005）。

父亲经常依靠母亲获得青少年孩子的信息，但母亲很少依靠父亲获得这些信息（Crouter et al.，2005；Waizenhofer et al.，2004）。父亲更有可能被认为是相对遥远的权威人物，可以向其咨询客观信息（如帮助做家庭作业），而不是情感支持（如帮助解决与男朋友或女朋友的问题）（Crockett et al.，2007）。

与此同时，青少年与母亲的争吵也比与父亲多，并认为母亲的控制欲更强，但这似乎并不危及母亲与青少年之间的亲密关系（Shek，2007）。尽管青少年与母亲相处的时间是与父亲相处时间的两倍，但与父亲相处的时间——也许是因为它是相对罕见的——更能预测青少年的社会能力和自我价值感（Lam et al.，2014）。

在家庭中，个体之间的互动是可能变化的，这有赖于是谁在场。在一项调查中，研究者对 44 名青少年分别与母亲、父亲在一起时（二元系统），以及父母都在场时（三元系统）的情形进行了观察（Gjerde，1986）。结果发现，父亲在场会改善母子关系，但是母亲在场却会削减父子关系的质量。前者可能是因为父亲通过控制青少年而减轻了母亲的紧张，后者则可能是因为母亲在场减少了父子之间的互动。一项调查发现，儿子在二元情境中针对母亲的负面行为比针对父亲的多；然而，三元关系中，父亲可能会通过对儿子负面行为的控制而“拯救”母亲。

二、亲子关系的建构观

发展心理学家对我们在成长过程中如何建构人际关系兴趣盎然。“发展建构观”（developmental construction views）认为，随着个体的成长，他们获得了与他人交往的模式。这种观点有两点最主要的不同：一是强调生命全程中关系的连续性和稳定性，二是强调生命全程中关系的不连续性和变化性。

（一）连续观

连续观强调早期的亲子关系在生命全程中建构与他人的关系的基本方式时所起的作用。这些早期的亲子关系会在发展的后期一直起作用，影响以后的所有关系（比如，与同伴、朋友、老师、恋人的关系）（Waters，1997）。从极端来看，这种观点强调，社会关系的基本成分在婴儿生命的头一两年就由父母与婴儿的依恋关系的安全感或不安全感决定和形成了。

与父母的亲密关系在青少年的发展中也至关重要，因为这些关系会起到一种模板作用，随着时间的迁移，一直对新关系的建构产生影响。显然，在儿童和青少年发展过程中，亲密关系不是自己以各种各样的方式在重复。任何关系的质量在一定程度上都会受到与之形成关系的特定个体的影响。然而，在早期已经形成多年的关系的本质，可以从日后与相同的人的关系中、从与其他人形成的关系中看到（Gjerde et al.，1991）。因此，父母与青少年的关系的本质并不只是由在青少年期关系中发生的事所决定的。在儿童期与父母的长期关系至少在一定程度上会一直对父母与青少年的关系的本质产生影响。并且，也可以预想到在儿童期与父母的长期关系同样至少在一定程度上会影响青少年同伴关系、友谊及恋爱关系的建立。

有研究支持了这种连续性的观点（Sroufe et al.，1999b）。在对婴儿进行评价之后十五年，研究发现，过去的依恋关系及早期照料与青少年期的同伴交往能力有关。在对青少年的访谈中发现，在露营活动中形成了配对关系的人，在婴儿期的依恋关系是安全型的。并且，对录像行为的分析发现，有安全依恋史的青少年的社会能力更强，包括在社会情境中充满信心、能够展示领导能力。对于大多数青少年来说，存在着交叠效应，即早期的家庭关系为有效的同伴交往提供了必要的支持，继而又为更为广泛而复杂的同伴关系打下了基础。

儿童期与父母交往的经验是如何延续下来并对青少年的发展产生影响的，这一点虽然重要，但是，代际关系也不容忽视。由于发展心理学家已经比较接受生命全程观，所以，研究者对几代人之间亲密关系的传递也越来越感兴趣（Elder，1997）。

处于三代之间的中间一代在社会化过程中尤其重要。比如，对于青少年的父母可以从他们与自己的父母的关系的角度进行研究，这种情况下，他们过去和现在都是孩子；也可以从他们与自己处于青少年期的孩子的关系角度进行研究，这种情况下，青少年过去和现在都是孩子。持生命全程观的理论家指出，青少年的中年父母可能给予他人的帮助不得不多于自己获得的帮助。青少年期的孩子可能到了在教育上需要很大经济支持的时候，而父母由于比过去更加长寿，也可能需要经济支持，以及安慰和亲情。

（二）不连续观

不连续观强调人际关系随时间迁移的发展变化。随着成长，人们形成了很多不同类型的关系，比如与父母、同伴、老师以及与恋人的关系。这些关系彼此在结构上大相径庭。对于每一种新型的关系，个人都会遇到崭新的交往模式（Furman & Wehner，1993；Piaget，1932/1965）。比如，皮亚杰认为父母与儿童的关系就完全不同于儿童的同伴关系。亲子关系中更可能是父母对孩子拥有单向的权威。相比之下，同伴关系中每个人更可能是在平等的基础上进行交往。在亲子关系中，由于父母知识多、权威大，所以孩子常常必须学会服从父母定下的规矩。从这一点来看，我们在和权威人物（比如父母及专家）交往时，以及在我们成为权威人物（我们变成父母、老师和专家）时，我们会使用亲子模式。

相比之下，与同伴的关系就有不同的结构，需要截然不同的交往模式。这种更为平等的模式在日后与恋人、朋友及同事的关系中都是不可或缺的。因为两个同伴知识水平和权威性相差无几（他们的关系是交互性的、对称的），所以儿童会学到一种基于相互影响而形成的交往模式。和同伴一起时，儿童会提出并表达自己的意见，欣赏同伴的观点，协商解决分歧的办法，形成彼此都能够接受的行为标准。因为同伴关系是自发的（而不是像家庭关系那样是无选择的），所以在对称、共同、平等、交互的交往模式中不能驾轻就熟的儿童和青少年，就难免被同伴拒之千里。

尽管不连续观并不否认先前的亲密关系（比如与父母的关系）会延续下来并影响日后的关系，但它强调的是儿童和青少年所遇到的每一种新型的关系（比如与同伴、朋友及恋人的关系）都需要有迥然不同的结构，以及更为复杂的交往模式。而且，从发展变化的角度看，每一个发展时期对人际关系知识的建构都有独特的影响；生命全程的发展并不只是由婴儿阶段的关键期或敏感期所决定的。

有纵向研究支持了关于人际关系的不连续观（Collins et al.，1998）。研究通过观察相互协调的行为（比如轮流、分享、目光接触、抚摸，以及它们的持续时间），考察了儿童中期同伴交往的质量。结果发现，它与 16 岁时约会的安全感、对恋人的表白及亲密感有关。

第二节　亲子关系的体现

青少年希望有什么样的父母？研究发现，他们希望父母能够表现出以下三方面的品质（Rice & Dolgin，2002）：一是“亲近感”（connection），即在父母和孩子之间有温情的、稳定的、充满爱意的、关注的联系。二是“心理自主”（psychological autonomy），即有提出自己的意见的自由、隐私自由、为自己做决定的自由。如果缺乏自主，青少年就容易出现问题行为，难以成长为独立的成人。三是“监控”（regulation），成功的父母会监控和督导孩子的行为，制定约束行为的规矩。监控能够让孩子学会自我控制，帮助他们避开反社会行为。

一、亲子关系中的亲近感

青少年期望亲子关系中能够体会到一种亲近感，这可以从以下方面表现出来。

（一）父母的关怀及帮助

青少年对父母是否关怀他们的判断，是以父母和他们一起度过的时间的多少、对他们的想法的支持情况，以及在需要时是否会给予帮助等为依据的（Amato，1990）。父母给予的积极支持是和与父母及兄弟姐妹关系亲密、高自尊、学业成功以及道德发展水平高联系在一起的。缺乏父母的支持则会导致负面的影响，包括低自尊、成绩差、行为异常、出现反社会行为或犯罪（Hennan et al.，1997）。

青少年希望得到父母的注意和陪伴（Henry et al.，1989）。他们特别怨恨只知道叫他们没完没了地写作业的父母，或者是经常不在家的父母。

不过，有些父母在陪伴方面做得又太过了。青少年希望有时间和自己的朋友在一起，不希望父母成为朋友。他们需要成年人的关怀和帮助，而不是成年人像青少年一样的行为举止。一项研究表明，青少年和他们的父母都认为母亲比父亲更多地参与了对孩子的管教。而且，母亲和父亲都认为自己在管教孩子方面比孩子所认为的做得要好。另一项纵向研究则发现，青少年和父母都认为在九至十二年级间，父母的管教水平下降了——唯一的例外是对成绩的要求丝毫未变（Paulson & Sputa，1996）。

（二）倾听和共情理解

有些父母对自己处于青少年期的孩子的感受和情绪完全不敏感。他们不清楚孩子在想什么、有什么感受，不会设身处地把孩子的感受和想法考虑进去。当青少年感到心烦意乱时，这些父母往往一头雾水。这种不敏感导致的一个可能结果是，孩子长大的过程中也向父母一样不敏感。孩子自己的感受没有被顾及，所以他们也没有学会考虑别人的感受。不过，年长的青少年比年幼些的青少年认为父母更有共情（Drevets et al.，1996）。

在青少年期，与父母的沟通在一定程度上恶化了。青少年报告说，和以前相比，他们与父母在一起的交流时间减少了。他们很少向父母表白心迹，和父母的沟通常常很困难（Beaumont，1996）。缺乏沟通的一个原因也许是很多父母并不倾听孩子的想法，接受他们的意见或试图去理解他们的感受和观点。青少年希望父母以共情的方式和他们交谈，而不是对他们发号施令。研究表明，父母尊重青少年的意见非常有利于家庭气氛。

当青少年不同意、不接受父母的观念或试图争辩时，有些父母会感受到威胁。当父母说“我不想讨论这件事”从而拒绝对话、中止争辩时，感情沟通的大门也就慢慢关闭了；从中还可能可以看到愤怒的孩子冲出房间，拒绝理性讨论，把自己关在房间里生气。

沟通是父母与青少年保持和谐关系的一把钥匙（Masselam et al.，1990）。在有些家庭里，家人在一起的时间很少。如果家人想谈话，他们会花足够长的时间在一起；他们也在彼此之间形成了一种开放性。

由于父母和青少年之间的沟通有限，并且他们常常对相同问题的看法南辕北辙，所以，即使是共情的、关怀的父母也常常意识不到孩子正在经受着的压力。有研究表明（Hartos & Power，1997），母亲往往低估了处于青少年期的孩子所经受的压力。由于父母并不能够帮助孩子处理父母并不知道其存在的问题，所以就难怪意识上的差异越大，青少年出的问题就越多。

（三）爱和积极情感

大多数青少年想要父母给予很多的爱和明显的关怀。然而，有时候父母自己就是在不善于表达爱的家庭中长大的；因此，父母很少拥抱自己的孩子，搂住他们或亲吻他们。他们根本不表现自己的温情。这可能会导致两种结果：要么青少年非常渴望爱和关怀，以至于他们成人以后这种需要会变得非常强烈，要么他们自己保持冷冷淡淡，难以对自己的配偶或孩子表现出关怀。

青少年强调，他们既需要内在的支持（比如鼓励、赞赏、和孩子在一起感到高兴、信任及爱），也需要外在的支持（比如拥抱和亲吻、带孩子去吃饭或看电影，以及给孩子买特别的东西）。青少年对父母给予自己的支持的知觉，特别是对内在支持和亲密感的知觉，与青少年的生活满意度呈正相关（Young et al.，1995）。

青少年会使用各种策略来谋求他们所渴望的爱（FAS，2002）。他们会证明彼此信任（通过表现诚实，通过讨论自己做错事的次数），他们会表现得有礼貌（他们听着，并且不回嘴），他们会表示关注和关怀（他们恭维父母，帮他们的忙），他们会表示关爱。年龄稍长的青少年比年龄较小的青少年更多地使用促进相互信任的行为，他们表现出更多的关注和关怀。青少年典型地对父亲比较礼貌，而对母亲则示威更多。

（四）接受和赞许

爱的一个重要成分就是无条件接受。表达爱的一种方式就是了解并实实在在地接受青少年的一切。青少年想要知道在父母眼里他们是有价值的、被接受的、受喜欢的。他们也想要父母容忍他们的与众不同和隐私（Bomar & Sabatelli，1996）。

父母必须做出努力来表现对孩子的赞许，并充分客观地把孩子看成一个具备各种人类品质的人。青少年不希望换取父母的爱的前提是他们自己必须变得完美无缺，他们也不希望在充满限制和不快的气氛中成长。父母与青少年之间的消极感受可能是多种原因造成的。有些孩子一出生就遭到父母的怨恨、拒绝；父母不爱他们，因为父母并不想要生他们。另外一些父母则可能是由于孩子所做的事让他们感到非常困扰，比如孩子的爱好或穿衣打扮的方式等。

（五）信任

青少年往往会抱怨父母对自己不够信任，他们可能会说："为什么父母总是害怕我们去干坏事？他们就不能对我们多一点信任吗？"不信任的表现中，最令人恼火的是父母拆看孩子的信件、偷看孩子的日记、偷听孩子打电话。比如，父母可能会借口打扫房间、收拾桌子等，想看看孩子们到底在干些什么。

一些父母似乎比别人更加难以信任自己处于青少年期的孩子。这些父母往往把自己的恐惧、焦虑和内疚感投射到青少年身上。最感到恐惧的父母是那些最没有安全感的人，或者自己在成长过程中有困难的人。自身未婚怀孕或生育的母亲最关心的是她们女儿的约会和性行为。大多数青少年认为父母应该完全信任他们，除非他们做过什么让成年人不信任的事。

研究表明，父母的信任主要是基于他们对青少年的了解的多少，及了解哪些方面。清楚自己孩子每天的活动，会使他们对孩子有更多的信任，而知道孩子过去曾经干过坏事则是另外一回事。青少年每天都自动地向父母讲述他们的日常活动，则使他们在各方面都会得到信任（Kerr et al.，1999）。

二、亲子关系中的自主

每个青少年都有一个目标，就是被看作一个自主的成年人。要实现这一目标，青少年就要渐渐地脱离父母，成为一个独立的个体。在这一过程中，父母与青少年之间的联系改变了，但是它仍然维持着。青少年在进行个体化的同时，也在和父母建立亲近感。因此，青少年在寻求一种不同的与父母的关系的同时，沟通、关怀及信任仍然保持着。比如，他们形成了新的兴趣爱好、价值观和目标，并且可能形成与父母不同的观点。不过，青少年仍然是家庭的一分子，青少年和父母仍然期望从对方那里得到情感上的关怀。

（一）行为自主与情感自主

个体化是个体成长过程中的一个基本的组织原则（Gavazzi & Sabatelli，1990），它包含了个体在与他人的交往关系中建立自我理解和自我认同的不懈努力。在向成年期过渡的过程中，青少年需要建立一定程度的自主和自我认同，以表现成年人的角色和责任。而对父母仍然太过依赖的青少年不易和同伴建立起令人满意的关系（Schneider & Younger，1996）。

自主通常有两个方面的表现。其一是“行为自主”，它包括获得足够的独立和自由，在不过于依赖其他人的指导的情况下自行其是。其二是“情感自主”，它指的是抛弃儿童期那种在情绪情感上对父母的依赖。研究表明，行为自主这种自己做决策的能力在青少年期有很大的提升（Feldman & Wood，1994）。

青少年期望获得行为自主的方面包括衣着的选择或朋友的选择，但是在另外一些方面，比如教育规划，他们会听从父母的指导。青少年希望并且也需要在学会把握自主的同时，父母会慢慢地、一点点地给予他们相应的行为自主，而不是一股脑儿地抛给他们。如果给予自由太快，并且给得太多，则可能被解释为拒绝。青少年希望获得做选择的权利、发挥自己的独立性、与成年人辩论及承担责任，但是，他们并不想要完全的自由。拥有完全自由的那些人之所以担心，是因为他们知道自己不清楚如何去利用这种自由。

青少年期情感自主的获得并不如行为自主那么顺利，这往往有赖于父母的行为。有些父母一直鼓励过度的依赖。婚姻不愉快的父母有时会转向孩子以获得情感上的满足，并且变得对孩子过度依赖。如果鼓励依赖性的父母变得要求过分、过宽，甚至直到成年期都是如此，那么他们会干扰孩子作为成年人的能力。而一些一直受到父母支配的青少年开始接受并且喜欢上这种依赖。结果是青少年期延长了。比如，有些人在结婚以后更喜欢和父母住在一起，他们可能永远无法建立成熟的社会关系，建立自己选择的职业认同，或形成一个作为独立个体的积极的自我映像。过度依赖走向相反的极端是离开父母，这样青少年也就完全无法得到父母的指导或建议。所以，看来中庸一些比较好。

（二）亲近感与自主

亲近感和自主乍一看似乎是相互排斥的。你怎么能够既觉得和父母很亲密，又独立于他们呢？然而，大多数的研究者把这两种特质看成是互补的（Montemayor & Flannery，1991），并且认为最健康的家庭在独立和情感支持之间是平衡的。从这一点来看，存在两种家庭：其一，家庭成员很倚重亲近感——他们花很多时间在一起，想要知道彼此生活的方方面面；其二则相反，这种家庭中成员之间彼此疏离——没人知道别人每天在干些什么，他们的朋友是谁，他们看重的事是什么（Olson，1989）。

所以，就青少年和家庭的凝聚力来看，多了未必就好。这在很大程度上也有赖于青少年的年龄和家庭生活处于什么阶段。一般情况下，家庭凝聚力在婚姻的早期是最强的，这时候孩子还很小。孩子喜欢感受到自己是这种很亲密的家庭中的一员。在孩子长大成为青少年之后，大多数家庭的凝聚力就下降了。在孩子羽翼已丰离家远行时，家庭凝聚力（至少与青少年之间的凝聚力）常常是其最低潮的时候（Larson & Lowe，1990）。

青少年期低水平的家庭凝聚力是青少年开始寻求并变得自主的结果，是青少年在寻求个体化的过程中为自己刻画生活蓝图的结果。同时，父母也在为自己创造新生活的过程中越来越疏离孩子，以满足自己的隐私需要（Leigh & Peterson Eds.，1986）。这几方面综合起来就导致了在青少年阶段家庭凝聚力的下降。

进一步从父母和青少年之间的空间距离看，研究也表明，在家中，年长些的青少年在这一点上要大于年纪较小的青少年（Bulcroft et al.，1996）。这一结论也支持了年长的青少年比年纪小的青少年寻求更多自主和独立以及更多的个人空间的看法（Larson & Lowe，1990）。所以，在家庭的不同阶段与家庭的空间距离之间存在着一种清晰的、重要的关系。研究清楚地表明，年长的青少年与父母之间保持的距离平均比年纪小的青少年与父母之间的距离多70%。

要维持家庭功能，需要什么程度的家庭凝聚力？或什么程度的家庭凝聚力会导致家庭功能失调呢？最有效的家庭似乎是，随着孩子的成长，在他们长大为青少年时，高度的家庭凝聚力渐渐地过渡到一种更为平衡的亲密感，这在青少年寻求个体化的过程中会促进其自我认同的建立。

三、亲子关系中的监控

父母借以指导和控制其处于青少年期的孩子的方法各有千秋。大体上，这些监控有四种基本模式：一是“独裁型”，父母为青少年做所有的决定；二是“权威型”，决定由父母和青少年共同做出；三是“纵容型”，青少年在决策上的影响超过父母；四是“反复无常型”，控制不一致，有时是独裁型，有时是权威型，有时又是纵容型。每一种方式对青少年会产生什么影响呢？哪一种方式最为有效呢？

父母迷手机，孩子陷危机。

其一，独裁型的控制通常既会导致反叛，也会导致依赖。青少年被教会不容怀疑地听从父母的要求和决定，不要去尝试自作主张。在这样的环境下，青少年常常会对父母怀有敌意，深深地怨恨父母的控制和指手画脚，对他们也不太认同。当青少年成功地对父母的权威提出挑战时，他们可能会变得很反叛，有时表现得充满攻击性，尤其是父母在管教苛刻、不公平或毫无爱意地督促他们的时候。不过，在独裁型的家庭中长大的孩子所受到的影响也不尽相同。温顺者受到威吓，保持依赖（Fischer & Crawford，1992)；强壮者则反叛。但是，通常情况下，他们都会有情绪障碍和问题。反叛者在可能的情况下会离家而去；有些人甚至走上犯罪道路。

通过惩罚手段来进行控制所产生的影响通常是负面的。青少年会反抗父母通过苛刻的方式来迫使其完全服从所做出的努力（Henry et al.，1989)。而且，在父母使用苛刻体罚的家庭中长大的青少年，通常会模仿其父母的攻击行为；家庭暴力会引发更多的家里家外的暴力。在家里遭遇苛刻的处罚与青少年的同伴关系是联系在一起的。有些青少年的社会行为毫无约束，部分是由于他们模仿父母的攻击行为；在家里模仿好的榜样而学会对行为有所控制的那些青少年，也不太喜欢这些肆无忌惮的青少年（Feldman & Wentzel，1990)。

其二，父母对青少年的监控反映在另一个极端就是纵容。在这种家庭中，青少年得不到指导，父母对他们也没有限制，并且还希望他们自己拿主意。这种情形产生的影响也是形形色色。如果被过分溺爱又没有得到恰当的指导，这些被纵容的青少年将难以面对挫折、承担责任、对他人给予应有的关心。他们常常会变得咄咄逼人、自我中心、自私自利，与不会像其父母那样纵容他们的人发生冲突。由于对自己的行为没有约束，他们会感到不安全、迷茫、困惑。如果青少年把父母不对他们加以控制看成对他们不感兴趣或拒绝，那他们就会因父母不对他们进行指导而责备父母。管教松懈、拒绝及缺乏父母的关怀也与犯罪是联系在一起的。

其三，相对而言，权威型的家庭对青少年产生的影响是最积极的。和青少年交谈是最常用的管教方法，也是这一年龄段最好的方法。父母也鼓励青少年承担个人责任、自己做决定及自主。青少年在听取父母的意见、和父母讨论他们做出的解释时，也会自己做出决定。青少年也被鼓励逐渐地脱离家庭。研究表明，父母中至少有一个权威比两个都非权威的结果要好（McKinney et al.，2016；Simons & Conger，2007)。权威家庭的气氛可能就是充满尊重、赞赏、温情、接受以及教养方式保持一致（Necessary & Parish，1995)。在这种家庭长大的孩子，无论男女都很少会去惹是生非、违法犯罪。

其四，父母在管教上反复无常，就如同缺乏控制一样，会对青少年产生负面的影响。在管教方法上意见相左的父母更可能报告他们的孩子具有攻击性、自我控制差、不听话。如果孩子缺乏清晰明确的指导，他们就会感到迷惑和不安全。这样的青少年常常出现反社会行为、犯罪行为。他们通过更多的反叛性来反抗父母。父亲似乎比母亲更多地对儿子行使权威，而母亲则比父亲更多地对女儿行使权威。不过，只要父母不公开自己的意见不合，这样也是可以接受的。青少年自身的特点也会起作用，在那些容易冲动的青少年中，消极教养方式和问题行为之间的联系更强；在那些比较胆小的青少年中，同样的教养方式则会导致焦虑和抑郁（Chen & Jacobson，2012；Clark et al.，2015；Guyer et al.，2015）。

此外，有一些父母是非常顽固的。他们相信只有一种方法是对的，并且那就是他们自己的那种方法。这种父母顽固不化，拒绝改变自己的观念和行为反应。他们不会去讨论不同的观点，不允许争论，所以他们与自己处于青少年期的孩子永远不会相互理解。他们希望自己所有的孩子都吻合一个模子，最好言行举止、所思所想都一模一样。他们往往对少数族裔有偏见，或不喜欢与众不同的孩子。顽固的父母常常是完美主义者，所以他们在大多数事情上对自己处于青少年期的孩子的行为举止吹毛求疵、满腹怨言。其结果是破坏了青少年的自尊，造成难以承受的压力和紧张。很多这样的青少年一路伴随着焦虑长大，总害怕做错什么事或做得不够好。研究表明，忽视、敌意或虐待的教养方式对青少年的心理健康和发展有严重影响，导致他们出现抑郁和各种问题行为（Coley et al.，2008；Fosco & Feinberg，2018；Thomas et al.，2018）。严重的心理虐待（过度批评、拒绝或情绪恶劣）会带来非常负面的影响（Dube et al.，2003）。不幸的是，在贫困地区这种虐待司空见惯。受到身体虐待或忽视的青少年也更有可能遭受暴力、性虐待，被同龄人和兄弟姐妹伤害，以及在互联网上受到伤害（Fisher et al.，2015）。

父母除了定出规矩、进行处罚外，他们也对孩子的行为进行监督。成功的父母知道自己的孩子在做什么、去了哪里、和谁一起（Jacobson & Crockett，2000）。而且，在认为父母不会知道的情况下，青少年也不会去惹是生非。这些青少年不太可能从事犯罪行为、性行为（Ensminger，1990）以及滥用药物（Brown et al.，1993）。当然，纵容型的父母花在监督孩子上的时间比独裁型或权威型父母要少得多。

第三节 教养方式与亲子依恋

一、父母的教养方式

实际上，上述亲子关系中父母对孩子的监控从另一个角度来看就是教养方式的问题。

心理学家长期以来都在探索教养方式中能够促进青少年社会能力发展的成分。对教养方式的探讨可以围绕着四个维度来展开：接受性、反应性、要求及控制。上述四种教养方式都可以从这四方面加以描述。

在一项研究中，鲍姆林德（Baumrind，1991）分析了教养方式与青少年的社会能力。结果发现，父母的反应性（比如，细致周到及无私支持）比其他几个因素与青少年社会能力的联系更为密切。而在父母自己有问题行为时（比如，酗酒、婚姻冲突），青少年也很可能出问题，并且社会能力下降。其他的研究也发现，比起权威型的教养方式来，独裁型、纵容型的教养方式都不是有效的策略。

一般来说，权威型父母与积极结果呈正相关。父母为权威型的青少年一般都很独立、自信、富有创造性、善于交际（Collins & Laursen，2004）。权威型教养可以帮助青少年发展乐观和自我调节之类的特质，它们反过来对很多行为也有积极影响（Jackson et al.，2005；Purdie et al.，2004）。

其他几种教养方式都与某些负面结果相关，尽管负面结果的类型因具体的教养方式而有所不同（Goldstein et al.，2005；Simons & Conger，2007）。父母为独裁型的青少年依赖性强，被动，喜欢按规矩行事。他们通常不如其他青少年那样自信，不太有创造性，社会适应不太好。父母为纵容型的青少年一般不成熟，没有责任感。他们比其他青少年更容易听从同伴的指令。父母为忽视型的青少年一般容易冲动。一方面由于他们的冲动性，另一方面也是因为忽视型父母很少监控孩子的活动，他们出现问题行为的可能性更高，如违法犯罪、过早发生性行为、滥用药物和酗酒。

此外，值得特别注意的是，权威型父母最明显的特点是他们并不依赖父母角色的权威性让孩子听从他们的要求和指导。他们并不是简单地制定法则让孩子去遵守。相反，权威型父母向孩子解释要这样做的原因，并对如何指导孩子的行为进行讨论（Baumrind，1971；Steinberg & Levine，1997）。有学者总结了权威型教养方式的基本原则，可供家有孩子的父母参考（见表 7-1）。

表 7-1　良好教养的十项基本原则

1. 自己的所作所为非常重要。
2. 不要关爱过度。
3. 参与孩子的生活。
4. 根据孩子的特点调整教养方式。
5. 建立规则并设定限制。
6. 培养孩子的独立性。
7. 始终保持一致。
8. 避免严厉的管教。
9. 跟孩子解释规则和决定。
10. 尊重孩子。

资料来源：Steinberg，2005。

此外，文化差异的影响也不容忽视。在传统文化中，父母期望他们的权威被服从，不需要提出疑问，不需要进行解释（Levine & New，2008）。在西方文化以外，不仅在非工业化传统文化中，而且在工业化的传统文化中，情况都是如此，最明显的是在亚洲，如中国、日本、越南和韩国（Russell et al.，2010；Tseng，2004；Zhang & Fuligni，2006）。亚洲文化中有子女的孝道，意思是说孩子整个一生中都要尊重、服从并尊敬父母（Leung et al.，2010）。在其他传统文化中，父母的角色也比西方承载着更多的与生俱来的权威。父母对为什么应该受到尊重和服从不需要给出理由。父母就是父母，孩子就是孩子，这个简单的事实是他们要被看作权威的充分理由。

鲍姆林德（Baumrind，1987）认为，应把传统文化考虑进教养方式分类中去。相应地，她提出“传统型教养方式”（traditional parenting style）一词来描述传统文化中典型的教养方式。这种类型的父母反应性高，要求性高，并不鼓励讨论和争辩，而是认为父母具有天然的权威性，孩子应该服从。传统文化中的父母要求性高，他们对孩子的要求性通常带有比西方更典型、更不可妥协的特点。同时，非工业化传统文化中的父母和青少年通常会建立一种在西方家庭中几乎不可能有的亲密感，因为他们朝夕相处、相互支持（男孩与父亲、女孩与母亲），而这种方式在工业化社会的经济结构中是很难做到的。在亚洲这样的工业化传统文化中，父母和青少年也会保持这种强烈的亲密感，他们相互依赖、共同参与活动和履行各自的义务（Hardway & Fuligni，2006；Lim & Lim，2004）。研究发现，欧裔美国人家庭中的权威型父母比非裔、亚裔或西班牙裔家庭中更多（Qu et al.，2016）。“虎妈”（Chua，2011）式教养方法或许可以提高学习成绩，但也会增加青少年的焦虑和痛苦（Kim et al.，2015）。在许多亚洲家庭和亚裔美国人家庭中，父母采用的教养方式可能被误称为独裁型，而实际上它更适合被理解为保护型或“严肃而亲密型”（Chao & Otsuki-Clutter，2011；Zhang et al.，2017），而且它不会产生与独裁型教养方式可能产生的负面影响。

关于教养方式，有几点值得注意：首先，教养方式并不一定代表了交互社会化及同步性的主题。要记住的是，青少年对其父母进行的社会化，正如父母对他们的社会化一样。其次，很多父母使用多种教养方式，而不只是仅仅使用一种单一的方式，只是某一种方式可能起主导作用。尽管专家提倡的是一致的教养方式，但是，聪明的父母可能会觉得在一些场合可以宽容些，一些场合可以表现得独裁些，而另一些场合则可以权威些。

二、自主的获取

在青少年成功地适应社会的过程中，依恋和自主具有特殊的重要性。青少年和他们的父母生活在一个相互协调的世界中，这一世界包含了自主和依恋。

（一）自主的体现

青少年的自主不是在各种行为中一致表现出来的单一个性维度（Hill & Holmbeck，1986）。比如，在一项调查中，青少年被问及25个与从家庭中独立有关的问题（Psathas，1957）。通过分析，研究者提出了青少年自主的四种典型维度。其一被称为“户外活动的容忍度”，比如问：“你必须向父母解释你的钱是怎么花的吗？”其二是“年龄相关活动的容忍度”，比如问：“你父母帮你买衣服吗？”其三是“父母对意见的尊重"，比如："在家里讨论问题时，你父母鼓励你发表自己的意见吗?"其四是"有身份地位含义的活动"，比如父母对职业选择的影响。

青少年期所特有的独立性的增强，被一些父母认为是反叛，但是，在很多情况下，青少年对自主的争取却与他们对父母的感情没有任何的关系。心理气氛健康的家庭都会适应青少年对自主的追求，这些家庭以更为成人化的方式来对待青少年，并让他们更多地参与家庭的决策。心理气氛不够健康的家庭常常保留了父母主导的控制方式，并且在与孩子的关系上父母基本上采取独裁的姿态。

针对我国青少年的研究发现，我国城乡青少年对父母权威的认同程度较高，而期望获得行为自主的年龄较晚；青少年对父母权威的认同程度越高，对与父母发生分歧的接受性越高，其与父母的关系越亲密；那些期望在较晚年龄获得行为自主的青少年，与父亲的冲突较多，但与母亲较亲密（张文新等，2006）。

（二）父母控制方式的影响

重要的是要认识到父母的控制会表现为不同的方式。一项研究发现，青少年的适应有赖于父母所采用的控制方式（Keener & Boykin，1996）。"心理操控"（psychological manipulation）和"强加内疚"（imposition of guilt）的控制方式与青少年低水平的社会适应状况相联系；父母了解孩子的活动、努力控制其异常举止以及不苛刻的控制方式，与青少年较好的适应相联系。

对于很多父母来说，青少年对自主的要求及责任感引发了困扰和冲突。通常，这些父母在青少年寻求自主和个人责任感的时候，其强烈的愿望就是采取更为强硬的控制。紧跟着可能就是火爆的情绪反应，并伴随着叫骂、威胁，以及做任何看来有助于获得控制的事。父母可能会变得很有挫败感，因为他们期望自己的孩子留意他们的建议，期望孩子愿意花时间和家人在一起，期望孩子长大成熟懂得做什么才是对的。为此，他们会先想到孩子可能在适应青少年期所带来的变化时有一些困难，但是，很少有父母能够准确想象和预测到青少年希望和同伴在一起的愿望的强烈程度，以及孩子是多么希望表明是他们自己而不是父母对其成功或失败负有责任。

对于自主而言，尤为重要的一个方面是"情感自主"——放弃儿童那样的对父母的依赖。在发展情感自主的过程中，青少年渐渐地对父母"去理想化"，把父母看成普通人，而不是具有养育角色的人物，他们对父母直接情感支持的依赖变得越来越少。

父母爱控制，孩子受限制。

总之，在青少年期，成年人通过对青少年的愿望做出的适当反应，使得他们获得了自主及控制自己行为的能力。在青少年期刚刚开始的时候，一般人并不清楚怎么为生活中的各种问题做决定。在青少年努力寻求自主时，聪明的成年人会在青少年能够做出合理决定的领域放弃对他们的控制，并继续在青少年还不太清楚的那些领域对他们进行指导。逐渐地，青少年会获得自己做出成熟决定的能力。

三、依恋的延续

当然，值得注意的是，青少年并不是简单地脱离父母的影响而进入一个独立决策的世界。在获得越来越多的自主之时，他们仍然对父母有所依恋是其心理健康的表现。

（一）青少年依恋类型的表现

依恋理论家，比如英国的鲍尔比（Bowlby，1989）和美国的安斯沃斯（Ainsworth，1979），都认为婴儿期安全的依恋是儿童社会性发展的核心。在安全的依恋中，婴儿把照料者，通常是母亲，作为其探索环境的安全基地。安全依恋在理论上被认为是之后儿童期、青少年期及成年期心理发展的一个重要基础。在不安全依恋中，婴儿要么回避照料者，要么对其表现出很大的抗拒，要么是一种矛盾的表现。不安全依恋在理论上被认为与日后发展过程中的人际关系困难和问题有关。

很多研究在评估青少年期的安全依恋和不安全依恋时，使用的是“成人依恋访谈”（George et al.，1985）。它测查的是个人对重要的依恋关系的记忆。基于此，可以把“安全-自主”型的人（其在婴儿期具有安全依恋）区分出来，或者确定个体是属于以下三种不安全依恋中的哪一种：

其一是回避型的依恋。在这种不安全依恋中，个体无视依恋的重要性，这与依恋需要被照料者拒绝的经验一致。这种依恋关系的一个可能结果是父母和青少年都远离对方，从而减少了父母的影响。研究表明，这种依恋与青少年的暴力和攻击行为息息相关。

其二是矛盾型的依恋。在这种不安全依恋中，青少年过分注重依恋经验，这主要是由青少年并不总是能够接近父母而导致的。它可能会引发高度的“依恋寻求”行为，并且伴随着愤怒的情绪。在这种依恋关系中，父母和青少年之间的冲突不计其数，不利于青少年的健康发展。

其三是混乱型的依恋。在这种不安全依恋中，青少年的恐惧水平超乎寻常，并且可能迷失方向。这可能主要是由父母去世或受父母虐待等创伤经验导致的。

（二）依恋类型对青少年发展的影响

安全依恋与青少年期的相关概念（比如，与父母的亲近感）之间的关系的研究表明，青少年对父母的安全依恋会促进青少年的社会能力及幸福感，这些都可以反映在自尊、情绪调节和身体健康等方面（Cooper et al.，1998）。一些研究（Allen et al.，1994，1996）发现，有安全依恋的青少年其涉足问题行为的可能性微乎其微。另一项研究表明，对母亲及父亲的安全依恋都与青少年的同伴关系及友谊有正相关（Lieberman et al.，1999）。

研究表明，对父亲有安全依恋感的青少年会觉得自己有能力，与他人相处融洽；他们在学校表现不错，自尊较高，不太可能惹上问题行为（Noom et al.，1999），并且也不太可能陷入抑郁（Kenny et al.，1998）。安全依恋的青少年与不安全依恋的青少年之间的差异，在他们感受到压力时表现得最为突出。

在婴儿期和青少年期，如果孩子们觉得与父母很亲密，自信拥有父母的爱与关心，他们在成长过程中就能形成一种健康的自主感。在婴儿期享有安全依恋关系的人在青少年期会有一个更积极和健康的内部工作模式，而在婴儿期没有安全依恋的人则会有一个不那么积极的模式（Dykas et al.，2014；Kobak & Madsen，2011）。从婴儿期就出现不安全依恋的个体，在以后的恋爱经历中对被他人拒绝更加敏感，这种特质被称为拒绝敏感性（Norona et al.，2014；Rowe et al.，2015）。拒绝敏感性高的人更有可能出现抑郁和焦虑的症状，这反过来又会导致拒绝敏感性变本加厉（Davies et al.，2014；Hafen et al.，2014）。经常被父母或同龄人嘲笑外貌的青少年，可能会对因为他们的外表而被别人拒绝变得特别敏感（Webb et al.，2015）。

追踪研究也发现，缺乏安全感的儿童在童年和青春期更容易出现心理和社会问题，包括不良的同伴关系（Weinfield et al.，1997）和不良的自我调节（Martin et al.，2017；Farley & Kim-Spoon，2014）。有安全依恋的婴儿更有可能成长为有社会能力的青少年和成年人（Raby et al.，2015）。与同龄人的积极关系的好处也延伸到青春期以后。在青春期与同龄人建立健康亲密关系的人在心理上更健康，他们在成年后对生活更满意（Raudino et al.，2013）。

在青少年探索一个更为宽广而复杂的社会世界时，父母是重要的依恋对象、资源及支持系统。在大多数家庭中，父母与青少年之间的冲突并不太严重，只是中等水平；而且，每天的谈判和小争端都是习以为常的，它们对促进独立和自我认同的发展有积极的作用。

第四节　亲子冲突

人们通常有一种看法：有一道鸿沟，即所谓的代沟，把父母和青少年分割开来；也就是说，在青少年期，青少年的价值观和态度变得越来越远离父母的价值观和态度。在很大程度上，代沟是一种刻板印象。比如，大多数青少年与他们的父母对努力工作的意义、成就及职业期望等都有相似的看法（Gecas & Seff，1990）。他们也常常有相似的宗教信仰和政治信仰。实际上，只有少数青少年（也许是20%～25%）与父母有较为激烈的冲突，绝大多数冲突的程度是中等的或较低的（方晓义等，2003；王美萍，张文新，2007）。

当然，青少年阶段亲子冲突比儿童阶段肯定是增多了，很多父母都感觉孩子进入青春期后突然开始喜欢顶嘴和不服管教了，但事实上青少年并非为了叛逆而反抗父母（Darling et al.，2007）。认知领域的研究发现，父母感知世界的方式和青少年期孩子可能截然不同（Abar et al.，2014；Human et al.，2016；Laursen & DeLay，2011）。青少年社会认知的发展特点决定了他们对情绪性信息更敏感，他们更有可能将父母严肃的表情理解为愤怒（Nelson et al.，2005），在跟父母交流的时候甚至会反应过度（Pfeifer & Blakemore，2012）。对于那些更敏感的青少年来说，亲子冲突产生的影响更消极（van Lissa et al.，2017）。

家庭冲突会造成青少年的心理问题和情绪困扰（Klahr et al.，2011）。追踪研究发现，那些在青春期与父母有更多冲突的人，到了青少年后期、青年期和中年期也会有更多问题（Berg et al.，2017）。父母的频繁批评会对青少年的情绪产生不利影响，提高他们的皮质醇水平，进而影响他们的身体健康（Griffith et al.，2018；Lippold et al.，2016）。而且，家庭内的冲突会影响青少年的学校生活和友谊关系，造成更多的问题和情绪困扰（Chung et al.，2011；Timmons & Margolin，2015）。

一、亲子冲突的特点

在青少年早期，父母与青少年之间的冲突与日俱增，超过之前父母与儿童之间的冲突（Smetana et al.，2003）。这种增长可能是由很多包括在青少年的成熟和父母的成熟中的因素造成的，比如青春期的生理变化、思维变化中反映出来的理想主义、逻辑推理、与独立和自我认同有关的社会性变化、对父母期望的违背，以及与父母中年期联系在一起的生理、认知和社会性方面的变化。研究也表明，与青少年期之前相比，亲子冲突在青少年早期急剧增加，持续几年都保持高水平之后，在青少年后期减少（Laursen et al.，1998；Hadiwijaya et al.，2017）。一项纵向研究通过八年的追踪，分析了五种场合下美国母亲和儿子之间的交往录像，结果显示从学龄儿童期到青少年期冲突是在增加的（见图 7－1；Granic et al.，2003）。国内的研究发现，青少年母亲的支持高于父亲的支持，母子冲突高于父子冲突；随年级升高，父母支持减少，亲子冲突增多（刘海娇等，2011）。

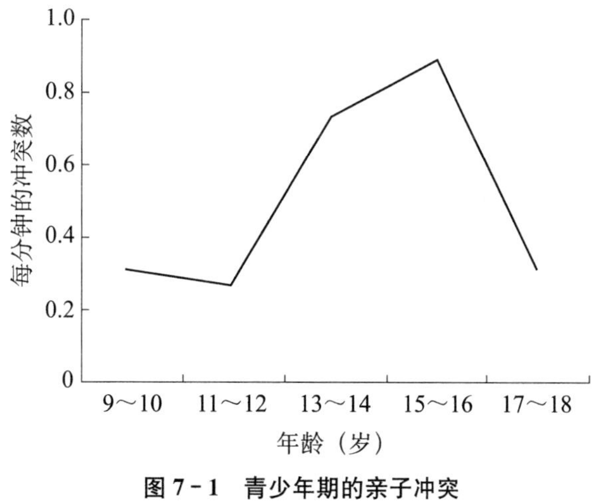

图 7－1　青少年期的亲子冲突

在青少年早期和中期，父母和青少年之间发生的疏远是暂时的。到了青少年后期，父母与子女的关系开始变得不那么冲突，而且更加亲密；在青少年进入青年期后，他们对家庭的认同感和责任感会增加（见图 7－2；Tsai et al.，2013）。尽管如此，频繁的争吵还是会对父母和青少年造成极大压力，影响双方的心理健康（Ohannessian et al.，2016）。

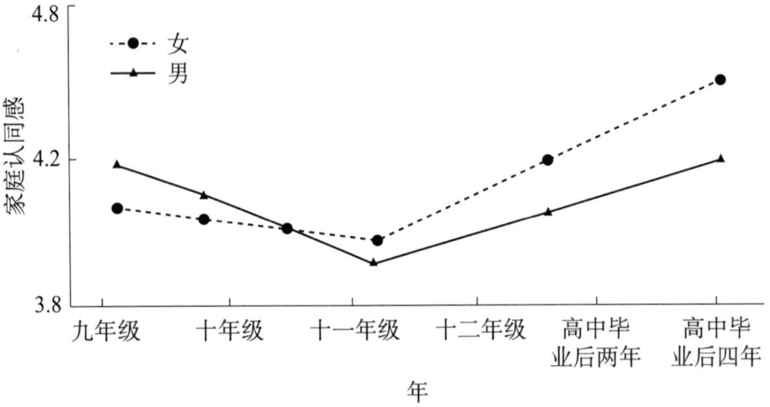

图 7－2 青少年对家庭的认同感

资料来源：Tsai et al.，2013。

尽管与父母的冲突在青少年期是增加了，但是并没有达到 20 世纪初斯坦利·霍尔所描述的那种严重程度（Holmbeck，1996）。相反，很多冲突是反映在家庭生活的日常琐事中的，比如，房间要保持干净，穿衣要整洁得体，要在规定时间之前回家，不要没完没了地打电话，等等。而对于像吸毒和青少年犯罪这样的严重问题，则很少会发生冲突。事实上，研究表明青少年与父母之间的情感距离很小（Laursen & Collins，2009）。虽然有些家庭存在严重的问题，但绝大多数青少年感觉与父母是亲近的，父母对孩子有基本的尊重和关爱（Steinberg，2001）。

在一项对大量的社会关系中的冲突进行的研究中，研究者发现青少年与其母亲的不一致多于其他任何人——排在后面的依次是朋友、恋人、同胞、父亲、其他成人及同伴（Laursen，1995）。在另一项对 64 名高中一年级学生的研究中，在为期三周的时间内，研究者随机挑选三个晚上在家里对这些学生进行访谈（Montemayor，1982）。研究要求青少年谈谈前一天晚上的事，包括他们与父母发生的任何冲突。在此，冲突被界定为“要么你嘲笑父母或父母嘲笑你，你和父母意见相左，你们其中一方对对方感到愤怒，你和父母发生争吵或争论，或你们其中一方打了对方”。在对这 64 名青少年 192 天的追访中，每名青少年平均和父母发生了 68 次争论。这意味着每天和父母有 0.35 次争论或每三天有一次争论。这些争论平均长度为 11 分钟。大多数的争论是和母亲发生的，并且，大多是在母女之间。

此外，冲突激烈也是某些父母与青少年的关系的特征。据估计，在大约 20%的家庭中，父母和青少年之间存在漫长的、剧烈的、反复的、不健康的冲突（Montemayor，1982）。尽管这一数字反映的只是少数青少年，但是它也表明有数以百万计的家庭遇到了严重的、剧烈的亲子冲突。并且，这种漫长的、剧烈的冲突是和大量的青少年问题联系在一起的——离家出走、青少年犯罪、辍学退学、怀孕及早婚、加入邪教组织、吸毒等（Brook et al.，1990）。

尽管一些情况下这些问题是由父母与青少年之间剧烈而漫长的冲突引起的，但在另一些情况下，问题可能在青少年期开始以前就已经留下了根源。只是由于儿童身体上比父母弱小得多，父母能够压制反抗行为。但是到了青少年期，身形及力量的增加就可能使青少年无视或对抗父母的要求。

有研究者（Smetana，1988，1997）相信，如果考虑到青少年正在变化的社会认知能力，就能够较好地理解父母与青少年之间的冲突。研究发现，父母与青少年之间的冲突与他们提出有争议的问题的方式有关。比如，就父母不喜欢孩子穿衣打扮的方式这一问题，青少年常常把它看成个人问题（“这是我的身体，我想怎么做就怎么做”），而父母往往从更广的意义上来看这一问题（“要看到，我们是一家人，你是其中一分子，你有责任为我们而穿得合适点”）。很多这样的问题穿插在父母与青少年的生活中，比如保持房间干净、宵禁、慎重交友等。在青少年越来越大时，他们更可能从更广的意义上来看待父母的观点和这些问题。

二、冲突的焦点

那么，在青少年与父母发生冲突的时候，他们是因为什么事而发生冲突呢？亲子冲突的焦点是什么呢？研究发现，亲子之间一旦发生冲突，其焦点可能集中在五个方面（Laursen，1995）。

一是社会生活和习俗。青少年的社会生活和他们所看到的社会习俗可能比其他方面使他们更容易与父母发生冲突。这当中通常最容易出现摩擦的有：朋友或恋人的选择；可以外出多长时间；外出可以到什么地方，可以参加什么类型的活动；宵禁的时间；什么时候可以约会、开车或参加某些活动；谈恋爱；衣服和发型的选择（Smetana & Asquith，1994）。父母最为抱怨的是孩子不回家，不花时间和家人在一起。

二是责任感。在青少年显得不负责任时，父母是最为恼火的。父母希望孩子在以下方面负起责任：做家务；挣钱和花钱；注意自己的财物、衣服和房间；开家里的车；打电话；为外人做事；家庭财产的使用（家具、工具、器材等）。

三是学校。青少年的在校成绩、在校表现以及对学校的态度，都会引起父母的很多注意。父母特别关心的问题是：学校成绩和水平；学习习惯和家庭作业；出勤情况；对学校学习和老师的基本态度；在校行为。有时，给青少年的学习压力太大，会导致低自尊、异常举动以及在实现家庭设定的目标过程中产生失败感。

四是家庭关系。这方面的冲突来自以下几方面：不成熟的行为；对父母缺乏尊重；和兄弟姐妹吵架；与亲戚的关系不好，特别是在家里与老年祖父母的关系；在家里要求自主。

五是价值观和道德。这方面父母尤其关心的是：酗酒、抽烟、滥用药物；语言和言语；基本的诚实；性行为；遵守法律，少惹麻烦；上教堂。父母特别担心青少年的性行为。有趣的是，母女关系的质量是女儿性经验的最好预测变量：女儿和母亲的关系越融洽，其发生婚前性行为的可能性越小（Inazu & Fox，1980）。

冲突通常发生在人们的期望被违背的时候。在青少年期，尤其可能发生这种情况，因为青少年变化很快（因此，父母的期望可能跟不上了），也因为青少年对自己的成熟度和能力的看法不稳定（Collins et al.，1997）。青少年期望获得自主的时间比父母所认为合适的时间要早，这也许是因为他们觉得自己比实际的年龄要大。

青春期叛逆，沟通换模式。

应该指出的是，在某些文化背景中的冲突比在其他的文化背景中要小。有研究者（Verma & Larson，1999）对印度中产阶层的青少年及其家庭进行了六个月的研究。研究观察到，在印度，父母与青少年之间似乎不存在冲突；并且，按照鲍姆林德的概念体系，很多家庭可能被认为是“独裁型”。研究同时观察到，印度青少年不会经历一个脱离父母的过程，并且父母会为年轻人选择他们的配偶。可见，亲子冲突的问题存在着文化差异。

三、影响亲子冲突的因素

青少年与父母之间的冲突，既受到他们个性特点的影响，又受到性别、年龄及家庭环境方面的特点的影响。

（一）个性差异

父母与青少年的误解可能来自成年人与年轻人的两种不同个性类型。父母由于多年的经验积累会站在一个居高临下的位置，认为年轻人没有责任感、鲁莽冲动、幼稚天真，甚至在面对机会而无法抓住时也不明白自己的懵懂无知。父母担心孩子出事故、受伤害、违法乱纪。青少年则认为父母谨慎有余、担心过度。那些认为青少年很难相处的父母与青少年的关系更差（Jacobs et al.，2005；Martin et al.，2017）。这可能是“自我实现预言”导致的，意思是个人的行为受到之前的期望或观念的影响。

中年父母常常把今天的青少年及其生活方式与他们自己的过去进行比较。父母常常会受到“文化滞后”的困扰——这使他们无助乏力和显得有点孤陋寡闻。青少年有一种倾向，即泛化父母作为教育者的无能为力，并质疑他们的可信度。事实上，有证据表明青少年不得不对父母进行社会化，为他们带来最新的时代观念。

父母也会变得对人性有点愤世嫉俗，对改变世界及世人的努力有点幻灭感；他们不得不接受某些现状。青少年却很理想化，对接受现状的成年人没有耐心。他们想在一夜之间改变世界，当父母不同意他们的“正义”举动时，他们会变得恼怒。

青少年对成年人也会变得警惕小心，主要是因为他们认为大多数成年人太喜欢批评人，而不是去理解他们。认为父母过度控制的青少年更可能会变得叛逆（van Petegem et al.，2015b）。青少年觉得自己有很好的想法，有些事情知道得比父母还多；并且，因为想变得成熟，所以他们可能会嘲笑父母的建议或想法。成年人对批评和拒绝则报以愤怒和伤害。

虽然很多父母认为，孩子进入青春期后就自然而然变得叛逆，但是研究发现，青少年很少仅仅为了叛逆而反抗父母（Darling et al.，2007）。事实上，当他们认为家长干涉的问题属于道德问题（如考试作弊）或涉及安全问题（如酒后驾车）时，他们更愿意接受父母设定的规则；但当他们将问题视为个人问题（如参加聚会时穿什么衣服）时，他们就不太愿意服从父母的权威了（Jackson，2002；Smetana & Daddis，2002）。青少年认为，父母有权设定的规则应该遵守，但超出父母权力的部分，他们更倾向于坚持自己的选择（Kuhn et al.，2014；Smetana & Villalobos，2009）。研究发现，那些认为父母拥有更多合法权力的青少年的问题行为较少（LaFleur et al.，2016；Pérez et al.，2016；Trinkner et al.，2012）。

某些年龄渐长的成年人对年龄的增长会过于敏感。因为他们讨厌被认为变老了，所以他们更加关心保持青春。如果父母走极端，把这种不安全感带到衣着和行为中，那么这很可能会引起自己孩子尴尬的羞辱，以及其他青少年的嘲笑。成年人对与年龄相符的行为的看法，常常比青少年的想法更为死板僵化。由于年龄和经验的影响，成年人往往更注意与年龄相符，注意社会压力。青少年则更容忍违背年龄标准的做法，部分原因是社会变化太快了（Roscoe & Peterson，1989）。父母和青少年彼此都从带有偏见的角度来看对方，这无助于他们相互理解。

最后，青少年自身的特点和父母的行为之间可能是相互影响的。比如，父母严厉的管教可能会导致青少年问题行为增加；但当青少年表现不好时，父母的反应也会变得更加严格、过度控制或疏远（Moilanen et al.，2015；Pinquart，2017；Wang & Kenny，2014）。教养方式和青少年自身特点的相互作用是如此强烈，以至于可能会促进教养方式的跨代传递（Deater-Deckard，2014；Kerr et al.，2009）。父母通过打孩子来惩罚孩子可能会导致孩子更具攻击性，当他们长大成为父母时，他们更可能会通过体罚教育自己的孩子。

（二）性别及年龄

青少年的性别本身似乎并不会对家庭内的冲突产生很大的影响（Bosma et al.，1996），不过它与青少年的年龄以及父母的性别的交互作用会导致不同的冲突模式。在青少年早期，女孩就经常和父亲发生争吵，而男孩主要是在青少年后期和父亲争吵（Comstock，1994）。

青少年与母亲发生冲突的类型不同于与父亲的冲突，因为他们往往有不同类型的关系。青少年很典型地认为父亲的权威多于母亲，再加上他们与母亲在一起的时间更多，所以他们和母亲的争论就更多。但是，冲突并不意味着不喜欢或缺乏亲密感。和父亲相比，大多数青少年觉得和母亲更为亲密，更能够开放地和母亲进行沟通（Furman & Buhrmester，1992），并且母亲对青少年的影响也更大（Greene，1990）。

青少年期亲子冲突变多的一个原因是，小时候他们认为父母有权约束他们的行为，现在变成了个人选择，比如晚上什么时候必须回家。这类研究结果在不同地区的国家都是如出一辙（Hasebe et al.，2004；Milnitsky-Sapiro et al.，2006；Smetana，2005），当父母试图管束青少年那些他们认为是个人问题的事情时，青少年就会形容父母过度控制。此外，由于青少年认知能力的增强，他们理解家庭行为规则的方式也会发生改变。儿童期不会质疑父母的孩子，到了青少年阶段更有可能会分析父母行为背后的逻辑。青少年对保密的期待远高于父母（Smetana et al.，2006）；随着年龄的增长，青少年对父母撒谎的意愿增加，尤其是在青少年认为是私人的事情上（Rote & Smetana，2015）。

随着青少年年龄的增长，他们越来越认可父母，争吵也越来越少。这是因为孩子到18～19岁时，父母通常会给予他们所想要的自主和自由。而早一些时候，在青少年中期，尤其是在青少年早期，冲突往往是一触即发。在这一年龄段，青少年所要求的自由可能被父母认为是不合适的，他们也想摆脱父母认为他们应该承担的责任。一项元分析进一步确认了这种趋势：在整个青少年期，冲突的发生率会不断下降。然而，随着青少年的成熟，所发生的冲突则更为剧烈，并带有更多的情感色彩（Laursen et al.，1998）。

（三）家庭环境

家庭气氛会对冲突产生影响。各种类型的冲突往往是发生在独裁型的家庭，而不是民主型的家庭。在独裁型的家庭中，在花钱、社会生活、户外活动及家务活方面，会有更多的冲突。父母之间的冲突也会影响家庭气氛，对青少年产生有害的影响。父母与青少年之间的冲突水平，部分地决定于家庭环境。充满温情和支持的家庭气氛会使双方就分歧进行成功的谈判，因而有助于把冲突降到中等以下的水平。然而，在敌意和强制的条件下，父母和青少年不可能解决分歧，冲突会演变至失控的水平（Rueter & Conger，1995）。在报告有问题的青少年和父母中，在童年时期绝大多数关系就已经出现问题（Laursen & Collins，2009），那些一开始关系就不亲密的家庭中，在孩子进入青少年期后，家庭关系质量更可能出现明显下降（Laursen et al.，2010）。只有极少数在童年时期享有积极关系的家庭在青春期出现严重问题。

家庭的社会经济地位是影响冲突的另一个因素。低社会经济地位的家庭往往更加关注服从、礼貌和尊重，而中产阶层家庭则更关心发展独立性和创造性。低社会经济地位的家庭也可能更关心孩子不要在学校惹是生非，而中产阶层的父母则更关心学习成绩。

家庭规模也是一个重要的变量，至少在中产阶层家庭是这样。中产阶层家庭的规模越大，父母与青少年的冲突的程度就越大，父母越是经常利用强力对青少年进行控制（Bell & Avery，1985）。

父母如何获取孩子的信息也很重要。比起直接询问，选择偷偷窥探孩子的秘密更可能导致冲突（Hawk，2017；Hawk et al.，2016）；而那些尚未建立起积极亲子关系的父母，对孩子的监督也可能导致冲突（Lippold et al.，2014）。如果父母本身就存在心理问题，那么他们与青少年孩子的互动更有可能出问题，进而对青少年产生不利影响（Yap et al.，2010）。

另一个影响冲突的因素是父母的工作负担。在父母都感到有压力时，青少年期的冲突是最大的。当父亲和母亲都由于工作而有压力时，更是雪上加霜（Galambos et al.，1995）。在父母两人都必须工作以维持家计时，父母对青少年的注意和监督就减少了。这种必要的监督的减少，是某些家庭出问题的主要原因。有些父母尽管两人都工作，但在养育孩子方面做得很出色；而有些父母实际上差不多完全忽视了其养育责任，任由孩子自己照料自己。

（四）文化

各种文化中父母与青少年之间的冲突并不具有典型性（Arnett，1999）。在传统文化中，父母和青少年很少会发生频繁琐碎的小冲突，但这种小冲突在美国主流文化中却司空见惯。亲子冲突也有经济上的原因。在传统文化中，家庭成员在经济上互相依赖。在许多文化中，家庭成员每天有大量时间一起度过。儿童和青少年依靠父母来获取生活必需品，父母依靠孩子贡献劳动力，所有的家庭成员通常都要相互帮助、相互扶持。在这种情况下，家庭成员在经济上相互依赖，因此保持家庭和谐至关重要。

在传统文化中，父母和青少年之间的冲突水平更低，这不仅仅有经济上的和日常生活结构上的原因。父母和青少年之间冲突水平较低，不仅存在于在非工业化传统文化中，也存在于工业化程度高的传统文化之中，如日本、韩国以及亚裔美国人和拉美裔美国人文化，美国社会也有这种现象（Calzada et al.，2010；Harwood et al.，2002）。这一点表明比经济更重要的原因是关于父母权威以及青少年独立性的适当程度的文化信仰。

传统文化中父母角色比西方文化中带有更大的权威性，因此这些文化中的青少年不太可能向父母表示不同意和不满（Arnett，1999；Phinney et al.，2005）。这并不意味着传统文化中的青少年有时候也想要抗拒或公然反抗父母的权威（Phinney et al.，2005；Phinney & Ong，2002）。在有些文化中，父母和其他年长者具有很高的地位，并以直接或间接的方式被不断强调，在这种文化中成长的青少年，不太可能质疑父母的权威。这样的质疑并不是他们文化信仰的一部分。即使不同意父母的意见，他们也会因为自己的责任和对父母的尊重而含而不露（Kapadia，2008）。

理解传统文化中父母与青少年的关系时最关键的一点是，独立对西方青少年来说至关重要，在非西方文化中并没有受到如此推崇。在西方，调整青少年自主性增加的步调通常是父母与青少年之间冲突的来源。但是，在西方，父母和青少年一致认为独立是青少年进入成年期的终极目的（Aquilino，2006）。

在其他文化中，独立并没有被看成青少年发展的结果（Levine & New，2008；Russell et al.，2010）。在经济上、社会上甚至心理上，家庭成员之间的相互依赖比独立更重要，不仅是在青少年期，整个成年期也莫不如此（Markus & Kitayama，

2003；Phinney et al.，2005）。传统文化中家庭成员在经济上互相依赖，因此独立会被认为是以自我为中心。青少年期自主性的大大增加，为西方青少年在个人主义文化中的成年生活做好了准备。而在传统文化中，学会压抑自己的不同意见，屈服于父母的权威，也可以让青少年为成年生活做好准备。

此外，青少年期的亲子冲突还表现出时代特点。跨文化研究表明，不管经济、政治和文化环境如何，对16个欧洲国家的调查显示，青少年与父母之间存在沟通困难和问题的比例在1990年代中期有所增加，到了1990年代后期至2000年代中期有所下降（Tabak et al.，2012）。

关键术语

亲子关系，亲近感，心理自主，监控，教养方式，权威型教养方式，独裁型教养方式，纵容型教养方式，亲子依恋，亲子冲突

内容要点

1. 青少年与父母之间的关系被视为“交互社会化”的过程，包含青少年使父母社会化的过程，就像父母使他们社会化一样，或称作亲子间的“相互影响”或“双向影响”。

2. 关于亲子关系如何建构，“发展建构观”认为，随着个体的成长，他们获得了与他人交往的模式。这种观点有两点最主要的不同：一是强调生命全程中关系的连续性和稳定性，二是强调生命全程中关系的不连续性和变化。

3. 在亲子关系中，青少年希望父母能够表现出三方面的品质，即“亲近感”“心理自主”“监控”。

4. 根据“接受性-反应性”维度和“要求-控制”维度，父母教养方式可以分为四种类型，即权威型、独裁型、纵容型、反复无常型。权威型教养方式最有利于孩子的发展。

5. 青少年的亲子依恋类型可以分为安全型、回避型、矛盾型和混乱型。其中，安全型依恋会促进青少年在各个方面的发展和社会适应。

6. 青少年并不是简单地脱离父母的影响而进入一个独立决策的世界。在他们获得越来越多的自主的时候，仍然对父母有所依恋是其心理健康的表现。

7. 只有少数青少年（也许是20%～25%）与父母有较为激烈的冲突，亲子之间绝大多数冲突的程度都是中等或较低的水平。

8. 亲子之间一旦发生冲突，其焦点可能集中在五个方面：社会生活和习俗、责任感、学校、家庭关系，以及价值观和道德。

9. 青少年和父母的个性差异、性别及年龄、家庭环境和文化等因素会影响青少年期的亲子冲突。

复习思考

1. 如何理解亲子关系的交互社会化?
2. 青少年理想的父母在哪些方面有特别的表现?
3. 如何理解青少年既要追求自主，又需要父母的监控?
4. 能对青少年产生积极影响的教养方式是什么样的?
5. 青少年期的亲子冲突表现出哪些特点?
6. 采取什么方式可以降低亲子冲突对青少年的伤害?

第八章

青少年的同伴关系

开脑思考

1. 随着互联网的发展，在线社交网络也成了人们人际交往中的一部分。你认为在线社交网络可以为人们带来更加广泛、更加密切的人际关系吗？还是说它会使得人们之间的关系变得更加疏远？

2. 在中学，我们时常可以看到一些学生欺负另一些学生。欺负者到底是为什么要这么做？受欺负者又是因为什么成了“倒霉蛋”？是因为他们身材瘦弱，还是羞怯退缩？

3. 你上中学的时候有同学谈恋爱吗？当时学校、家长、同学们是什么态度？你认为青少年谈恋爱会产生什么影响？是值得鼓励呢，还是应该严令禁止？

学习重点

1. 领会青少年同伴关系的重要性、同伴地位的类型及影响因素；
2. 理解同伴交往过程中出现的欺负和服从行为、朋党和团伙的作用机制；
3. 把握青少年在友谊和亲密关系中的表现及其影响因素。

个体在向青少年期过渡的过程中，独处的时间及与朋友在一起的时间与日俱增，而与父母在一起度过的时间却急剧减少。青少年同伴关系的特点与他们青春期的生理发育、认知变化和社会性发展息息相关（Dijkstra & Veenstra，2011）。青春期的发育激发了青少年对人际关系的更多兴趣，并使他们与父母保持距离，而认知的发展促进了他们对社会关系的复杂理解，他们开始进行抽象的分类，寻求个体的群体属性。这种社会身份的变化和中学更大、更匿名的社会环境迫使青少年去寻找他们认为有共同兴趣和价值观的人，形成一种不同于童年时期友谊的更小、更亲密的群体（Brown，2004）。

对于青少年同伴团体，可以从“团伙”和“朋党”的角度来看：团伙出现于青少年早期，并且聚集的同伴很多。朋党是基于友谊和共同活动而形成的规模较小的同伴团体。朋党的成员在年龄、种族、社会经济地位、行为及态度上往往如出一辙。

从团体特征的角度看，朋党成员在一定程度上似乎不随时间波动，比较稳定。在青少年中期，朋党从单一性别团体转变为男女混合团体，在青少年后期，朋党常常会演变成约会对象的团体。

第一节　同伴需求及其作用

一、对朋友的需求

（一）同伴需求的体现

在青少年期，对亲密朋友的需求变得非常重要。在青少年期之前，儿童对同伴的依赖相当松散，他们只是会寻找年龄相仿、兴趣相投的玩伴。他们会展开友好的竞争，会为自己赢得一定的尊重和忠诚，也可能会输掉。但是他们的情感投入聊胜于无。儿童主要不是通过同伴来获得情感满足；他们会从父母那里获取情感需要的满足，会寻求父母的表扬、爱和关怀。只有在他们得不到父母的爱、遭父母拒绝和负面批评时，他们才会转向同伴或父母的替代者来寻求情感满足。在青少年期，情形就迥然不同了。性成熟带来了情感满足的新感受和需要、情感独立的需要、摆脱父母管教的需要。这时，青少年会转向同伴去寻找从前由家庭给予的支持（Frankel，1990）。研究发现，青少年与同伴在一起时比自己一个人时有更多的探索行为和亲社会行为，学习速度也更快（Silva et al.，2016；van Hoorn et al.，2016）。

青少年首先需要的是和与之建立关系的人能够有共同的兴趣（Hortacsu，1989）。随着他们年龄的增长，他们渴求一种更为密切的关爱的关系；在这种关系中，他们可以分享成熟的感情、麻烦及大多数的个人思想（Pombeni et al.，1990）。他们需要能够以理解和关爱的方式对他们表示支持的亲密朋友。朋友之间分享的不只是秘密或计划；他们也分享感情，互相帮助解决个人问题和人际冲突。

在青少年期，在建立和维持同伴关系上获得成功，就意味着有良好的社会适应及心理适应。要在同伴关系中获得成功，一个重要因素是朋友之间的亲社会意愿——提供帮助、情感支持，提供建议和信息。

然而，总的看来这方面存在着明显的性别差异。在进入青春期过渡阶段，青少年与父母在一起的时间急剧下降：对于男孩来说，这主要被独处的时间所取代，而对于女孩来说，则被独处和与朋友共处的时间所取代（Dijkstra & Veenstra，2011）。女孩从朋友那里所期望的比男孩多，并且她们与朋友之间的依恋和亲密度也更胜一筹。其他研究表明，对于女孩而言，青少年期主要的任务是建立和维持关系，发展亲密关系，而男孩主要关心的是独立。男孩看重的是自我张扬、逻辑性及义务。女孩看重的是关怀、责任及人际关系，即女孩有“不同的世界观”（Gilligan，1982）。并且，这种差异在成年期也仍然存在（Bakken & Romig，1992）。

研究已经表明，年幼些的青少年更喜欢向父母表白自己的情绪感受。这主要决定于家庭沟通的开放度。然而，在他们长大一些之后，青少年对朋友的表白增加了，到青少年后期则主要是向朋友表白。各年龄段的女孩向父母及同伴表白情绪的都比男孩多。

友谊变得很重要的原因之一就是青少年自己缺乏安全感、充满焦虑。他们缺乏对个性的明确把握及安全的自我认同。结果，他们聚集一帮朋友，以获得力量，建立自我。从朋友身上，他们学会必要的个人技能、社会技能及对社会的认识，这有助于他们融入更为广阔的成人世界。他们与那些分享自己的脆弱及最深层的自我的人，在情感上逐渐地联系在一起。

（二）孤独的影响

青少年的最大问题之一就是孤独（Roscoe & Skomski，1989）。他们觉得空虚、孤立、厌倦。在自己觉得被人拒绝、排斥、孤立，无法控制情境时，他们更可能认为自己孤独（Woodward & Kalyan-Masih，1990）。男孩在孤独方面遇到的问题似乎比青少年女孩的更多，这可能是因为男孩在表达自己的感情上困难更多一些（Chang et al.，2004；Xu et al.，2003）。

青少年感到孤独是多种原因造成的。有些人是不知道如何与人交往，他们很难有恰当的行为，也难以学会在不同的情境中表现不同的行为（Carr & Schellenbach，1993）。有些人则是自我映像差，且非常难以接受批评。他们总是觉得会被拒绝，所以回避可能使自己窘迫的活动。感到抑郁及情绪困扰的青少年难以建立亲密的人际关系（Brage et al.，1993）。其他人则是在成长过程中逐渐对所有的人缺乏信任，所以他们对人际交往报以玩世不恭的态度（Mitchell，1990）。他们回避社会交往和与人亲密，这样他们就不会被人利用了。还有一些青少年觉得缺乏来自父母的支持，这使得他们难以结交朋友。任何时候，他们都把建立友谊看成是弊大于利的一种社会危险，所以，他们难以建立有意义的人际关系（East，1989）。

有时候，甚至和其他人在一起时，青少年也会有孤独感，因为大家难以沟通或变得更亲近。不同的青少年应对孤独感的方式是不同的：比较独立的那些人会忙于自己的个人爱好，会调整自己的想法，所以他们更为充实；比较依赖的人则试图扩展自己的社交圈子，想方设法和别人在一起，或求助于宗教组织、体育锻炼、心理咨询这样的专业帮助（Woodward & Kalyan-Masih，1990）。大多数青少年和成年人一样，在生活中的某些时候会体会到孤独感。

二、同伴团体的功能

（一）同伴团体的形成

对于很多青少年来说，同伴如何看待自己是其生活中最重要的事情。有些青少年会随遇而安，只是参加某一团体就是了。有些则不然，对于他们而言，被排斥就意味着压力、挫折和悲哀。

在儿童中后期及青少年期，个体花在与同伴交往上的时间越来越多。在 2 岁时，儿童每天有 10%的觉醒时间与同伴交往，4 岁时为 20%，7～11 岁时为 40%。到青少年期，同伴关系占据了个体生活的一大块，在周末时，青少年与同伴在一起的时间是与父母在一起的两倍。

青少年和同伴在一起时，在做些什么事呢？研究表明，体育运动在男孩的活动中占据了 45%，但在女孩中只占 26%。一般的游玩、闲逛等活动是男女生都有的。大多数的同伴交往是在户外进行的（只不过这些地方离家比较近），并且常常是在私人的地方而不是公共场所；同性之间的交往也多过异性交往。

（二）同伴团体对青少年的影响

同龄同伴的交往在社会文化中起着独一无二的作用。即使学校不按照年龄划分，青少年也会和同龄人交往；很显然，大孩子会“吃了你”，小孩子又“没劲儿”。同伴团体最重要的功能之一就是提供关于外部世界的信息。青少年从同伴团体中会得到关于其能力的反馈，他们会了解自己的所作所为是否比别人更胜一筹或与之相差无几，还是与别的青少年相去甚远。在家里了解这一点是很难的，因为兄弟姐妹们不是比较大就是比较小。

同伴对青少年的发展来说有必要吗？良好的同伴关系对青少年期正常的社会性发展来说可能是必不可少的。社交孤立或难以融入某一社会网络，与很多不同类型的问题和障碍联系在一起，这包括犯罪、酗酒、抑郁等（Hops et al.，1997；Kupersmidt & Coie，1990）。而青少年积极的同伴关系与积极的社会适应相联系。儿童期和青少年期的同伴关系也与日后的发展相联系。研究表明，儿童期不良的同伴关系与青少年后期的辍学和犯罪有关；青少年期和谐的同伴关系与中年期良好的心理健康相联系（Hightower，1990；Chang et al.，2004；Chang，2003）。

一项研究通过比较在五年级时拥有稳定的亲密朋友及没有朋友的儿童，看他们十二年后作为成年人的状况（Bagwell et al.，1998）。结果发现，与在五年级时没有朋友的人相比，当时拥有稳定而亲密的朋友的成年人，在自我价值感上更为积极。

显然，同伴关系既能产生积极影响，也能产生消极影响（Rubin et al.，1998；Shaffer，2000；Urberg，1999）。儿童会通过与同伴发生争执来探索公平和公正的原则。他们也会慢慢成为同伴兴趣及观点的敏锐观察者，以便让自己轻松地融入同伴活动中去。此外，通过逐渐铸造与所选择的同伴之间的亲密友谊，青少年成为亲密的人际关系中游刃有余而敏感的伙伴。这些维持亲密关系的技能会一直延续到日后，帮助他们建立恋爱关系、婚姻关系。

与此同时，同伴对儿童及青少年的发展也有消极的影响。遭到同伴的拒绝或忽视会导致一些青少年觉得孤独或产生敌意。而且，同伴的这种拒绝和忽视与个人日后的心理健康问题、犯罪问题等是联系在一起的。同时，青少年同伴文化所产生的坏影响也可能损害父母的价值观和控制。同伴还可能给青少年带来酗酒、滥用药物、犯罪及其他在成年人看来是适应不良的各种行为。

不过，要记住的是，尽管同伴经验对儿童的发展有重要的影响，但这些影响也会因研究中测评的方式、内容及发展轨迹的不同而大相径庭（Hartup，1999）。除了使用"同伴"及"同伴关系"这种一般概念，研究者也会使用其他一些概念，如"团伙""朋党""朋友"等（Brown，1999）。

三、同伴关系与家庭关系

与青少年和父母的关系相比，友谊是基于完全不同的结构的人际关系（Youniss & Smollar，1985）。它是均衡的、互惠的，并且在整个青少年期都在发展变化。尽管对年幼的儿童来说友谊也很重要，但是青少年期一开始它就发生了变化——越来越亲密，这当中包括越来越排外，自我表露更多，分担问题，分享建议。很核心的是，朋友之间会互相告诉自己生活中所发生的各种事情，从而变得相互了解。朋友在一起实际上是为了吸取经验，建立自我。

（一）两种关系影响的范畴

在青少年期，人际关系的模式和社会背景发生了显而易见的变化。同伴在陪伴、提供建议和支持与反馈、作为行为榜样，以及作为涉及个人品质和能力的比较信息源等方面，都有了越来越重要的作用。青少年与父母的关系在朝着更加平等和互动的方向变化（Hendry et al.，1992），并且父母的权威开始被看成是可以讨论和商量的。与父母的交往越来越牵涉到日常生活的方方面面，比如整洁、外出和回家的时间、听音乐时的音量等（Smetana & Asquith，1994）；在青少年开始渴望获得更多的平等时，他们也越来越挑战父母的控制。

然而，与父母的关系在这一时期及一些未来定向的领域（比如教育和职业），其重要性仍然是毋庸置疑的，只不过同伴对眼前的一些事、赶时髦和休闲活动的影响比较大（Hendry et al.，1992）。重要的是，青少年在与父母和朋友探讨人际关系及个人问题时，他们从父母那里获取了主要的生活价值观（Meeus，1989）。随着时间的推移，青少年越来越喜欢和同伴在一起，而不是和家人在一起（Larson et al.，1996）。朋友很少像父母那样强迫、批评和说教，朋友更愿意给彼此以肯定、社会地位，并表现出共同的兴趣。而且，同伴关系比成人与儿童之间的关系更为平等（Hartup，1996），交往中做出的解释和获得的理解更为全面。

当然，青少年与家人交往的机会减少了并不意味着亲密度降低了，或关系的质量下降了（Hendry et al.，1992；O'Koon，1997），家人共处时间大大减少的另一个原因是青少年在家里独处的时间增加了——他们常常在卧室里听音乐或玩电脑游戏（Smith，1997）。因此，大多数的青少年承认自己最亲密的人际关系中包含与家人的关系，包括与父母、同胞及祖父母的关系（Hendry et al.，1992）。尽管同伴是日常琐事中主要的支持源，但是父母所提供的社会支持在紧急情况下是举足轻重的。然而，对于大多数青少年来说，同伴团体和外部世界（兼职工作、体育运动、恋爱）

的吸引力比家人的吸引力大（Hendry et al.，1992；Larson et al.，1996）。不过，这两种关系在成功应对发展任务上都是重要的。有研究发现，家庭亲子关系通过影响青少年的同伴关系质量，进而部分预测青少年的主观幸福感（张兴旭等，2019）。

一项研究考察了青少年为应对所遇到的各种问题会如何利用不同的人际关系（Palmonari et al.，1989）。以往人们认为在青少年成长的过程中，他们会从“求助父母”直接转向“求助同伴”。但该研究发现，青少年在这当中会因地制宜有所选择。依据问题类型的不同，他们可能会选择父母或者同伴，也可能同时求助两者。相似的发现也被其他研究所证明（Meeus，1989；Hendry et al.，1992）。后来的研究发现，当家庭功能出现问题时，青少年对家庭的疏离感较高，而同伴接纳对家庭功能与疏离感之间的关系能起调节作用。不过，这种调节存在显著的性别差异：高水平的同伴接纳可以缓解不健康的家庭功能对男青少年疏离感的影响，但对于女青少年而言，同伴接纳的调节作用微不足道（徐夫真，张文新，2010）。

在一项跨文化的研究中（Claes，1998），研究者发现家庭在印度青少年的世界中扮演着更为重要的角色，同伴在加拿大青少年中更为重要，比利时的青少年则介于这两者之间。该研究也表明，在这三个国家的青少年生活中，朋友是重要的，并且在家庭生活中母亲起着关键的作用。这些发现表明，文化对青少年在人际关系上的偏重有着重要的影响。在大多数国家的家庭中，母亲很典型地被认为是起支持性作用的。针对青少年的依恋关系与问题行为的研究发现，高中生的问题行为受父母依恋的影响大于同伴依恋，尤其是母亲疏离、母亲信任和父亲疏离这三个因子，更能预测高中生的问题行为，即感知到父母信任和情感温暖有助于高中生远离问题行为，而与父母的依恋质量低、相互间缺乏交流信任的高中生则容易出现问题行为（杨海燕等，2010）。

（二）家庭关系对同伴关系的影响

家庭关系对青少年选择同伴有很大影响。例如，来自重视学习成绩的家庭的孩子会在学校表现良好，更可能选择与自己有同样目标的朋友。随着时间的推移，这些朋友会强化青少年的学业表现，促进其学习成绩。反过来，那些家庭关系不好的青少年更有可能表现出反社会行为，更容易被其他反社会的同伴吸引，并随着时间的推移变得更加反社会（Benson & Buehler，2012；Li et al.，2015）。但即便青少年交了有问题的朋友，如果在家里有更好的支持，他们也不容易受到朋友的消极影响（Crosnoe et al.，2002；Walker-Barnes & Mason，2004；Trudeau et al.，2012）。

一般而言，父母和同伴的影响是互相补充的，都为青少年在未来生活中建立成熟的人际关系做着准备。儿童期的家庭关系为青少年期的同伴关系提供了强有力的情感基础。同伴往往是相互模仿和强化从父母那里学到的行为及价值观（Chang et al.，2003；Fuligni & Eccles，1993；Gavin & Furman，1996；Deković & Meeus，1997）。一项

网络中交际，
表现很新异。

针对 3407 名欧美青少年的问卷研究（Durbin et al.，1993）发现，认为父母是“权威型”的那些青少年更可能倾心于那种既认可成人标准又认可同伴标准的同伴团体，认为父母“不管不问”的女孩（以及一部分男孩）更可能喜欢那种不赞同成人价值观的团体，认为父母是“溺爱型”的男孩更可能喜欢带有“娱乐文化”倾向的团伙。这些发现都在一定程度上得到了支持（Shucksmith et al.，1995）。

第二节　同伴服从与欺负

作为参照群体和身份认同的来源，同伴群体发挥着非常重要的作用，因此青少年所隶属的群体也会影响他们的日常表现、自我认知和对他人的认知（Birkeland et al.，2014；Pál et al.，2016）。

一、对同伴的服从

青少年之所以开始慢跑锻炼是因为其他人都这么做吗？青少年今年让头发一直长而不去剪，明年又把它剪得短短的，是因为赶时髦吗？青少年吸烟是因为同伴的压力吗？一般认为，个体因为来自他人的真实的压力或者想象的压力而采纳他人的态度或行为时，就表现出了服从。

服从同伴的压力在青少年期变得超乎寻常。在价值观、行为、爱好（如音乐、服装等）及反社会行为方面服从同伴团体，从儿童期到青少年中期变得越来越引人注目。研究发现，当青少年不确定到底该怎么做的时候，他们更可能会顺应同伴的要求（van Hoorn et al.，2017）。从同伴团体那里获取建议、听取意见、得到社会支持的这种日益突出的倾向，可能有助于青少年从事实上、情感上、社交上减少对父母的依赖。同伴也可能成为家庭冲突之后的避难所，成为青少年寻求更多独立的资源。

（一）服从同伴带来的影响

在青少年期服从同伴压力既可能有积极面，也可能有消极面。青少年会表现出各种消极的服从行为——讲脏话、偷东西、搞破坏、取笑父母和老师。被同伴拒绝的痛苦是刻骨铭心的，而为服从同伴做出的努力则可能会妨碍独立决策和自立。一项纵向研究对 12～18 岁的青少年进行了一年的追踪，发现那些拥有朋友的人遇到了一定程度的心理不适，甚至和没有朋友及友谊难以维持的人相比也是如此（Epstein，1981）。比如，没有朋友的青少年在一年后其自立方面的得分高于那些试图维持稳定友谊的人。另外，从是否上大学的计划来看，也有相似的影响。研究者指出，服从同伴的推动力可能会损害青少年早期的发展，特别是同伴团体本身的价值观和目标有问题的话。

之后的研究也强调了孤独和独立自主不受同伴影响在青少年成长和适应过程中的作用。比如，一项研究发现，在青少年早期的成长过程中，他们希望独处而不是和朋友在一起的愿望有增无减。而且，对于早期的青少年来说，独处的时间对其情绪状态会产生积极的影响，而和朋友在一起则稍逊一筹（Larson，1990）。

从发展的角度来看，这一研究最重要的结论是，中等程度的孤独最有利于心理适应。和花费大量时间与朋友交往的同学相比，那些自己的空闲时间中有三分之一和一半是在独处中度过的青少年，抑郁程度较低，父母和老师对其社会适应及心理适应的评价较高。看来花费太多的时间和同伴在一起可能会损害青少年的自立、主动性及应对困难的能力。孤独可以提供必要的放松机会，有助于躲开同伴的要求。在与家人的关系中，孤独在青少年寻求更多的自主方面也可以起到作用。但是没有朋友或者朋友极少的青少年，以及一半以上的空闲时间是独自一人的青少年，其面对的问题与那些经常和朋友在一起的人的问题不相上下。青少年独处的时间与他们的学业成绩呈现一种倒 U 形的关系，独处的时间太多或者太少，其成绩都不及中等的好。

尽管大多数青少年感到来自同伴的压力，要求自己的行为符合同伴群体的价值观和目标，但不同人群中的服从压力水平千差万别。比如，在那些存在问题行为（吸烟或反社会行为）的同伴群体中，服从压力比一般群体就大得多，可能让青少年不堪重负（Clasen & Brown，1985）。同时，青少年对同伴的服从并不完全是消极的，它包含的是投入同伴世界的渴望，比如像同伴们一样穿衣服、想要花很多时间和朋友在一起。这种情况下也可能包含亲社会的活动，研究发现，青少年很容易被高地位同龄人的意见所左右，从而做出亲社会行为（Choukas-Bradley et al.，2015）。

（二）服从模式的发展

同伴服从也有其发展模式。在三年级时，父母和同伴的影响经常是直接抵触的。由于这时候主要是对父母的服从，所以，此时的儿童可能仍然与父母保持紧密的联系，依赖父母。

然而，到六年级时，父母和同伴的影响就不再是直接对抗的了。对同伴的服从增加了，但是父母和同伴的影响在各不相同的方面起作用——父母主要是在某些方面产生影响，而同伴则在另一些方面发挥作用。

到九年级时，父母和同伴的影响再次产生强烈的冲突，这可能是因为青少年此时对同伴社会行为的服从比其他任何时候都更为强烈。这时候，青少年采纳受同伴推崇的反社会标准就会不可避免地在青少年与父母之间引发冲突。研究表明，青少年寻求独立的尝试在九年级时所遇到的来自父母的反对，比其他任何时候都多（Douvan & Adelson，1966）。

早前对亲子关系的看法是，父母和同伴的对立会一直持续到中学后期和大学阶段。但是，研究表明，在青少年后期，青少年对同伴推崇的反社会行为的服从下降了，而在某些方面父母和同伴之间的一致性开始增加。此外，到十一、十二年级时，青少年不受同伴及父母的影响而独立决策的表现更多了。

总之，年幼的青少年比年龄更小或更大的人更可能屈服于同伴压力（McIntosh et al.，2006)。同时，研究表明，父母权威型的教养方式与对同伴压力的抗拒有关：如果父母是支持性的，青少年就会尊重父母，进而遵从父母制定的规矩，考虑他们的建议；相反，父母的控制太多或太少，则会导致孩子高度倾向于依靠同伴（Allen et al.，2006)。

尽管大多数青少年会服从同伴压力和社会标准，但是有一些青少年则是“不服从者”（nonconformist）或“反服从者”（anticonformist)。当个体知道周围的人对其的期望，但是却不以这种期望为行为指导时，就是不服从。不服从者是独立的，比如青少年选择不参加任何朋党。而当个体对团体的期望做出相反的反应，并刻意与团体所提倡的行动或者信念背道而驰时，就是反服从。比如“光头党”“朋克”就是反服从的代表。

总而言之，同伴压力是青少年生活中的一个普遍问题。它可以表现在青少年行为的几乎所有方面——他们选择的服饰、音乐、语言、休闲活动等。父母、老师及其他成人可以帮助青少年处理同伴压力。青少年需要与同伴和成年人谈论他们的世界及所遇到的压力的机会。青少年期的发展变化常常会带来一种不安全感，面对这种不安全感和自己生活中发生的令人眼花缭乱的变化，年幼些的青少年可能更为脆弱。要应对这种压力，年幼的青少年就需要在学校及校外获得成功的经验，以增加他们的控制感。青少年会明白，他们的世界是相互牵制的。其他人可能会试图控制他们，但是他们对自己的行为能够有自己的把握，并反过来影响别人。

二、欺负与受欺负

欺负行为是一种特殊类型的攻击行为，它是指力量相对较强的一方对力量相对弱小或处于劣势的一方进行的攻击，通常表现为以大欺小、以众欺寡、以强凌弱。欺负是青少年同伴拒绝中的一种极端形式，由三个部分构成（Olweus，2000；Wolak et al.，2007)：攻击性（身体上的或者言语上的)、重复性（并不是一个突发事件，而是存在某种模式）和权力失衡（欺负者的同伴地位要高于受害者)。

（一）发生率

欺负开始于童年中期并在青少年早期达到顶峰，青少年后期则大幅减少（Pepler et al.，2006)。欺负是各个国家普遍存在的现象。一项标志性的研究以来自 28 个国家的 100000 名 11 岁到 15 岁青少年为被试，调查他们是否曾经被欺负。结果发现，被欺负的发生率从瑞士女生的 6%到立陶宛男生的 41%，大部分国家中青少年被欺负的发生率在 10%到 20%之间（Due et al.，2005)。研究还发现，不同国家的男生通常比女生更有可能成为被欺负的对象。在我国小学阶段，欺负者和受欺负者所占的比例分别是6%和22%；在初中阶段，欺负者和受欺负者分别是2%和12%（引自张文新，2004）。男孩更多地进行身体攻击和言语攻击，女孩主要是言语攻击。欺负行为发生时，很少有人帮助受害者，而旁观者实际上是在鼓励欺负，其中一部分人甚至为虎作伥（Salmivalli & Voeten，2004）。

此外，女生小团体讽刺和嘲笑的现象也不容忽视。"关系攻击"（relational aggression）是指包括嘲笑、讽刺、造谣、谩骂、冷漠、排斥的行为（Goldstein & Tisak，2006；Underwood，2003）。简而言之，关系攻击就是非身体性的攻击，通过破坏人际关系来伤害他人。尽管关系攻击最早是在对女孩的观察中注意到的，但研究表明，男孩也会使用关系攻击（Juvonen et al.，2013）。不过，女孩对关系攻击的意识更强，也更经常成为其受害者（Card et al.，2008；Pronk & Zimmer-Gembeck，2010；Sullivan et al.，2006）。虽然女孩和男孩都使用身体和关系攻击，但使用极端身体攻击的男孩比女孩多得多，使用极端关系攻击的女孩也比男孩多得多（Ettekal & Ladd，2015）。

为什么女孩比男孩表现出更多的关系攻击呢？这可能是因为女孩的社会性别角色禁止她们直接表现出分歧和冲突（Simmons，2003），她们感到愤怒不被允许公开表达，因此导致女孩的攻击行为更隐秘、更间接。关系攻击也是确立自己权力位置的方式，研究表明，群体中高社会地位的女生会比其他女孩表现出更多的关系攻击（Rose et al.，2004，2017）。

（二）欺负者及受害者的特征

研究表明，欺负行为的受害者有某些特定的特征。受害者往往是被同伴拒绝、地位较低的青少年（Perren & Hornung，2005；Sentse et al.，2007；Veenstra et al.，2007）。因为他们社会地位低，其他青少年也不愿意去保护他们。不过，并非所有被拒绝的学生都被欺负。受到伤害但有朋友支持的孩子比没有支持的孩子更不可能陷入这种恶性循环（Cuadros & Berger，2016；Kochel et al.，2015）。元分析发现，儿童和青少年遭受的同伴侵害越多，他们表现出的攻击水平越高，而且这种关系在性别和年龄上没有显著差异（陈静等，2022）。

欺负者的社会地位更为复杂，有时他们是地位高的青少年，他们把欺负别人当作一种声明并且维持自己高地位的方式（Dijkstra et al.，2008）；有时他们是中间地位的青少年，他们会跟随地位高的欺负者去欺负别人，从而避免成为受害者；有时地位低的青少年会寻找那些比他们地位还低的人，作为欺负的对象。约有四分之一的欺负者同时也是受害者（Solberg et al.，2007）。

另有研究（Olweus，1980）发现，无论是欺负者还是受欺负者，其父母的教养方式都与他们的同伴交往联系在一起。欺负行为的受害者其父母对孩子干涉较多，指手画脚，对孩子的需要反应迟钝。并且，非常亲密的亲子关系与男孩高水平的受欺负相联系。父母与儿子之间过分亲密的情感联系可能不会促进孩子的自我张扬及独立；相反，它可能会导致孩子的自我怀疑和担忧，这种特点在男孩的同伴团体中表现出来时被认为是一种弱点。欺负者的父母更可能表现为拒绝、独裁，或者容忍儿子的攻击性，而受欺负者的父母更可能焦虑、过分保护。

在一项研究中，研究者发现有内化问题（比如，焦虑和退缩）、在身体上比较羸弱、遭到同伴拒绝的男女生，随着时间的推移，他们越来越可能受到欺负（Hodges & Perry，1999）。然而，另一项研究却发现，对于有了能够保护自己的朋友的孩子来说，内化问题与受欺负的可能性增加之间的联系会减弱（Hodges et al.，1999）。

（三）短期影响及长期影响

欺负对青少年的成长有许多负面影响。通过对 28 个国家青少年欺负的研究发现，有过被欺负经历的受害者报告了更多的问题，包括身体症状，如头痛、背疼与难以入睡，同时也有心理症状，如孤独、无助、焦虑和不快乐（Due et al.，2005）。其他的许多研究也得到了相同的结果（如 Olweus，2000）。不仅是受害者，欺负者们也存在高风险的问题（Klomek et al.，2007）。加拿大一项关于欺负的研究用七年时间调查了从 10 岁到 14 岁过程中的青少年，结果发现欺负者比没欺负过别人的人，报告了更多的心理问题和与父母、同伴的关系问题（Pepler et al.，2008）。

欺负行为的受害者既可能受到短期的影响，也可能受到长期的影响（Limber，1997）。从短期来看，他们可能会变得抑郁，对学校功课失去兴趣，或者甚至不想去上学。这种受欺负的影响甚至可能会一直持续到成年期。一项纵向研究发现，在儿童期受欺负的男生在他们 20 多岁时比从前未受过欺负的同龄人更为抑郁、自尊更低。欺负行为对欺负者自身来说，可能也表明他们有着和受欺负者一样严重的问题。上述研究也发现，在中学时被认定为欺负者的男孩中，大约 60%的人在其 20 多岁时至少有过一次犯罪记录，大约三分之一的人有过三次或更多的犯罪记录，这一比例远远高于那些非欺负者。

网上频被欺，生活无意义。

（四）对欺负行为的干预

对欺负与受欺负的干预可以从三方面入手（李洋，雷雳，2005；雷雳等，2004）：

一级干预的目标是减少所有公民的问题，而不仅仅针对那些可能出现欺负行为的个体。这种模式主要的对象是整个社区和整个校区，目的就是减少青少年将来的暴力性表现，使他们能学会如何管理自己的行为。

二级干预辅导的对象是有潜在问题表征的个体，他们不一定有严重的暴力性，但却在将来有可能出现直接的身体欺负行为。

三级干预策略是针对那些已经犯罪的青少年，是在暴力性的行为发生之后向其提供个体治疗或团体治疗，帮助他们改过自新。所以，三级干预的对象已经不属于普通的学生群体。

在学校里，老师可以通过使用一些策略来减少欺负行为的发生（Limber，

1997)：其一，让年龄较大的同伴监督欺负行为，一看见欺负行为发生就出手制止；其二，制定全校的反欺负行为的规章制度，并在全校内广泛宣传；其三，帮助常常受同伴欺负的青少年建立以友谊为基础的同伴团体；其四，把反欺负干预计划的基本思想整合到社团组织、学校及其他有青少年参与的社区活动中去。

基于学校的反欺负计划的评估显示，在小学期间实施计划的效果很明显，但到了七年级以后就没有任何效果了；事实上，到了高中，反欺负干预措施可能会导致更多的欺负行为（Yeager et al.，2015）。原因到底是年长的青少年对这种干预更有抵抗力，还是他们需要与年少学生不同的干预措施，还有待深入研究。

第二节　同伴地位

每个青少年可能都希望成为受欢迎的人——一个人在中学时可能朝思暮想成为“万人迷”。青少年常常会想：“我要怎么做全校的人才会都喜欢我?”“怎么做男生女生都会喜欢我?”“我怎么啦? 肯定有问题，否则大家都会喜欢我的。”有时候，青少年要想受人欢迎就得费九牛二虎之力；而有时候，父母更是竭尽全力帮助孩子摆脱同伴的拒绝，使他们增加受欢迎的机会。青少年为了引起同伴注意、为了博得同伴发笑，他们会炫耀、会胡闹，不达目的誓不罢休。父母会费尽心思策划晚会，带孩子和他们的朋友到处玩，目的就是要使自己的孩子成为受欢迎的人。

一、同伴地位的区分

（一）同伴地位及其影响模式

发展心理学家区分了四种同伴地位。首先是“受欢迎的孩子”，他们经常被同伴当成是最好的朋友，很少遭同伴讨厌。研究发现，受欢迎的人会给人支持性的强化，认真倾听，和同伴沟通时保持开放的胸怀，他们快乐，言行举止发自内心，对人有热情且关心，自信但不自负（Hartup，1983）。一项研究发现，与不受欢迎的青少年相比，受欢迎的青少年与同伴沟通时更加清楚，会引起同伴的注意，能够把和同伴的对话持续下去（Kennedy，1990）。

另外三种同伴地位分别是被忽视的、被拒绝的和有争议的（Wentzel & Asher，1995)。“被忽视的孩子”很少被同伴当作好朋友，但是也不被他们讨厌。“被拒绝的孩子”很少被认为是谁的好朋友，并且大家都讨厌他们。“有争议的孩子”既被当作某些人的好朋友，又被另外一些人讨厌。

存在不同同伴地位的群体对青少年行为的影响体现在以下四个方面（Brechwald & Prinstein，2011)：第一，青少年经常模仿高地位同伴的行为，受欢迎的青少年从他人那里得到的关注更多，尤其是那些靠自身魅力赢得欢迎的个体（Lansu et al.，

2014)。第二，同伴群体创建的行为规范会被成员遵循，即使是地位较低的成员，也会通过使用群体通用的行为方式（例如，说话时使用某些表情）来影响对方，而其他想要被群体接受的青少年也会遵守这些标准。第三，当群体成员的行为符合这些规范时，他们的行为会得到强化。第四，当青少年因为遵循群体的规范而得到强化时，他们会对自己有更好的感觉，并进一步将他们的群体成员身份纳入他们个人的身份之中。

（二）同伴地位的相关特征

那些在学校有更高地位的青少年，其自尊水平更高（Brown et al.，2008）。而一直不受欢迎则会对青少年产生很多负面影响。总的来说，不受欢迎与抑郁、问题行为、学习问题有关（Gorman et al.，2011）。

被拒绝的儿童和青少年往往比被忽视的儿童和青少年存在更多的问题（Bierman，2004）。对于被拒绝的青少年来说，攻击性往往是他们拒绝他人以及自身出现其他问题的根本原因（Prinstein & La Greca，2004）。最终，他们会与其他有攻击性的青少年成为朋友，这导致与攻击相关的问题出现的概率更高（Bierman，2004）。他们也比其他同伴更容易辍学（Zettergren，2003）。

被忽视的儿童在青少年期经常会有不同的问题，比如低自尊、孤独、抑郁和酗酒（Hecht et al.，1998）。社会地位也对社交焦虑水平有影响，被拒绝的青少年比受欢迎组和普通组体验到更高的社交焦虑；他们更担心来自别人的否定评价，这种焦虑主要是“指向外部的”，而被忽视的青少年的焦虑表现是社交回避与苦恼，这种焦虑主要是“指向内部的”（辛自强等，2004）。

被同伴拒绝是青少年压力的重要来源，跟儿童比，被拒绝后的青少年其大脑有更强的激活水平和压力反应（Bolling et al.，2011；Stroud et al.，2009）。被拒绝的儿童和青少年与被忽视的相比，他们往往在未来的生活中遇到更为严重的适应问题（Dishion et al.，1996）。比如，一项研究对 112 名五年级的男孩进行了七年的评估，直至中学毕业（Kupersmidt & Coie，1990）。在预测被拒绝的孩子在日后青少年期是否会出现犯罪行为或者辍学上，最关键的因素是他们在小学时是否有针对同伴的攻击性。许多心理学家认为，不受欢迎的青少年缺乏一些必要的社会技能和理解能力，因此无法获得同伴的欢迎。研究发现，容易做出敌意归因的青少年可能结交类似的朋友（Halligan & Philips，2010）。旨在改变攻击性青少年对其同伴的敌意归因的干预研究发现，这的确能成功降低其攻击水平（Yeager et al.，2013a，2013b）。

当然，并非所有被拒绝的儿童和青少年都有攻击性（Coie，1999）。尽管被拒绝一半以上是由攻击性及与之相关的冲动性和破坏性等特征决定的，但是大约 10%～20%被拒绝的儿童和青少年却是害羞的（Cillessen et al.，1992）。同伴拒绝可以显著反向预测青少年学生的学业成绩，且这种预测作用不存在显著的性别差异（张静等，2013）。

迄今为止，对有争议青少年的同伴地位的研究还很少。在一项研究中，处于有争议的同伴地位的四年级女孩，和其他同伴地位的女孩相比，她们更可能在青少年期成为青少年母亲（Underwood et al.，1996）。并且，攻击性的女孩也比非攻击性的女孩生育的孩子多。

二、影响同伴地位的因素

每个青少年在同伴团体中所处的地位各有不同，这种差异决定于哪些因素呢？一般而言，影响青少年同伴地位的因素有以下一些。

（一）获得成就

在体育运动中、在娱乐活动中或者在学业科目上获得成就，可以帮助青少年赢得同伴的接受和赞许。个人所获得的认可和接受有赖于其在同伴团体所从事的活动中享有的地位。诸多研究一致表明，中学生运动员所获得的社会地位高于获得奖学金的学生。比如，一项研究（Landsheer et al.，1998）发现，学生在数学和科学上表现出的学业能力与其受同伴欢迎程度呈负相关。研究者认为，学业上获得成功的学生花费了大量的时间去学习，同伴交往相应地减少了，他们去发起某种活动的能力也减弱了，而这一点是很受青少年看重的。其他研究者指出，天才学生独处的时间多过其他人，但是，他们独处时对自己所做的事兴趣盎然，所以他们并不感到孤独或者不快（Csikszentmihalyi et al.，1993）。不过，针对中国香港学生的研究发现，体育活动似乎不影响香港青少年的群体关系和社会地位（Chang et al.，2003），而学习成绩对很多中国学生的社会地位尤为重要（Chen et al.，2003）。

既是运动员又获得奖学金的那些学生是最受欢迎的，这意味着某些积极的地位给了学业及运动双丰收的那些人。由于消极的地位会落到某一些活动上（比如，参加数学俱乐部），所以参加这些活动或者在这些活动中获得成功就成了青少年寻求更广泛的社会接受的障碍。

（二）参与活动

参加校内俱乐部和参与各种校外社会活动是青少年寻求社会接受的又一途径。一项研究发现，归属愿望是参与校外活动最重要的动机（Bergin，1989）。最受欢迎的学生是那些参与者，他们通常参加学校的各种活动，也参与校外活动、社区青年团体，以及朋友们所想到的任何社会活动和娱乐活动。青少年的这种团体生活被戏称为“牧群生活”。他们会聚在屋里喝饮料、聊大天，会到外面兜兜风、看电影、跳跳舞或者听摇滚音乐会，也会去滑雪或去海滩，或者去逛商场。

在青少年中，受欢迎的标准是什么呢？男孩认为最重要的标准依次为：是运动员，是主要团体的成员，是活动的领导者，成绩好，家庭背景好。女孩的排序为：是主要团体的成员，是活动的领导者，是啦啦队长，成绩好，家庭背景好（Bozzi，1986）。

尽管学生运动员很受欢迎，但是研究表明他们也遇到很多的偏见，特别是针对他们的学业成绩。学生们不会简单地相信学生运动员的学业能力足以获得最好的成绩（Engstrom & Sedlacek，1991）。

一项研究让 496 名大学生列出在他们刚刚毕业的中学里男女学生为赢得威信而可能采用的五种方式（Suitor & Reavis，1995）。结果表明，男女生所使用的方式大相径庭。男生赢得威信的方式主要是：运动，成绩好和聪明，会开车，善交往，得到异性的青睐，长相好，参加学校的各种活动。相比之下，女生赢得威信的方式主要是：长相好，善交往，成绩好和聪明，得到异性的青睐，穿得好看，参加学校的各种活动，指挥啦啦队。男生一直是通过运动、成绩好和聪明而赢得威信，而女生则一直以成绩好和聪明、长相好为主要途径。女生以运动作为赢得威信的一种手段的倾向在增加，而指挥啦啦队所起的作用则下降了。

（三）个人品质和社会技能

要获得同伴的欢迎，个人品质和社会技能是很重要的标准，并且要获得社会接受它们也是至关重要。大量证据表明，个人品质是赢取同伴欢迎的最重要的因素。非常受其他人欢迎的人通常是友好、开朗、和善并且幽默的人（Becker & Luthar，2007）。他们善待他人，并且能够敏感地发现别人的需要，能够很好地倾听他人（这说明，他们不只是简单地关注自己的需求），并且能够清晰地交流自己的观点（Zavala et al.，2008）。他们热情地参与组织活动，经常在小组活动中起带头作用，并且能够吸引别人参与进来。他们自信却不自负和傲慢（Hartup，1996）。通过这些途径，他们展现出那些影响社交成功的技能。

在一项研究中，204 名七、九、十二年级的青少年指出，在友谊关系中，人际因素比成绩或者物理特征都重要（Tedesco & Gaier，1988）。这里所谓的“人际因素”包括性格特质、个性、亲密感及社会行为，“成绩”则是指学业成绩和突出的运动才能，“物理特征”包括外貌和有没有钱或汽车这样的物质条件。

所以，青少年获取团体接受性的主要方式有两种：一是形成并展示令他人钦佩的个人品质，二是学习能够获得接受性的社会技能。一般而言，受欢迎的青少年之所以得到大家的接受，是因为他们外貌出众、社会能力强及性格好。他们是干净整洁、穿着得体、长相好的青少年，他们友好、开心、爱开玩笑、好交际、精力充沛；他们已经形成了很好的社会技能；他们喜欢与别人一起参加各种活动。受欢迎的青少年也有很好的口碑，展现了人们所推崇的道德品质。他们通常具有较高的自尊和积极的自我概念。很受同性欢迎的那些青少年也是异性非常喜欢的人。

（四）羞怯

被忽视的青少年没有以敌对的方式拒绝其他青少年，可是他们同样没有朋友。他们是那种几乎不被同龄人注意到的小人物。因为害羞、退缩并且避免参加团体活动，他们通常很难建立友情甚至很难进行正常的同伴交往。在社会测量评价中，很少有人会提及喜欢或不喜欢他们——其他青少年很难回忆起他们是谁。

在青少年早期，受自我意识的增强、性兴趣的发展、加入同伴团体的渴望等的影响，羞怯通常也有所增长（Hauck et al.，1986）。在社会情境中所表现的羞怯被认为是一种“社会评价焦虑”。这样的人对成为注意的中心感到焦虑，对在他人面前出错感到焦虑，对在他人面前做事感到焦虑，对别人希望他说些什么感到焦虑，或者对和人在一起本身就感到焦虑。羞怯的根源是害怕他人对自我做出负面评价、渴望得到社会赞许、低自尊，以及对遭到拒绝的恐惧。这在儿童期可能就已经埋下了种子，也可能源自与兄弟姐妹比较时遭遇过取笑、批评、讥笑。它也可能是由于对长相、体重、身高或者某些缺陷的自我意识。他们往往会变得离群寡居，在成长过程中孤立无援，得不到家人的支持。羞怯甚至看起来也有其遗传成分。一项研究就发现，同卵双生子青少年在羞怯上表现出的相似性高于异卵双生子青少年（Bruch & Cheek，1995）。

在极端的情况下，羞怯的青少年可能会出现明显的生理反应：脸红，神经质地发抖，脉搏加快，浑身颤抖，心悸，神经性出汗。羞怯的人可能会变得烦躁不安、神经紧张，回避目光接触，结结巴巴，听而不闻。与不羞怯的青少年相比，羞怯的青少年更可能会非法使用药物（Page，1990），这是他们试图克服社会自卑感的一种方式。他们可能会觉得自己的问题独一无二，并且可能会忽视其他人也同样羞怯的可能性，只是他们没有表现出来而已。结果，他们把羞怯的原因归咎于自己的个性；他们渐渐地失去自信，并回避社会情境，这又会强化他们的消极经验和期望。他们可能在很多年内都饱受折磨。心理治疗干预有可能帮助他们打破这种恶性循环，重拾自信。

（五）行为怪异

被拒绝的青少年非常不喜欢同龄人，经常因为别人找到他们而变得激进，他们有破坏性，喜欢争吵。他们往往忽视别人的想法，当别人不同意他们的观点时，会表现出自我中心或者攻击性（Prinstein & La Greca，2004）。其他人不喜欢这类青少年，而且也不想让他们成为团体的成员和同伴。如果说怪异的行为——与大多数青少年不同，但在某些特定的团体内又被认为是可以接受的那些行为举止——可以赢得团体的接受，那么这种团体本身就是偏离常态的。

尽管过度攻击性的、敌意的行为基本上是社会所不能接受的，但是，它在贫民区的团伙中却可能是一个必要条件。同样，在中学里被认为声名狼藉的青少年（打架者、闯祸者、不合作者、反社会者、性滥交者、犯罪者），在犯罪团体内却可能是有口皆碑。一项研究考察了12～16岁具有过度攻击性的男孩及欺负弱小者，结果发现弱小的青少年表示，欺负者往往比其他男孩更加受欢迎（Olweus，1984）；而被当成攻击目标的那些青少年却远不及欺负者受欢迎。这些结果表明，团体行为的标准在不同团体中大相径庭，所以受欢迎度并不像对团体的服从那样有着一成不变的标准（Chang et al.，2004）。

有时候，同伴团体的形成是由于对家庭权威的敌意及对这种权威的反抗。如果出现这种情况，那么同伴团体就可能会演变成犯罪团伙，他们对所有现存的权威都充满敌意，而对团体所接受的那些怪异举止却鼎力支持。

三、同伴地位的干预

怎么能够让被忽视的儿童和青少年在与同伴交往时更加得心应手呢？针对被忽视的儿童和青少年的训练计划的目标往往通过训练结交朋友的社交技能来进行干预，帮助他们以积极的方式去吸引同伴的注意，通过问问题、认真而友好地倾听、针对同伴的兴趣谈谈自己等方式，来维持同伴的注意。与此同时，通常会训练青少年（通过教导、树立榜样和角色扮演）如何融入一个团体，如何细心友好地倾听及如何从同伴那得到积极的关注（Bierman，2004）。研究结果往往都表明干预在某种程度上能够改善青少年的同伴关系。

由于受欢迎与不受欢迎主要源于社交技能，所以对不受欢迎群体的干预就是让他们学习社交技能（Bierman，2004；Ladd et al.，2002）。研究表明，被拒绝的青少年缺乏的社交技能是社会认知，至少在男生中是这样的。即使是在意图含混不清的时候，攻击性的男孩也会认为其他男孩的行为是充满敌意的（Dodge et al.，2003；Prinstein & Dodge，2008）。例如，在播放的录像中一个男孩会撞向一个拿着饮料的男孩，结果饮料被撞洒了。那些被老师和同伴定义为好斗的男孩会认为碰撞是一个敌意的行为，撞的人有意想要饮料洒出来，但是其他男孩更可能认为这纯属意外。他们认为世界到处都是隐藏的敌人，当一件事情发生、他们认为别人对自己有敌意的时候，他们会迅速进行报复。针对被拒绝的儿童和青少年的训练计划，其目的往往是帮助他们倾听同伴说话，并且是“真正地听到”，而不是去试图主导同伴交往的过程。在教他们如何加入一个团体时，关键在于训练他们不要试图改变同伴团体中发生的事。

就改善被拒绝的儿童和青少年的同伴关系来说，出现的一个问题是，应该把重点放在改善他们的亲社会行为上（更有同情心、能耐心倾听、具备更好的沟通技能等），还是放在减少他们的攻击性和破坏行为、提高他们的自我控制上（Coie & Koeppl，1990）。在一项研究中，研究者训练被拒绝的青少年，让他们明白什么样的行为能够增加被别人喜欢的机会（Murphy & Schneider，1994）。结果在改善被拒绝的青少年的友谊状况上，这一干预措施获得了成功。也有研究显示，不仅是行为，而且青少年的交际能力也能直接影响其在同伴中的接受性和受欢迎度（Chang et al.，2003）。

尽管如此，提高被拒绝的青少年的亲社会技能却不会自动地消除他们的攻击行为或者破坏行为。攻击性常常因为同伴屈服于攻击者的要求而得到强化。因此，除了教给被拒绝的青少年较好的亲社会技能之外，也必须采取直接的措施来消除他们的攻击行为。而且，获得积极的同伴地位是需要花时间的，因为在青少年常常有攻击性举动的情况下，要同伴们改变他们的看法是难上加难的（Coie & Dodge，1998）。

第四节 朋党和团伙

一、青少年的朋党

在青少年期，大多数的同伴关系可以做三个方面的划分：一是友谊，二是朋党，三是团伙。“团伙”是最大、最松散、个人特征最少的青少年同伴团体。团伙成员通常是因为大家对某一活动有共同的兴趣而聚在一起（Brown et al.，2008；Brown & Klute，2003）。“朋党”则规模较小，成员之间关系更为亲密，凝聚力比团伙更高（Brown & Klute，2003）。不过，和友谊相比，朋党的规模大一些，亲密度则稍逊一筹。与团伙相比，友谊及朋党的成员聚集在一起都是因为相互吸引。

对朋党、俱乐部、组织及团队的忠诚，在很多青少年的生活中起着很重要的控制作用。团体认同往往凌驾于个人认同之上。一个团体的领袖可能会使某一成员处于激烈的道德冲突中，他可能会问：“什么更重要？是我们的规矩还是你父母?”“你是只管自己还是要顾及大家?”在团体成员的交谈中，有时会使用“哥哥”“姐姐”这样的称谓。这些称谓标志着团体成员之间关系的密切程度，也反映了彼此在团体中的地位。

朋党在青少年维持自尊和发展自我认同感的过程中起着关键作用（Erikson，1968；Tapper，1996）。一些理论观点指出，朋党成员的资格可能与青少年的自尊是联系在一起的。实际上，13～17 岁的青少年把朋党成员资格看得举足轻重，并且朋党成员的自尊比不是朋党成员者的高。同伴团体是儿童摆脱对父母的依赖，走向自立、成就和自主的“中转站”。在这一漫长的转变过程中，加入同伴团体、获得朋党的接纳对青少年保持积极的自我概念而言至关重要。社会比较理论也指出，尽管总体上看团体成员比非团体成员具有更高的自尊，但是团体成员因其朋党在同伴团体的地位不同，他们之间也是有差异的。这是因为个体常常把自己与重要他人的特征进行比较，以评估自己的想法或特征是否妥当。

一项研究对青少年的自尊进行了考察（Brown & Lohr，1987），这些青少年有的人属于校内最主要的五个朋党之一，有的人连同班同学都不太了解，并且也和校内的任何朋党毫无瓜葛。结果发现，由运动员组成的朋党及由受欢迎的学生组成的朋党自尊最高，而无人交往、社会技能或智力能力低的那些人自尊最低。但是，有一组不属于任何朋党的独立者其自尊也很高，因为朋党成员资格对他们而言无足轻重。还有一点要注意的是，这些变量之间是相关的——自尊会增加青少年成为朋党成员的可能性，而朋党成员资格又可能提升青少年的自尊。

区分同伴团体中不同朋党的一个重要因素是其对学业的基本态度（Brown &

Theobald，1998)。研究发现，朋党的分化可以在成绩的分化中看到，成绩最好的是一拨，成绩最差的又是一拨（Brown et al.，1993)。朋党某种特定的标准可能会把青少年送上学业失败的轨道，行为倾向怪异的朋党成员更可能比较早地从学校辍学(Cairns & Cairns，1994)。

朋党成员资格也和药物滥用及性行为有关。在一项研究中，研究者考察了五个不同类型的朋党，结果发现经常惹是生非的朋党以及反服从的朋党最可能去吸烟、酗酒等；而追求学业进步的朋党最不可能去做这些事。运动员朋党则最可能是性行为活跃的朋党（Prinstein et al.，1996)。

总而言之，就朋党来看，有以下几方面值得注意（Brown et al.，1995)：

其一，朋党的影响并不完全是消极的。在青少年期出现的朋党为青少年日后更为整合的自我认同的发展提供了临时的自我认同（Chen et al.，2003)。在好好学习、完成学业及与朋友共度时光等方面，同伴压力是非常强大的。而青少年报告说，在酗酒、滥用药物、尝试性行为及其他有损健康的行为方面，则没什么压力。

其二，朋党的影响对所有青少年来说并非如出一辙。朋党不仅仅是在服装、发型、音乐嗜好等方面各具特色，而且在一些有后续结果的活动上（比如努力学习或者行为怪异)，也是相差甚远（Youniss et al.，1994)。所以，朋党的好坏主要取决于青少年与之相联系的特定团伙。而且，有三分之一的学生是在几个团伙之间飘浮游移，而有些学生（孤立者）则完全与朋党无牵无挂。

其三，朋党是会发生变化的。阻止青少年从一个朋党或者团伙转换到另一个朋党或团伙的障碍，在九年级时比十二年级时更大。高年级学生比低年级学生更容易改变团伙的归属，或与别的团伙的成员建立友谊。

二、青少年的团伙

（一）团伙的形成与演变

随着同伴关系开始扩展，青少年不再只是参与两个人或者朋友之间的小团体——“朋党”——而是参与更大的、更为松散的团体，即“团伙”，它包含几个常常在学校或邻里街区保持联系的朋党（Urberg et al.，1995)。团伙中通常既有男性也有女性，并且在青少年期最为普遍。团伙通常是在两个到四个朋党凑到一起时形成的，所以，参与朋党常常是成为团伙成员的必由之路。然而，有一些青少年——特别是那些孤独的青少年——则是以参加某种活动或者兴趣小组（比如运动俱乐部）作为加入团伙的手段，进而可能在这些团体中建立友谊。

尽管朋党常常是以活动为基础而形成的，但是，团伙则是以“名声”为基础的。成为团伙的一员即意味着拥有与团伙成员相联系的某种态度和活动。尽管朋党的标准是在其自身友谊团体中形成的，但是，团伙的标准则有时是戴着有色眼镜的“旁观者”所强加的（Brown et al.，1994)。在青少年中期，开始出现配对约会的、联系松散的同伴网络。所以，中学里的青少年通常会开始离开他们那些联系紧密的朋党，而成为规模更大的、成员形形色色的团伙的成员。这为他们提供了更为强烈的归属感（Brown et al.，1994）。渐渐地，到青少年中后期，当异性同伴在陪伴上所起的作用更为重要时，那些男女混合的朋党开始取代同性朋党（Buhrmester & Furman，1987）。

关于青少年团伙的研究发现了五种典型的团伙（Sussman et al.，2007）：

一是"学校精英"（也叫"受欢迎的人""预科生"）：在学校里有最高的社会地位。

二是"运动健将"（也叫"运动员"）：喜欢运动，至少参加了一个运动社团。

三是"学霸"（也叫"人才""书呆子""极客"）：热衷于追求好的成绩，在社交上显得愚笨无能。

四是"叛逆者"（也叫"嗑药者""毁掉的人"）：游离于学校生活之外，因为滥用药物和热衷于各种危险行为而被其他的同学怀疑和疏离。

五是"小人物"（也叫"普通人""被忽略的人"）：不站在任何一边，没什么特色（不管是好的还是坏的方面），经常被其他学生所忽略。

在青少年后期，当团伙成员开始以新的观点来审视高等教育和职业规划时，当某些同伴离开学校开始工作时，不同团伙的界限就会渐渐被打破（如Brown，1990；Hendry et al.，1998）。在这一阶段，青少年几乎都把自己看成"成年人"，并且也被其他人认为是成年人（Hendry et al.，1992）。

（二）团伙的特征

团伙的特征被认为是具有一般的倾向或者共同的兴趣——他们的服装、爱好的音乐和活动等。青少年不会因为其个性、背景、兴趣及在同伴中的名声而被拽入个团伙中（Brown，1990）。每一个团伙都有一帮核心成员、一帮外围成员，以及一些总是在几个团伙之间"飘来飘去"的人。并不是每一个加入团伙的人都对自己的团伙感到满意，特别是那些渴望加入更有地位的团伙的人。

一方面，休闲娱乐方式的不同很显然会反映在青少年的看法上。比如，有些特别的行为可能被视为"坏"行为，有时甚至被视为一种威胁。也有一种倾向是，青少年会认为自己的团伙是正常的，而把别的团伙指为"怪异的"。比如有酗酒者、"嗑药者"，也有成天在街上瞎逛的。当青少年在不同的休闲环境中聚集时，他们就会有一种与心心相印的同伴在一起的意识，就会有一种与众不同的意识。一帮人可能就只是站在那里吸烟，想着自己是这里唯一正常的；也有一些人只是待在家里看电视。

另一方面，社会活动也被看成区分不同青少年的标志——有去跳舞的，有去逛夜间俱乐部的，有在大街上游荡到深夜的，等等。在这种社会活动和休闲活动的背景下，有些青少年就被划到"低地位"的团体中，被认为是孤立的或者不成熟的，常常成为其他团体评头论足的参照对象。然而，一般而言，同伴团伙都会认为自己的兴趣爱好及活动是正常的，相比之下，他们认为其他团伙则要么"庸俗"、要么

“差劲”，或者“悲哀”（Hendry et al.，1998）。

在团伙中，有大量的空闲时间是同伴们一起度过的，他们在一起谈论感兴趣的问题，比如其他团伙的活动、流行文化、最新时尚、新唱片新电影及电视节目等。青少年大量的时间是在交谈，而不是干别的。在旁观者看来可能是毫无目的、毫无意义的游荡及玩笑，却被青少年自己看成是最有意义的。当朋友不能见面时，打电话可以使这种谈话继续，特别是在彼此住家离得远的时候更是如此。

很多地方可以成为青少年聚会的地点。商场、游戏厅，甚至是街角、公园及其他方便的集合点都可以起到这种作用（Brown & Klute，2003）。所以，在很多的街道、公园或者其他公共场所，青少年团伙随处可见；不过，对于农村的青少年来说，就没有街角让他们聚会了，所以，学校成了他们重要的社交场合——虽然青少年们并不觉得这是一个理想的地点（Kloep & Hendry，1999）。同样有趣的是，从发展的观点看，对于男孩而言，“团伙阶段”通常出现得比女孩晚一些，这可能是由于青少年女性成熟得更早一些，并且她们通常与年龄大一些的男性同伴进行交往。

（三）团伙的功能

团伙的主要功能是促进两性之间的交往，有利于学习和实践男女之间的交往行为。团伙为青少年提供了机会，使之在保持团体归属感的同时，能够经常检验自己的自我认同（Pombeni et al.，1990）。比如，某些团伙会展示一种细微的然而又是与众不同的装束和发型（即团伙的“制服”），以表明他们是同一个团伙的成员，及他们与其他团伙不同的“独特性”（Eicher et al.，1991）。有些青少年甚至可能会使用化妆品，或者在走出家门之后变换“制服”，以免被持反对态度的父母发现。由于在比较大的学校里学生个人之间并不是很熟悉了解，所以，团伙有助于澄清同性同伴和异性同伴的“准入规则”。

在大多数学校里，占据主导地位的团伙是在社会交往及学业上都有能耐的。很少参加学校活动的团伙则被其他团伙看不上眼（Brown et al.，1993）。这种情况在农村地区也相差无几。研究表明，学校为团伙差异提供了一种背景（Hendry et al.，1998）。青少年的物以类聚常常与其明显的同伴地位有关，一个“高地位”的团伙通常被认为很“酷”，这与他们的消费水平、休闲方式及高档名牌服装是联系在一起的——当然他们是否真的很富裕则难以确定。青少年的这种物以类聚在学校生活的不同方面都有影响，既包括在正式的学校框架内，也包括对课外活动的影响。

到青少年中期，团伙变得更为重要（Molloy et al.，2014）。随着时间的推移，同龄人小组完全由混合性别小团体组成（Cooksey et al.，2002）。九年级的学生基本同意在他们学校中团伙结构确实存在，他们认为这些团伙对他们影响非常大。但是到了十一年级，团伙的重要性渐渐式微，青少年认为团伙对界定社会地位和影响社会认知的作用越来越小。我们可以发现，这个结果与朋友影响的研究结果类似，朋友的影响也是在青少年中期的时候最强，在高中后期影响力逐渐减弱（Brown et al.，2008）。随着学生接近高年级，他们对自己的认识更全面，通过人际关系提高社交技能和关系质量的需求有所下降(Makara & Madjar，2015)。年长的青少年很可能会觉得，留在团伙中会抹杀自己的特点和自我表达，所以同龄群体的逐渐解体反映了青少年的独特和连贯的自我意识的出现（Brown & Larson，2009)。

三、朋党和团伙的作用机制

很多家长都很担心自己的孩子会被青少年朋党或团伙带坏，因此会加强对青少年孩子交友行为的监控。但也有些人认为，人以群分，只有那些坏孩子才会加入那些有问题的小群体。那么青少年到底是被“带坏”了，还是主动选择了这些小群体呢？这个问题得到了许多研究者的关注。

研究者通过追踪和比较青少年同伴关系变化的模式发现，青少年小群体内既会因为最初的相似性而相互吸引（这个过程可以称为选择），也会因为朋友之间相互影响而变得相似（这个过程可以称为社会化），两种影响过程兼而有之（Ellis & Zarbatany，2017；Laursen，2017)。同伴群体会通过选择和社会化影响青少年的各个方面，包括学习成绩、幸福感、物质滥用、心理健康和犯罪行为（Parker et al.，2015；Rayner et al.，2013；Scalco et al.，2015；Shin，2017；van Zalk & Denissen，2015；van Workum et al.，2013)，以及恋爱关系和友谊（Simon et al.，2008)。

抽烟、饮酒的青少年更有可能选择同好者作为朋友（de la Haye et al.，2015；Leung et al.，2016；Osgood et al.，2013)。同样的道理，花时间和抽烟、饮酒的朋友在一起也会增加青少年抽烟、饮酒的概率（Fujimoto et al.，2012；McGloin et al.，2014)。相反的情况也会发生：当吸烟的青少年与不吸烟的青少年在一起时，吸烟者更有可能戒烟（Lakon et al.，2015)。欺负他人或对他人进行性骚扰的青少年更可能有同样问题的朋友（Jewell et al.，2015；Low et al.，2013；Sentse et al.，2014；Sijtsema et al.，2014)。而反社会的青少年如果没有朋友，或者是朋友攻击性很低，那么随着时间的推移，他们的反社会程度可能会降低（Adams et al.，2005)。但是如果交了反社会的朋友，他们就会变得更加反社会，甚至走上犯罪道路(Monahan et al.，2009；Weerman，2011)。

除了外化的问题行为外，选择和社会化也会影响青少年的内化问题。研究发现，有更多抑郁症状的青少年更可能选择其他抑郁的青少年作为朋友，这反过来又会加深自己和朋友的情绪问题（Brendgen et al.，2010；Goodwin et al.，2012；Kiuru et al.，2012)。那些超重的青少年也可能会选择其他超重的青少年作为朋友，这可能一方面是因为被不超重的同学拒绝（Schaefer & Simpkins，2014)，另一方面是因为是超重、久坐、沉溺于电子设备的青少年往往有同样不健康的生活方式（Marks et al.，2015；Simone et al.，2018)。

对于成年人担心的很多行为，比如饮酒过量和危险性行为，这些跟青少年自身的特点关系更紧密。同伴群体的社会化过程更多影响的是诸如穿衣打扮和音乐喜好等日常行为（Jaccard et al.，2005；Knecht et al.，2011）。当涉及问题行为和毒品使用时，即便父母不愿意承认，选择的力量也比社会化更大（de la Haye et al.，2013；DeLay et al.，2013；Franken et al.，2017；Fortuin et al.，2015）。也就是说，使用毒品或从事犯罪活动的青少年更有可能是主动选择了相同行为的朋友，而不是被动地被他们带坏了。

第五节　友谊和亲密关系

一、青少年的友谊

在青春期，青少年报告的友谊质量稳步增长。这些友谊质量的改善促进了社会能力的提升和积极情感的增加，这反过来又促进了青少年友谊质量的进一步改善（Glick & Rose，2011），形成了“螺旋上升状”发展趋势（Ramsey & Gentzler，2015）。尽管友谊质量的平均水平存在种族差异，如亚裔美国青少年比其他青少年更不满意他们的友谊，但不同种族群体的友谊质量的改善趋势是一样的（Way & Greene，2006）。

青少年友谊的重要性毋庸置疑，那么友谊能给青少年带来什么呢？

（一）友谊的作用

青少年的友谊能起到六种基本的作用（Gottman & Parker Eds.，1987）：一是“陪伴”。友谊给青少年提供了熟悉的伙伴，他们愿意待在一起，并参加一些相互合作的活动。二是“刺激”。友谊为青少年带来了有趣的信息、兴奋、快乐。三是“物理支持”。友谊会提供时间、资源及帮助。四是“人格自我支持”。友谊会提供对支持、鼓励和反馈的期望，这有助于青少年维持他们对自己的能力、魅力及个人价值的肯定。五是“社会比较”。友谊提供的信息让青少年知道自己和他人的立场，以及他们的所作所为的对错。六是“亲密”。友谊为青少年提供了一种温情的、密切的、信任的相互关系，这种关系中包含了自我表露。

在青少年早期，亲密朋友在心理上的重要性及亲密度已经今非昔比（Sullivan，1953）。朋友在形成儿童和青少年的幸福感、促进其发展上，也和父母一样举足轻重。就幸福感而言，所有的人都有很多的基本社会需要，包括亲近感（安全依恋）、玩伴、社会接受、亲密感及性行为。这些需要是否得以满足很大程度上决定了我们的幸福感。比如，如果对玩伴的需要没有得到满足，我们就会变得烦躁、抑郁；如果社会接受的需要没有得到满足，我们就会受到低自我价值感的折磨。从发展上看，在青少年期，对这些需要的满足越来越有赖于朋友，并且朋友关系的起起伏伏也越来越对青少年的幸福感产生与日俱增的影响。特别是，在青少年早期，亲密感的需要增强了，促使青少年去寻找亲密的朋友。如果青少年没有建立起这种亲密的友谊，他们就会体验到痛苦的孤独感，以及更加失落的自我价值感。

研究发现支持了上述观点。比如，青少年和年幼的儿童相比，他们更经常向自己的朋友说一些个人的隐私（Buhrmester & Furman，1987）。在满足陪伴的需要、确认价值感以及亲密感方面，青少年更为依赖朋友而不是父母（Furman & Buhrmester，1992）。在一项研究中，研究者对 13～16 岁的青少年连续进行了为期五天的每日访谈，以考察他们与朋友和父母在一起进行有意义的交往所花费的时间量（Buhrmester & Carbery，1992）。结果发现，青少年每天和朋友进行有意义交往的时间为 103 分钟，而与父母的交往时间则相形见绌，只是 28 分钟。此外，在青少年期，友谊的质量与幸福感之间的联系强于儿童期。与拥有亲密友谊的青少年相比，友谊一般或者根本没有亲密朋友的青少年更加感到孤独和抑郁，其自尊感也更低（Yin et al.，1996）。青少年早期的友谊对成年初期的自我价值感也是一个非常重要的预测变量（Bagwell et al.，1994）。

友谊日益亲密、愈加重要，这对青少年掌握更为复杂的社会技能提出了挑战（Porter，2000）。青少年的友谊代表了一种新的人际交往方式。在儿童期，好朋友就是玩得来的小伙伴：儿童必须知道在游戏中如何合作，必须谙熟怎么加入别人正在进行的游戏中。相比之下，青少年更为亲密的友谊则要求他们学习很多建立亲密关系所需的技能，包括知道如何恰当地自我表露，给朋友以情感支持，以不会损害友谊亲密度的方式来解决争端。这些能力要求青少年在观点采择、共情和社会问题解决方面必须比儿童期成熟老练。

青少年在友谊冲突方面存在一定的性别差异：男孩们的冲突更短暂，通常是关于权力和控制的问题（如在游戏中轮到谁），也更有可能升级为身体攻击，并且这种冲突经常通过“让事情过去”这种消极方式来解决（Rose & Asher，2017）。而女孩们的冲突时间更久，通常是关系中某种形式的背叛（如破坏信任或忽视对方）所致，并且只有在其中一方道歉后才能解决（Noakes & Rinaldi，2006；Raffaelli，1997）。当友谊结束时，女孩比男孩受到失去关系的不利影响更大（Bakker et al.，2010）。

同伴关系也会影响学习成绩（Gremmen et al.，2017；Shin & Ryan，2014）。在所有影响青少年行为的朋友因素中，朋友的学业表现影响最大，而且不仅对学习成绩有影响，还会影响他们的问题行为和毒品使用情况（Cook et al.，2007）。

同伴关系除了在社会能力的发展过程中产生影响之外，它常常也是重要的支持源（Berndt et al.，1999；Hartup & Collins，2000）。青少年的友谊对彼此的自我价值感给予支持，在亲密的朋友表白自己对自身有一种不安全感和畏惧时，他们会发现自己并不“异常”，并且自己也没有什么应该感到羞耻的。朋友也是青少年的心腹知己，通过提供情感支持和有意义的建议，有助于他们克服烦扰他们的困难（比如与父母的矛盾，或者失恋分手）。朋友也能够保护“脆弱”的青少年免受其他同伴的欺负（Bukowski et al.，1995）。而且，朋友在建立自我认同感方面也是有意义的伙伴。在没完没了的交谈中，在探讨从关于未来的梦想到宗教立场、道德等各种问题的过程中，朋友都会有响应。

综合来看，儿童和青少年通常都把朋友当作基本的认知资源和社会资源（Hartup，1996）。像从小学到中学这样的转换过程，对于有朋友的儿童来说是很容易适应的，而没有朋友的人则不然。友谊的质量也非常重要，社会技能都很娴熟的同伴之间的支持性友谊更具有发展优势，而压制的、隐含冲突的友谊则是另一回事。友谊及其在发展过程中的重要性对于青少年来说因人而异，青少年的各种特征（比如气质等）都可能会影响友谊的性质。

（二）友谊中的亲密

1. 亲密

在谈论友谊中的亲密时，研究者对它的界定未必一致，不过，其一致的内涵是：亲密指的是个人秘密思想的表白或分享。

在过去多年中，关于青少年友谊的研究中最为一致的发现是，亲密是友谊的一个重要特征（Berndt & Perry，1990）。在问年纪小一些的青少年他们最希望从朋友那里得到什么，或者怎么向别人介绍自己最要好的朋友时，他们通常会说，最好的朋友能够分担他们的困难、理解他们、听他们谈论自己的想法或感受。年幼的儿童在谈到自己的友谊时，则很少涉及自我表露或者相互理解等方面。研究已经表明，友谊的亲密度在13～16岁时比10～13岁时重要（Buhrmester，1989）。

青少年女孩的友谊比青少年男孩的友谊更加亲密吗？就亲密朋友而言，女孩比男孩更加强调亲密的交谈和信任感。女孩比男孩更敏感，更有同情心，知道朋友感觉抑郁或苦恼时更愿意安慰她们（van der Graaff et al.，2014）。女孩比男孩更有可能向朋友倾诉的一个原因是，女孩认为自我表露会让她们感觉更好，而男孩则认为这是浪费时间，会让他们感觉“奇怪”（Rose et al.，2012）。女孩重视以情感支持和关心为特征的友谊，男孩则重视游戏玩乐（Rose & Asher，2017）。男孩在表露自己的困难和问题时，彼此之间可能会进行相互贬损，因为这是其男性特征所决定的（Maccoby，1995）。男孩如果不能处理自己的问题和不安全感，就可能落得让别人叫自己“窝囊鬼”的地步。男孩们聚在一起更多是为了某个活动，通常是体育活动和竞争性的游戏；他们讨论的重点是成就，其中会包含更多的竞争和冲突（Rubin et al.，2006），甚至在网上交流中也是如此（Valkenburg & Peter，2007）。国内研究发现，高中生与不同表露对象以及在不同主题上的自我表露都高于初中生；女生在除了身体发育之外的主题（兴趣爱好、学习情况、学校经历、观点态度、亲子关系和亲密友谊）上的自我表露，以及与同性最要好朋友的自我表露上，都高于男生（刘艳，邹泓，2010）。关于青少年同伴网络的研究也发现，女生比男生更多地参与到学校的社会网络中（Urberg et al.，1995），女孩也比男孩更有可能拥有要好的朋友，更可能成为朋党成员。

2. 忠诚

和儿童相比，青少年把忠诚或者信任看成友谊中更重要的东西（Hartup & Abecassis，2004）。在谈到自己要好的朋友时，青少年常常提到的是，当和其他人一起时，朋友支持的是自己，例如“小刚在打架时帮我”或者“小洁不会撇下我去找别人”。从中可以看到，青少年并不重视同伴在一个更大的同伴团体中的义务。

对六至十二年级青少年同伴网络进行的研究还发现，青少年在提名谁是朋友时都很挑剔（Urberg et al.，1995）。在十二年级，青少年很少自己建立友谊，或者得到别人的友谊，他们也很少有共同的朋友。这种较从前更为挑剔的选择性可能是他们的社会认知技能提升所致，这种技能让年长一些的青少年可以对谁会喜欢他们做出更为准确的判定。

3. 相似

友谊的另一个显著特征是，从儿童期到青少年期，朋友一般都是相似的——包括年龄、性别、种族和很多其他的因素（Popp et al.，2008）。青少年和朋友在对学校的态度、学习成绩和教育计划方面往往大同小异（Flashman，2012；Smirnov & Thurner，2017）。那些获得高分、大量学习并计划上大学的青少年通常会有和他们有同样特点和愿望的朋友。其中一个原因是，学生在学校作业上投入多少时间会影响他们对其他活动的参与。第二个原因是，强调成绩的父母可能会坚持让青少年只和在学校表现好的同学在一起（Zhao & Gao，2014）。第三个原因是，学生的友谊对象往往来自同班同学，如果学校根据学习成绩来分班，那么他们和朋友的学习成绩就更有可能类似（Crosnoe，2002）。

二、恋爱关系

青少年阶段是恋爱关系开始发展的时期。研究发现，青少年的恋爱行为在整个青少年期与年俱增，而到了高中阶段增长更是显而易见（Szwedo et al.，2017）。进入青少年阶段后，他们借助于正式的或非正式的同伴团体，打破了儿童期的性别隔离，开始有了与异性之间的社会交往，但男女之间更为认真的交往却是通过约会才发生的。

（一）约会的功能

研究者指出，与从前相比，现在青少年的约会至少包含以下功能（Paul & White，1990）：（1）约会可能是一种娱乐方式。约会中的青少年似乎玩得不亦乐乎，他们把约会看成快乐之源。（2）约会可以提供一种地位和成就感。在青少年期，社会比较过程中就包含着对约会者地位的评价：他/她长得最好看吗？他/她最受欢迎吗？等等。（3）约会是青少年期社会化的一部分，它帮助青少年学会如何与人相处，帮助他们学会讲礼貌，学会恰当的社会行为。（4）约会帮助青少年明白什么是亲密，使他们有机会与一个异性建立独特的、有意义的关系。(5) 约会可能是探索和实践性行为的背景。(6) 通过与异性交往及共同参与活动，约会提供了一种陪伴。(7) 约会经验有助于自我认同的形成和发展；约会帮助青少年澄清自己的自我认同，帮助他们从家庭中分离出来。

在刚刚开始的恋爱关系中，很多青少年并不是为了满足依恋或者是为了满足性需要。相反，初期的恋爱关系是作为一种背景，青少年借此探索自己究竟有多少吸引力，自己应该怎样谈恋爱，所有这些在同伴眼中又是如何看的 (Brown, 1999)。只有在青少年获得某些基本的、与恋爱对象交往的能力之后，对依恋和性需要的满足才会成为这种关系中的核心功能 (Furman, 2002)。此外，至于约会的原因，年龄较小的青少年往往提到的是娱乐、获得同伴地位；到了青少年后期，年轻人对心理上的亲密感有了更大的需求，这时候他们想要找一个可以提供陪伴、感情和社会支持的人 (Collins & van Dulmen, 2006)。

值得注意的是，虽然青少年对性的兴趣很大程度上受到青春期激素变化的影响，但是文化对何时以及如何开始约会的期望却大相径庭。亚洲的青少年开始约会比较晚，与西方社会中的年轻人相比，其约会伴侣也更少，而后者会容忍甚至是鼓励在中学时期就开始约会 (Carver et al., 2003)。

此外，在过去的三十年里，出去约会的青少年的比例大幅下降。有研究者认为，青少年对网络社交的兴趣导致更多人喜欢在家里待着 (Twenge & Park, 2017)。也就是说，越来越少的青少年出门面对面约会，而是通过短信或社交媒体以电子方式“约会”。不过有研究发现，与恋爱对象频繁使用在线交流与较低的社会能力有关，特别是对男孩来说更是这样 (Nesi et al., 2017)。

(二) 恋爱关系的发展及影响

青少年的恋爱关系在不同年龄段表现出不同特点，而且直到高中阶段才会明显增加 (Szwedo et al., 2017)，但青少年前期的恋爱探索也不容忽视。有研究者总结了青少年恋爱关系的发展阶段，如表 8-1 所示。

在恋爱关系初期的探索过程中，青少年经常觉得很多人在一起更加自由自在，并开始和男女混合的团体一起玩。有时，他们只是待在某个人家里或者大家一起去逛商场、看电影 (Peterson, 1997)。

特别值得注意的是，过早地开始恋爱关系 (小于 15 岁) 意味着一系列消极后果 (Connolly et al., 2013; Connolly & McIsaac, 2009a; Furman & Collibee, 2014)。当然，这些消极后果不一定是恋爱带来的。因为那些 15 岁就开始约会和谈恋爱的青少年通常之前就没有建立良好的亲密关系 (Roisman et al., 2009)。那些有不良行为的兄弟姐妹或朋友、父母管束过度宽松的青少年也可能会过早开始约会 (Low & Shortt, 2017)。

表 8-1 青少年恋爱关系的发展阶段

阶段及年龄	表现特点
第一阶段：大约 11～13 岁	青少年首次表现出与潜在恋爱对象交往的兴趣。这个阶段的活动重点主要是了解自我。实际的恋爱关系建立在肤浅的迷恋基础之上，时间往往非常短暂，平均只持续几周。而且与异性交往成为同龄人群体中地位的决定性因素。这个年龄段的恋爱活动的主要目的是建立、改善或维持自己的同伴地位。
第二阶段：大约 14～16 岁	青少年走向更有意义的二人关系。约会是非常随意的，而且经常发生在群体环境中。这个年龄段的关系比上一阶段更持久，平均维持六个月左右。虽然青少年仍在了解自己作为恋爱对象的那部分自我，也没有完全不在乎同伴的评价，但他们开始充分投入恋爱情感体验，开始关注关系本身，超越了前一阶段的同伴地位问题。
第三阶段：大约 17～18 岁	青少年开始考虑恋爱关系的长期维系和发展。恋爱关系平均持续一年以上。在这个阶段，伴侣对亲密关系的需求（吸引他们在一起）和对自主性的需求（拉开他们的距离）之间往往会出现冲突。他们将承诺看得与激情和亲密一样重要，甚至更重要。

资料来源：Connolly & McIsaac，2009a。

当然，对于年龄较小的青少年来说，大多数并没有在谈恋爱（Feiring，1996）。大多数学生只是有过短期的恋爱关系，平均四个月。不足十分之一的恋爱关系超过一年。虽然他们的约会关系相对短暂，但是联系却很频繁。青少年说他们经常看到对方，差不多每天都打电话。约会实际上经常是发生在团体中，而不是二人世界。青少年约会时最经常做的事是看电影、吃个饭、逛商场、逛校园、开晚会、串串门。研究发现，十年级学生的约会关系平均持续五至六个月，到十二年级时增加到八个月（Dowdy & Kliewer，1998）。而与约会有关的亲子冲突，对于十二年级的学生来说就没有十年级的多。

总之，大多数青少年并没有真正意义上在谈恋爱，一些人只是有过短期的恋爱关系，平均四至五个月，高年级的持续时间长一些（Carver et al.，2003）；并且，随着年龄增长，结束关系的情况也相应增加（Connolly & McIsaac，2009b）。特别值得注意的是，过早约会以及和某人"外出"都往往与青少年怀孕、在家里及学校里的问题联系在一起（Eaton et al.，2007）。

一项针对五至八年级学生的追踪研究发现，四年之后，青少年和异性在一起的时间、对异性的思恋，与五、六年级时相比，在其每周的时间中占据得更多了（Richards et al.，1998）。五、六年级的女孩每周会有一小时见男孩，对异性的思恋不足两小时，而男孩所花的时间更少，对异性的思恋也不足一小时。但是，到十一年级，女孩每周有十小时和一个男孩在一起，男孩大约为一半。思恋的次数也增加了，女孩每周有八小时在想着一个男孩，而男孩大约有六小时。

恋爱对象之间冲突的来源主要是与关系发展有关的问题，如嫉妒、忽视、背叛、欺骗和猜忌（McIsaac et al.，2008；Norona et al.，2017）。研究者考察了青少年后期恋爱关系的质量与依恋类型之间的关系（Simpson，1990；Collins & Read，1990；

Feeney & Noller，1990)。研究结果一致发现，安全型依恋与高水平的信任、承诺、关系满意度相联系，与更为开放的沟通相联系。回避型依恋则与低水平的相互依赖和信任相联系，而矛盾型依恋则与忌妒、低水平的信任和满意度相联系。

一项研究考察了 13～19 岁青少年的依恋类型、情绪调节及适应之间的关系（Cooper et al.，1998)。结果发现，安全型和回避型的青少年其风险行为（学习成绩差、犯罪、滥用药物、发生性行为）都比焦虑矛盾型的少。然而，安全型和回避型的区别在于心理症状和自我概念上，安全型依恋的青少年显得适应更好。焦虑矛盾型的青少年适应最差，反映为不良的自我概念、高水平的问题症状及风险行为；这一组青少年问题行为的高发生率部分是由他们的抑郁和敌意水平造成的。此外，焦虑矛盾型的女孩在抑郁、焦虑和性行为上更为突出。总之，恋爱关系中所反映出来的依恋类型对于预测关系行为及其他方面的适应来说是很重要的。

（三）恋爱关系的影响因素

目前国内外大量研究显示，青少年恋爱关系发展的影响因素主要集中于家庭因素、同伴关系、冲突和沟通、文化因素等方面（参见刘文，毛晶晶，2011)。

1. 家庭因素

首先，许多研究表明，亲子关系的质量会对青少年的恋爱关系发展产生重要影响。温暖、安全的亲子关系对于满意的恋爱关系的获得而言至关重要（Auslander et al.，2009)。个体早期不安全的依恋模式会降低青少年恋爱冲突的解决能力，而那些与父母有高质量关系的青少年更有可能发展出高自尊，这反过来能促进恋爱关系的发展（Johnson & Galambos，2014)。总体而言，青少年与恋爱对象的关系跟他们与父母的关系和父母的婚姻关系如出一辙（Fosco et al.，2016；Rodriguez et al.，2014；Suh et al,，2016；Trifan & Stattin，2015)。这为社会学习理论和基于依恋理论的青少年亲密关系观提供了支持；家庭亲密关系的确为孩子与他人的关系提供了模板。

其次，父母教养方式与青少年恋爱关系存在着相关。有研究者（Auslander et al.，2009）对 102 名 14～21 岁的女生进行了研究，探讨了父母教养方式与恋爱关系质量间的关系。结果表明，权威型教养方式能使孩子在恋爱关系中具有较高的满意度。还有研究者（Bucx & Seiffge-Krenke，2010）进一步指出，异性父母对儿女交往技能的发展具有特殊作用，认为儿女与异性的交往能力主要是从其早期与异性父母的交往中获得的。

再次，父母对青少年恋爱关系的影响具有间接性。父母对青少年恋爱关系的影响要通过对友谊的干预来进行（Li et al.，2010)。由于父母影响的复杂性，父母的支持会促进恋爱关系的发展，而父母在限制儿女的恋爱关系时也可能对青少年的恋爱经验造成消极影响。

2. 同伴关系

同伴关系是影响青少年恋爱关系发展的重要因素之一。良好的同伴关系有助于青少年恋爱关系的发展。与朋友的关系质量是影响青少年恋爱关系质量的关键（Connolly & McIsaac，2009b）。朋友是青少年获得社会支持，以及了解有关恋爱关系的信息的重要源泉。因此，朋友具有获得并维持恋爱关系的功能。朋友的支持会促进恋爱关系的发展。研究（Connolly et al.，2004）发现，同伴与恋爱关系具有直接联系。同伴群体能够提供适宜的异性交往模式，且混合性别组与同性别组相比，具有更好的恋爱关系稳定性。

3. 冲突和沟通

首先，关系攻击是情侣在沟通交往过程中对伴侣进行躯体伤害以及心理攻击的行为（Connolly et al.，2010）。研究表明，30%～50%的青少年承认至少在一次恋爱关系中发生过躯体攻击（Williams et al.，2008）。青少年的躯体攻击是双向的，即男女都有可能对伴侣进行躯体攻击。除躯体攻击外，心理攻击在青少年的恋爱关系中也司空见惯。有研究者（Jouriles et al.，2009）检测了青少年对躯体攻击和心理攻击的心理评价，结果发现，心理攻击与躯体攻击相比，更容易引起青少年的不快，对恋爱关系具有更深的影响。

其次，从冲突解决策略来看，青少年对冲突和压力所采用的应对策略对恋爱关系具有调节作用。情侣双方协商的增多有助于形成更加稳定和持久的恋爱关系。有研究者（Nieder & Seiffge-Krenke，2001）指出，当情侣间的协商增多时，恋爱压力会减少，情侣间的恋爱关系会更加亲密。协商与寻求支持是各国青少年对恋爱冲突所采用的主要应对策略（Seiffge-Krenke et al.，2010）。研究发现，青少年解决友谊冲突的方式与小时候解决亲子冲突的方式相差无几，并且这种方式还可以预测以后如何解决恋爱冲突（Staats et al.，2018）。此外，青少年较少采取攻击的应对策略以解决恋爱关系中的冲突（Bucx & Seiffge-Krenke，2010）。但由于青少年期个体成人感和自我意识的分化，其尊重、独立和自主的需要会不断增强，所以他们倾向于独立解决问题而不去求助他人，从而导致协商、寻求支持等应对策略的减少。

最后，数字技术和社交媒体已经改变了青少年沟通和培养恋爱关系的方式（Tienda et al.，2022）。虽然研究者认为面对面的社交互动有助于形成更强的情感联系，但研究并未发现网络交流和面对面互动的亲密程度存在很大差异。相反，在线交流可以让青少年们在不方便见面或难以进行电话互动的时间和地点完成互动。青少年报告说，社交媒体是他们的恋爱中伴侣信息的重要来源（van Ouytsel et al.，2016）。在线浪漫关系研究发现，少数存在性别认同障碍的青少年更喜欢通过网络寻找恋爱对象，而且这种在线关系可以弥补线下亲密关系不足带来的影响（Korchmaros et al.，2015）。同样，那些在学校里不太合群和难以交到朋友的女孩更有可

恋爱小助手，
上网就能有？

能在网上发起恋爱关系，使用移动设备也增加了男孩在网上发起恋爱关系的概率（Tienda et al.，2022）。

4. 文化因素

社会文化是个体成长的宏系统。有研究者（Seiffge-Krenke et al.，2010）针对青少年的恋爱压力，采用问卷法对十七个国家的 8654 名青少年进行了跨文化研究。结果发现，中欧与南欧地区的青少年与其他地区相比具有较高的恋爱压力；南非、南美与中东地区的青少年更加关注身份压力。还有研究者（Ha et al.，2010）系统介绍了父母与同伴关系对荷兰本地以及移民青少年的恋爱关系的影响，证明了文化差异在恋爱关系中的导向作用。

中国青少年对恋爱关系多持保守态度（Moore & Leung，2001）。有研究者对中国青少年恋爱关系的情绪与行为影响进行分析后发现，恋爱关系终止是引发消极情绪及问题行为的重要因素；具体而言，女生更容易出现情绪问题，而男生则更容易出现问题行为（Chen et al.，2009）。此外，中国因受民族传统文化影响，教师与家长对青少年的恋爱关系基本上持否定态度，对青少年早期的恋爱关系并不支持。比较中国和加拿大两国的跨文化研究显示，中国青少年的恋爱关系在频率、交往程度、信任度等方面都低于加拿大青少年（Li et al.，2010）。

关键术语

同伴，同伴关系，朋友，同伴团体，服从，欺负，被欺负，同伴地位，朋党，团伙，友谊，亲密关系，恋爱

内容要点

1. 在青少年期，对亲密朋友的需求变得非常重要。性成熟带来了情感满足的需要、情感独立的需要、摆脱父母管教的需要。这时，青少年转向同伴去寻找从前由家庭给予的支持。

2. 在青少年期，同伴在陪伴、提供建议和支持与反馈、作为行为榜样，以及作为涉及个人品质和能力的比较信息源等方面，都有了越来越重要的作用。而青少年与父母的关系在朝着更加平等和互动的方向变化。

3. 友谊关系和亲子关系是不同结构的人际关系。对于青少年来说，父母和同伴的影响是互相补充的，为青少年在未来生活中建立成熟的人际关系建立了基础。

4. 服从同伴的压力在青少年期变得非常强大。在价值观、行为、爱好及反社会行为方面服从同伴团体，从儿童期到青少年中期变得越来越明显。

5. 欺负开始于童年中期并在青少年早期达到顶峰，在青少年后期则大幅减少。欺负是各国家普遍存在的现象。

6. 根据青少年在班级中受欢迎的程度，可以区分出四种同伴地位，即“受欢迎的”“被拒绝的”“有争议的”“被忽视的”。

7. 影响同伴地位的因素包括是否获得成就和参与活动、个性和社会技能、是否表现羞怯和行为怪异等。

8. 在青少年期，大多数的同伴关系可以做三个方面的划分：一是个人友谊，二是朋党，三是团伙。朋党规模较小，成员之间关系更为亲密，凝聚力比团伙更高。和友谊相比，朋党的规模大一些，亲密度则差一些。

9. 青少年的友谊能起到六种基本的作用：陪伴、刺激、物理支持、人格自我支持、社会比较、亲密。

10. 在刚刚开始的恋爱关系中，很多青少年并不是为了满足依恋或者是为了满足性需要。相反，初期的恋爱关系是作为一种背景，青少年借此去探索自己究竟有多少吸引力，自己应该怎样谈恋爱，所有这些在同伴眼中又是如何看的。

11. 青少年的恋爱关系在不同年龄段表现出不同特点，而且直到高中阶段才会明显增加，但青少年前期的恋爱探索也不容忽视。

12. 青少年恋爱关系发展的影响因素主要集中于家庭因素、同伴关系、沟通方式、文化因素等方面。

复习思考

1. 同伴关系为什么对青少年很重要？

2. 青少年同伴交往中出现的欺负者和被欺负者具有什么特征？如何干预校园欺负行为？

3. 如何理解同伴地位？影响青少年同伴地位的因素有哪些？

4. 青少年的恋爱关系表现出怎样的发展特点？

5. 如何理解朋党与团伙对青少年的影响？

第九章

青少年的发展环境

开脑思考

1. 未成年人犯罪研究经常发现，很多犯罪青少年来自离异和单亲家庭，这些孩子缺少管教、情感淡漠，对于自己的反社会行为毫无悔意。来自这种家庭的孩子一定会走上不归路吗？

2. 近年来各地特别是考生压力大的地区都崛起了规模庞大的“超级中学”，这些学校垄断了地区的优秀教师和生源，高考录取率十分惊人。在这种学校上学到底是利大于弊，还是弊大于利呢？

3. 由于网络成瘾像酗酒、吸毒和赌博等不良嗜好一样，会对青少年的学习和生活产生破坏性影响，很多家长谈网色变，纷纷禁止或限制自己的孩子上网。但网络作为现代人不可或缺的工具，完全避免接触是不可能的。应该如何对待青少年的上网行为呢？

学习重点

1. 领会家庭环境中父母婚姻和同胞关系对青少年发展的影响；
2. 理解学校环境中学校规模、班级设置和师生关系对青少年发展的影响；
3. 把握媒体技术背景中青少年的发展特点；
4. 运用跨文化视角分析文化与社会环境对青少年的影响。

环境既影响着个体的发展，也受发展中的个体的影响，青少年的发展也概莫能外。布朗芬布伦纳提出的生态系统理论认为，个体是通过与环境的各种因素的相互作用来发展和适应的。分析探讨青少年成长的各种环境系统，可以帮助我们理解他们的个体特征和发展特点。

布朗芬布伦纳提出的生态系统理论认为，影响个体发展的环境系统包括微系统、中系统、外系统、宏系统和时间系统。在这个复杂环境层次中，影响个体活动和交往的直接环境是微系统。对于青少年来说，微系统包括家庭、学校、健康服务机构、宗教团体、社区的游乐场所等。对于大多数个体而言，家庭是最重要的微系统，本章我们会首先分析家庭环境中的青少年发展。其次，由于青少年正处于“心理断乳期”，家庭的影响逐渐变小，同伴和学校产生的影响越来越大，所以接下来我们会探讨学校环境对青少年的影响。最后，我们还会关注家庭和学校所在的大背景——文化和媒体等因素的影响。

第一节　家庭环境

家庭是青少年从小成长的直接环境，对青少年发展的重要影响不言而喻。作为一个社会系统，家庭可被视为一个由各种子系统组成的集合体。每个家庭成员都是这些子系统的一员，有些子系统是二元系统（由两个人组成），有些是多元系统（由两个人以上组成）（Minuchin，2002）。父亲和孩子是一个二元系统，母亲和父亲又是另一个二元系统；父亲、母亲和孩子组成一个多元系统，而母亲和两个兄弟姐妹又组成另一个多元系统。这些系统之间的影响或直接，或间接，而且家庭成员与子系统之间是交互影响的。研究发现，大多数家庭中的关系都比我们所认为的要积极一些，家庭系统内成员之间的互动、父母与青少年之间的关系，以及青少年与其他兄弟姐妹之间的关系等，都可作为家庭背景对个体发展产生重要影响。

一、父母的婚姻关系

由父母组成的婚姻子系统对孩子行为的发展既有直接作用，也有间接影响。父母的婚姻模式不但为孩子提供了模仿和参照的对象，也为孩子营造了成长的背景。研究表明，婚姻幸福的父母对待儿童和青少年更加敏感、反应及时、充满温暖和富有感情（Grych，2002）。研究还发现，婚姻满意度通常也与良好的教养有关。婚姻关系对家庭教养有重要的支持作用。父母双方越亲密、沟通越好，他们对待儿童和青少年也就越关爱（Grych，2002）。

（一）婚姻关系的建构

关于家庭婚姻关系的建构，“发展建构观”（developmental construction views）认为，随着个体和关系的发展，人们不断地习得与他人相处的模式。这种观点主要包括两种不同的取向：一种取向强调整个生命历程中关系发展的连续性和稳定性，另一种取向则强调关系发展的不连续性和变化性（Conger et al.，2004；Scaramenlla & Conger，2003）。

“连续发展观”（continuity view）强调在整个生命历程中，早期亲子关系对人们和他人建立起来的基本关系模式起着重要作用，这些早期经验会影响个体后来的所有关系，包括同伴关系、友谊关系、师生关系和浪漫关系（Sroufe et al.，2005）。

这种观点甚至认为，生命中头两年内形成的亲子依恋关系塑造并构成了个体社会关系的基本组成部分。根据这种观点，父母早期作为孩童时形成的依恋类型会影响他们后来建立的婚姻关系。也就是说，本身拥有安全依恋的父母形成的婚姻关系也是安全稳定的。

“非连续发展观”（discontinuity view）则强调关系会因时间的流逝而变化和成长。随着人们逐渐长大，他们发展出许多不同类型的关系，如同伴关系、友谊关系和浪漫关系，它们彼此之间截然不同，需要个体建立起迥然不同的关系模式。个体的每个发展阶段都对其构建关系图式有独特的作用，毕生发展不仅仅取决于婴幼儿时的某个阶段。非连续发展观对个体的发展持有一种更灵活的看法，认为人们可以从新的关系中习得新的行为准则，不管早期经验如何，长大之后都可能拥有健康稳定的婚姻关系。根据这种观点，父母也是在关系形成和发展过程中不断调整和变化的，甚至可以说婚姻关系会因为孩子的到来而发生新的改变，父母关系也会受到孩子发展的影响。

（二）婚姻关系的变化

事实上，当孩子处于青少年期时，父母在各自的成人阶段也发生着一系列变化（Grotevant，1998）。在父母身上的变化，涉及对婚姻状况、经济负担、对职业生涯的重新评估、对时间的看法以及身体健康问题等（Collins & Laursen，2004），这些改变都可能会影响与青少年孩子的关系。

一项纵向研究考察了近 7000 对夫妇，发现在子女处于青少年期时，夫妻双方对婚姻关系更加不满（Benin，1997）。子女处于青少年期时，父母也感受到更大的经济压力。此时，他们可能会重新评估自己的职业成就，判断自己是否已经实现了年轻时的抱负（Collins & Laursen，2004），他们也会展望未来，思考自己还剩下多少时间去完成人生目标。父母也开始对自身的健康、身体和性吸引力充满担忧。即使他们的身体状况并未恶化，很多人仍然感觉自己在走下坡路。在一些与祖父母同住的文化中，子女上中学时，也是祖父母身体健康状况不断下降的时期，为了照顾年迈的祖父母和叛逆的青少年，父母此时的压力会成倍增加。

上述这些改变是成年中期发展的典型问题，大多数青少年的父母进入了成年中期，或即将跨入这个阶段。然而，过去几十年间，人们生儿育女的年龄发生了变化（Parke，2004；杨江权，2013），有些人过早地为人父母，另一些人则推迟了结婚和生子的年龄。在青少年期就为人父母和 30 岁甚至 40 岁才为人父母有很多不同。推迟生育可以为自身的教育和职业发展留出更多空间，那些推迟生育的男性和女性通常都接受了很好的教育，并且有很好的职业发展。婚姻关系也会随着生育年龄的不同而变化。一项研究比较了那些二十出头就生育的夫妇和 30 岁才生育的夫妇，结果发现晚育的夫妻之间关系更加平等，男性参与家务和照料孩子的时间也更多。那些年长的父亲比年轻的父亲更加温和，与孩子交流更好，更多地鼓励孩子的成就，更少苛求孩子，对规则的执行更为灵活，也表现出更少的拒绝（MacDonald，1987）。

（三）婚姻关系的破裂

离婚是指夫妻双方通过协议或诉讼的方式解除婚姻关系，终止夫妻间权利和义务的法律行为。根据美国2020年公布的数据，世界范围内离婚率（单位：离婚人数/每千人）最高的前几名国家为：马尔代夫，5.52‰；哈萨克斯坦，4.6‰；俄罗斯，3.9‰；白俄罗斯和比利时，均为3.6‰；摩尔多瓦，3.3‰；中国排到了第七位，为3.2‰（2018年数据）。根据中国民政部公开的数据，近几十年来，我国离婚率不断上升，粗离婚率从1985年的0.45‰，增长到2019年的3.36‰。

20世纪70年代以来，随着离婚率的迅速上升，有关父母离婚与孩子福利间关系的探讨也日趋活跃，形成了主要由社会学家、心理学家和经济学家参与的一个新的研究领域。研究主要侧重于两个方面：一是估计父母离婚对孩子生存和发展的影响，二是对这种影响予以理论解释。众多研究主要得出两种结论：一是“严重影响说”，有研究者（Krantz，1988）提出父母离婚将对孩子产生深远的伤害，后来又有人强调父母离婚对孩子的负面影响，如导致忧郁、青少年犯罪、学业成绩下降等（Wallerstein et al.，2000）；二是“有限影响说”，即承认离婚确实会给孩子造成一些后果，但是有75%～80%的孩子是能够很好地适应父母离婚的，而且约有20%因受到家庭变迁挑战而发现以前所没有的能力（Hetherington & Kelly，2003）。

在父母离婚对孩子的影响上，西方研究者总结提出了四大理论视角：结构功能论、经济剥夺论、父母冲突视角与符号互动论。

其一，结构功能论强调父母角色缺席对孩子的影响。家庭作为一个结构，每个成员都有其独一无二的功能，因此失去父母中的任何一人就等于是失去了一方的功能，这种功能包括经济提供、家庭照顾、角色榜样等。结构功能论重视家庭作为一个结构以及家庭成员的角色功能对孩子成长的影响，而对孩子的主体性和能动性则等闲视之。

其二，经济剥夺论着重从社会经济地位来分析离婚对孩子健康成长的影响，关注因离婚而导致的人力资本和经济资本变化对孩子的影响。离婚割断了父母之间收入的转移和分享，减少了家庭的经济规模和来源，减少了非监护人对孩子的经济投入，并削弱了父母之间分工合作的可能。经济剥夺论强调离婚给家庭带来经济上的压力，这是孩子面对父母离婚时所遭遇到的基本状况，也是可能导致孩子问题的基本原因所在。

其三，父母冲突视角强调父母关系尤其是父母冲突对孩子健康成长的影响。父母冲突对孩子的影响方式形形色色，可能导致亲子关系的变化以及家庭整合度的下降。这一理论视角强调父母间的冲突以及其难以解决的过程给孩子健康成长造成的负面影响，并认为这是父母离婚给孩子带来的最大负面影响。

其四，以米德为代表人物的符号互动论强调父/母对离婚的适应继而对孩子的影响，认为父/母的适应状况直接影响到孩子的适应和成长，并将注意力集中在监护人的适应上。

研究发现，在离婚家庭中家庭互动至关重要（Lewis et al.，2004），如果离婚父母之间的关系融洽，对孩子的教养方式也健康，那么青少年的适应状况良好（Hetherington & Stanley-Hagan，2002）。在大约四分之一到三分之一的离婚家庭中，青少年会与家人疏离，他们会尽可能减少待在家的时间，减少与家人的互动；而在没离婚的家庭中，只有十分之一的青少年会这么做（Hetherington & Kelly，2002）。在离婚家庭中，男孩比女孩更容易发生这种疏离现象。如果在家庭之外有一个关心他们的成人，他/她就能够帮助孩子面对这种家庭冲突环境。

国内研究主要从单身母亲家长的角度入手，较少关注单身父亲家长对其子女的影响。我国学者认为离婚对孩子的影响正反两面都有，而良好的父母亲职和家庭内聚力比离婚对孩子影响更大。未来的研究应更多关注家庭所有成员对婚姻破裂的适应和家庭身份、家庭亲密关系及家庭权利等的重新建立（邱芳等，2012）。

二、青少年和父母的角色

（一）父母的角色

家庭中父亲和母亲能否共同承担孩子的抚养责任极为重要。虽然现在父亲已经承担了比之前更多的养育责任，但儿童和青少年教养的主要责任仍落在母亲身上（Barnard & Solchany，2002），有调查显示，在大多数文化中，父亲与孩子在一起的时间仍然少于母亲（Pleck & Masciadrelli，2004；Yeung et al.，2001）。在传统的观念中，父亲的角色主要是提供家庭经济基础和管教年长的孩子，但现在除了这些，父亲也应主动投入对年幼孩子的照料和教育中去。一个关爱、和蔼、可靠的父亲能够给孩子信任和自信，父亲与孩子的互动有助于孩子的社会性发展（Jones et al.，2006）。很多研究表明，父母团结、合作和热情与孩子的亲社会行为表现和同伴关系良好相关联，这些因素缺乏会让孩子处于危机之中（McHale et al.，2002）。父母彼此尊重、平等、相互照顾，能够培养孩子对人的积极态度（Tamis-LeMonda & Cabrera Eds.，2002）。对于有工作的父母来说，合作与共同承担抚养责任能让他们更轻松地应对家庭环境的变化。

青少年进入青春期后会发生翻天覆地的变化，许多父母会觉得他们的孩子变了，从一个乖巧顺从的孩子变成了一个固执、经常反对或对抗父母指令的孩子。而父母也通常会给孩子施压，让他们遵从自己设定的标准。很多父母期待孩子一直如孩童般对自己百依百顺，还有一些父母则期待孩子一夜之间长大成人。但是孩子的成长是一个漫长的过程，其间充满了挑战和曲折，他们不可能一下就学会遵守成年人的准则。那些了解这一点的父母能够更好地应对青少年在青春期的转变。

父母在青少年的发展中扮演着不可或缺的角色，他们可以作为孩子面对挑战和机会时的管理者、社会关系的监督者、人际关系的发起者和组织者（Parke & Buriel，2006）。青少年的一个很重要的发展任务是培养独立决策的能力（Mortimer &

Larson，2002）。为了帮助孩子，父母需要做有效的管理者，通过与孩子沟通、查询信息等帮孩子做出决定并及时给予指导（Youniss & Ruth，2002）。这样做可以帮助孩子避免犯错误或少犯错误，并能让他们找到自己的方式来面对和处理其他的选择和决策。

父母也可以在孩子与同伴、朋友和其他成人交往时做指导工作。在孩子还小的时候，母亲通常比父亲更多承担这种工作。在抚养过程中，对孩子进行有效的监督必不可少。到了青少年期，父母还应了解孩子社会交往的对象、时间和地点，甚至还要关心他们交往的内容，如果出现问题要及时给予指导；应参加学校组织的家长交流，了解孩子在学校中的表现，督促孩子管理好自己的学业，等等。研究发现，那些缺乏父母监控的青少年表现出反社会行为的可能性更大（施学忠等，2002；张明，王建军，2006）。这跟之前我们曾讨论过的家庭教养方式的影响是一致的：监控和指导，是权威型教养方式的重要特点，这种教养方式下成长起来的青少年能够更好地应对和适应环境。

当然也要注意，尽管父母会对自己的孩子会产生毋庸置疑的影响，但是这一过程并不是一种简单的因果关系模型。实际上，不仅仅是孩子会受到父母的影响，而且，父母也会受到孩子的影响，这也被称为父母与孩子之间的“交互影响”或“双向影响”（Combs-Ronto et al.，2009）。

在家受控制，网上更暴力。

（二）青少年的角色

青少年期会发生生理和心理的一系列变化：进入青春期、逻辑推理能力提升和理想化思维增加、同伴关系和友谊改变、自主性增强等，这些变化都会影响到父母与孩子的关系。

在认知能力方面，青少年已经能够运用比儿童期更有逻辑性的方式来与父母辩论。在儿童期，孩子可能会不假思索地去执行父母的指令。但随着青少年期思维能力的提升，他们不大可能无条件接受父母的思想而言听计从，他们通常会想知道为什么自己要被父母管束，即便父母给出了合理的理由，他们也会抓住一些漏洞来狡辩一番。

除此之外，青少年日渐理想化的思维也会影响他们对待父母的方式。他们会将现实生活中的父母与想象中的父母形象进行对比。由于真实的父母不可避免地有些缺点，所以青少年会对自己的父母有些怅然失望。与此同时，青少年的自我中心思维使得他们非常关注他人对自己的看法，所以他们可能会对父母的言论反应过度。比如，父母对一个青少年的衣着进行评价，往往会引起孩子的强烈反感，甚至会引发一场亲子冲突。

自主性和独立性增强是青少年期的典型现象，但一些父母把孩子要求自主的行为看作“叛逆”或“翅膀硬了”。实际上，在大多数情况下，青少年追求自主与他们对父母的看法毫无瓜葛。一些健康的家庭会根据青少年的独立需求做出调整，开始以成人的方式对待他们，让他们参与到家庭决策中去。然而，还有相当一部分家庭仍固守父母控制的做法，父母在孩子面前摆出一副权威样，于是双方会产生激烈的冲突。很多父母会感到十分沮丧，因为孩子看上去“不听话了”；他们希望孩子能听家人的劝告，赶紧长大懂事。而且，自主性的增强还会导致青少年跟家长在一起的时间变少，除了学习之外，他们更多地跟同伴和朋友在一起。但也有研究发现，随着青少年年龄的增长，他们跟家长的交流也更多，交流的话题更多集中在人际方面（Gordon-Larsen et al.，1999）。

三、青少年和同胞的关系

同胞关系（sibling relationship）是指两个或两个以上兄弟姐妹从意识到对方存在的那一刻起，通过身体的、言语的和非言语的交流来分享与彼此有关的知识、观点、态度、信念和感受的所有互动（Cicirelli，1995；赵凤青，俞国良，2017）。同胞关系是家庭系统中最直接、最持久的人际纽带，是青少年社会性发展的重要背景（Dunn，2007）。与独生子女相比，拥有 1～2 个兄弟姐妹能够增强儿童的社会情绪理解能力、同伴交往能力，增加其亲社会行为，降低其外化问题（Downey & Condron，2004；Fabes et al.，2002；Yucel & Yuan，2015）。

同胞关系具有不同于与父母的关系的特点（East，2009；Kramer & Conger，2011）。这主要体现在四个方面：第一，同胞关系是自出生一直伴随到老年的、持续时间最长的人际关系；第二，它是一种被赋予的、个人无法自主选择的、非努力所能得的人际关系；第三，同胞之间的关系具有相对平等性；第四，同胞之间拥有共享或非共享的经历，这促成了同胞之间的相似性与差异性（Cicirelli，2013）。

（一）同胞的作用

家庭中兄弟姐妹对个体的发展也会有很大影响。之前几十年中国计划生育政策的推广，导致了独生子女家庭数量的增多。根据人口统计学研究，截止到 2015 年底，中国独生子女人口为 2.246 亿，占同期出生人口的 43%（李汉东等，2018）。现在第一代独生子女正处于生育年龄段，由于最近几年国家全面二孩政策的实施，估计今后国内独生子女和独生子女户数量不会继续增加。也就是说，很多家庭中还是存在兄弟姐妹的。

同胞之间常见的沟通方式有帮助、分享、教授、玩耍、打架等（Zukow-Goldring et al.，2002）。有一项研究发现，青少年每周与兄弟姐妹在一起的时间平均为 10 个小时，其中 12%的时间是一起从事建设性活动（如美术、音乐和兴趣爱好等创造性活动、体育、宗教活动以及游戏等），25%的时间从事非建设性活动（如看电视或一起出门玩耍）（Tucker et al.，2003）。另一项研究也发现，积极的兄弟姐妹关系可以使青少年感受到情感支持和学业方面的支持（Seginer，1998）。

有时兄弟姐妹对青少年社会化的影响甚至大于父母（Teti，2002）。与父母相比，一个年龄相近的兄弟姐妹更能理解青少年遇到的问题，也能和他们更有效地沟通。在处理同伴关系、应对严厉的老师及讨论禁忌话题（比如性话题）方面，兄弟姐妹对青少年社会化的影响要比父母大得多。虽然同胞对青少年的陪伴感与重要性跟父母不相上下，但在权力、合作和关系满意度方面，同胞关系更胜一筹（Furman & Buhrmester，1985）。这是因为兄弟姐妹之间离得很近，有更多机会进行互动，他们之间的关系也更加平等。尽管有一个在学业上成功的哥哥或姐姐似乎可以促进年幼青少年的成就，但来自哥哥或姐姐的太多学业支持实际上可能会破坏年幼青少年在学校的成功（Bouchey et al.，2010）。

在青少年阶段，个体与兄弟姐妹的关系，特别是与弟弟妹妹的关系会变得更加平等，同时也变得更加疏远，情感联结不那么紧密（Tucker et al.，2010；Whiteman et al.，2015）。同性别的姐妹关系和兄弟关系在青少年早中期亲密度会提升，之后会逐渐下降。但不同性别的兄弟姐妹关系则反其道而行之，前期亲密度下降，到了后期会提升（Scharf et al.，2005；Whiteman et al.，2011）。年幼的弟弟或妹妹对同胞手足的亲密感则要超过年长的青少年，他们更喜欢与自己的哥哥或姐姐亲密相处（张晓娟等，2018）。随着个体逐渐离开家庭、进入成年阶段，兄弟姐妹之间的关系会回归正常。总体而言，在童年和青少年时期，同胞关系的质量基本上稳稳当当。

冲突在兄弟姐妹关系中习以为常。兄弟姐妹之间的高强度冲突也会妨碍青少年的发展，尤其是遇到父母教养无效时。一项纵向研究发现，在 10～12 岁时，父母教育不当（问题解决技能低下、监督能力差、与青少年存在冲突）与兄弟姐妹冲突（攻击、打架、偷盗、欺骗）同时存在，能够预测 12～16 岁时的反社会行为和同伴关系不良（Bank et al.，2004）。随着个体在青春期早期的发育和成熟，兄弟姐妹之间的冲突与日俱增（Brody et al.，1994），此时青少年通常认为同胞关系比他们与同龄人的关系更消极（Buhrmester & Furman，1990）。青少年认为对兄弟姐妹的攻击比对朋友的攻击更容易被接受，这会导致兄弟姐妹之间的互相伤害变本加厉。

同胞关系可以促进青少年的学习能力、恋爱能力、社交能力、健康水平、自主性和自我价值感（Doughty et al.，2015；McHale et al.，2012）。那些兄弟姐妹关系亲密无间的青少年可以减轻家庭带来的压力（Waite et al.，2011），以及同伴友谊缺失带来的负面影响（East，2009），而且，家中的兄弟姐妹也可以作为榜样，对青少年的行为给予建议和指导（Kowal & Blinn-Pike，2004；Wheeler et al.，2016）。兄弟姐妹关系的质量还会影响青少年的心理健康（Bascoe et al.，2012；Solmeyer et al.，2014；Whiteman et al.，2015）。

当然，兄弟姐妹也可能会给青少年带来问题（Bank et al.，2004）。例如，家里有青春期姐姐的女孩更有可能尝试性活动和经历意外怀孕（East et al.，2007）。兄弟姐妹也会与青少年的物质滥用、反社会行为、焦虑感和自杀尝试行为有关（Samek et al.，2018；Poirier et al.，2017）。

（二）出生顺序

20 世纪 60 年代，荷兰研究者根据对大样本青少年的研究提出，家庭内孩子的出生顺序与其智力发展之间有密不可分的联系（Belmont & Marolla，1973）：家庭规模越大，孩子的智力水平越低；在两子女及多子女家庭中，排行越靠后，孩子的智力得分越低；独生子女的智力得分和四子女家庭中的长子（女）旗鼓相当。进化心理学家萨洛韦（Sulloway，1996，2001，2007b）进一步指出，出生顺序不同可能会导致个体性格出现差异，形成不同的社会态度以及家庭情感。

按照萨洛韦的观点，长子（女）通常在同胞关系中处于主导地位，并且为了取悦父母通常会表现得像“代理父母”一样去照顾和管教弟弟妹妹，从而提高尽责性，而且也容易习惯周围的环境，往往倾向于维持现状，思想保守，更倾向于赞同父母的是非标准和价值观，尊重权威，智商要比后面出生的子女高。父母对第一个孩子的高要求和高标准使他们比其他孩子更可能获得学业和事业上的成功（Furman & Lanthier，2002）。一般来说，长子（女）总是深知他们比弟妹老成、强壮和精明，因此显得很武断，喜欢处于支配地位。

次子（女）更多依靠社会支持，因而更善于社交，也更加外向，宜人性也更高（Sulloway，2007a）。排行中间的孩子会把这个世界看得更不公平，总倾向于欣赏惊世骇俗的新生事物，喜欢挑战和冒险。萨洛韦发现，那些能拥有新观点的往往是后出生者，他们刚出生时是家中最年幼的孩子，不过等有了弟弟妹妹后，他们既要当“老师”，又要做“学生”，他们不够资格享有长子（女）的威信和特权，以及幼子（女）的自由放纵；那些中间出生的子女在家庭中缺乏爱和关心，处于一个相对来说危险的境地，只能从与朋友的关系中弥补，他们善于运用“外交”策略和“政治”手段，更善于交际，通常在发生争执的时候扮演调解者（Sutton-Smith，1982）。

最后一个孩子出现的问题可能是最多的，因为他们往往受到父母和哥哥姐姐的庇护和疼爱，凡事往往可以不按父母的要求去做，容易形成依赖、幼稚等性格特点；他们喜欢玩，习惯当一个家庭中引人注目的角色；当然，有时他们也会受到上面几个哥哥姐姐的欺侮和管制，形成创新和反抗的性格特点。萨洛韦对 16 世纪以来在科学史上做出过重大贡献的 2784 位男性科学家进行了研究，结果发现，最富叛逆、创新和反抗精神的是那些有一个以上哥哥的小弟弟们，这些“小弟弟”占了绝大多数，如达尔文、哥白尼等（Sulloway，2007b）。

育儿求科学，
参与须踊跃。

独生子（女）与长子（女）情况类似，他们向往成功，也会主动取悦父母；但是也不尽然，有的独生子（女）更像老小的性格特征，因为父母把所有的爱都倾注到他们唯一的孩子身上。当然，并不是说出生顺序能够决定生活的一切，更不是说出生顺利能够决定性格。萨洛韦也承认，出生顺序的影响能够被其他因素所抵消、放大或掩盖，可以把出生顺序看作影响一个人性格的重要因素，但不是全部因素。

（三）同胞关系与父母-青少年关系

根据家庭系统观，青少年的人际关系是一个相互联系的网络。父母与青少年关系的质量影响着同胞关系的质量，同胞关系也会对其他家庭子系统产生错综复杂的影响。和谐的父母-青少年关系与较少的同胞冲突和更积极的同胞关系有关（East，2009）。相反，经历过母亲拒绝和消极的青少年与兄弟姐妹的关系，则更具有攻击性。

尽管很多人认为，同一个家庭中长大的孩子都有相同的环境，但实际上可能似是而非。一个家庭中的兄弟姐妹可能有非常不同的家庭经历。这可能与他们被父母有区别地对待和养育，不同个体对相似经历的感知不同，或者他们出生和成长的时间处于不同的家庭周期有关（Tucker et al.，2003；Ellis et al.，2012）。对于家庭关系来说，青少年期的前半段可能是亲子关系紧张和疏远的时期。如果家里有多个孩子，第一个出生的孩子进入青春期可能会带来更多的家庭冲突，但是之后的孩子就轻松多了。或许是父母从第一个孩子身上学习到经验教训的原因，后面的孩子再进入青少年阶段时亲子冲突就没有那么激烈了（Shanahan et al.，2007a，2007b）。

积极的亲子关系、支持性的父母教养与同胞温暖之间关系密切，而敌对的亲子关系对消极的同胞关系具有很强的预测作用（Stormshak et al.，2009）；同时，同胞温暖可以预测积极的父母教养方式（Yu & Gamble，2008）。从整个家庭系统的角度来看，积极的同胞关系会对家庭系统产生一定的补偿和缓冲作用；而消极的同胞关系则不利于家庭系统的良性运作。例如，对于处于父母婚姻不和谐、家庭冲突频率和强度较高的家庭环境中的儿童，积极的同胞关系可以减少其消极情绪和不良行为，进而减少其成年期的抑郁情绪（Tucker et al.，2013）；而消极的同胞关系可能恶化父母症状对孩子心理健康的影响（Keeton et al.，2015）。

来自母亲或父亲的区别对待经常引起兄弟姐妹之间的冲突，并引发青少年的问题行为，比如抑郁、反社会行为和早孕，这种情况在那些容易与兄弟姐妹做比较的青少年中更是司空见惯（Jensen & McHale，2017；Jensen et al.，2015）。适应较好的青少年比他们的兄弟姐妹更有可能认为自己与父母的关系密切，与兄弟姐妹的关系友好，他们更愿意参与家庭决策，也被赋予了更多的家庭责任（Shanahan et al.，2008）。随着年龄的增长，青少年会理解父母区别对待兄弟姐妹的原因。只有当这种区别对待被认为是不公平的时候，兄弟姐妹关系才会变得紧张（Feinberg et al.，2000）。对于父母来说，只要每个孩子都得到足够的支持，区别对待兄弟姐妹实际上可能是一件好事。有研究发现，当兄弟姐妹被父母区别对待时，他们会相处得更好，这大概是因为区别对待使他们感到自己是独一无二的，并减少了与兄弟姐妹的竞争（Feinberg et al.，2003）。

（四）同胞关系与同伴关系

青少年与朋友的关系质量影响他们与兄弟姐妹的互动方式（Kramer & Kowal，

2005)。跟同伴关系更类似，兄弟姐妹之间的关系给青少年探索平等的人际关系提供了机会。一项针对 12～20 岁青少年的追踪研究发现，与异性别同胞的关系可以显著预测青少年知觉浪漫的能力，并且在控制了亲子亲密程度之后，这一预测效应仍然显著（Doughty et al.，2015）。

相比于同伴关系对同胞关系的影响，同胞关系对青少年同伴关系的影响更大（Yeh & Lempers，2004），且同胞关系能够持久地正向预测其后续的同伴关系（Roskam et al.，2015）。研究发现，积极的同胞关系有利于提升青少年的社会情绪理解能力、亲社会技能和冲突解决策略，进而增加其亲社会行为，降低内化和外化问题（Brody，2004；Dunn & Munn，1986；Howe et al.，2001；Padilla-Walker et al.，2010），这些发展都会对青少年处理同伴关系中遇到的问题产生积极影响。另一项对 10～15 岁青少年同胞关系的纵向研究进一步表明，同胞互动的数量和模式对同伴关系质量影响甚微，但同胞关系质量对同伴关系质量具有显著预测作用（Yucel & Downey，2015）。可见，青少年从兄弟姐妹的互动中能学到很多社会关系方面的知识，他们会把这些知识和经验应用到友谊和恋爱关系中（Doughty et al.，2015；Harper et al.，2016）。反过来，在那些功能不良的家庭中，缺乏监督的兄弟姐妹之间的攻击性交流也会提供训练场，让青少年在其中学习、练习和完善反社会和攻击行为（Criss & Shaw，2005；Snyder et al.，2005）。

第二节　学校环境

青少年需要系统地学习文化知识，他们需要在学校里度过相当多的时间。学校不仅为青少年提供了受教育的环境，还提供了最初的社会舞台。随着儿童成长为青少年、青少年成长为成人，他们要经历几次学校教育的过渡：从小学到初中，从初中到高中，考上大学的孩子还要从高中过渡到大学，而另一些青少年则要从学校走向社会。小学时，教室是主要的环境，教师和同伴对小学生的影响更大。到了中学，社会活动场所扩大到整个学校，环境变得更大、更复杂，青少年与老师、同伴、朋友以及其他人的关系都会对青少年产生很大影响。

一、中学教育的定位

20 世纪 20 年代，美国中学的目标是教育各类青少年都能在美国社会生存，所以出现了综合型中学，除了文学艺术教育外，这些中学还提供综合教育、大学预科与职业训练等课程。到了 20 世纪中期，中学课程已经扩展到通过提供音乐、艺术、健康、体育等内容来为家庭生活和休闲做准备。20 世纪 70 年代早期，美国中学开始推行发展项目，包括更少的传统课堂教学时间与更多的在工厂学习技能的时间，以期获取直接的职业培训与经验。20 世纪 90 年代之后，美国中学开始实行结业考试，对学生的学业提出了更严格的要求。

在欧洲，大部分国家有三种类型的中学（Arnett，2002）。第一种类型是“大学预科学校”，它在许多方面与美国中学相似，因为它提供多种学业课程，目标是综合型的教育而不是针对任何特殊职业的教育。在大部分欧洲国家，大约一半的青少年上的是这种类型的学校。第二种类型是“职业学校”，青少年可以在这里学习到与某种特定职业有关的技能，例如管道修理与汽车维修。欧洲国家大约四分之一的青少年会上这一类型的学校。一些欧洲国家也会有第三种类型的中学，即致力于教师培训、艺术或某种其他特殊目标的“专业学校”（Flammer & Alsaker Eds.，2002）。大约四分之一的欧洲青少年会上这一类型的学校。一些欧洲国家，例如德国、瑞士，还有广大的学徒体系，在这一体系里，青少年可以业余参加某一职业或专业学校，并花一定的时间在成人的督导下在工厂学习某一职业技能。

我国中学的设置从总体上来说，也属于“综合型中学”。根据政府发布的教育政策和方针，我国中学阶段的教育属于基础教育，对于提高国民素质，培养各级各类人才具有全面性、基础性和先导性作用。初中和高中作为中学的不同阶段，在承担的任务和角色方面有所不同。

我国初中属于九年义务教育的一部分。义务教育是针对所有适龄儿童、青少年所统一实施的教育，具有强制性、免费性和普及性三个特点（顾明远，石中英主编，2010）。义务教育阶段注重品行培养，激发学习兴趣，培养健康体魄，养成良好习惯，也就是注重学生的德智体美全面发展。义务教育在教育思想上，体现大众教育、全面教育的思想；在教育目标上，以国民素质教育、基础文化教育为核心，坚持全面发展；在办学模式上，形成规划教育、标准化教育的基本格局。政府会采取有力措施，消除学校间差异，最大限度地实现教育公平的理想追求。这种定位是初中设立课程、实施教学的基础，决定了初中生学习的性质和内容。

高中教育在我国分为普通高中和中等职业学校两种，现有教育政策鼓励普通教育和职业教育互相沟通、协调发展。对于普通高中的定位，曾经有很多争论，争论的焦点是普通高中教育是不是“大学的预科”。在此我们参考林崇德（2013）的观点，认为普通高中教育是九年义务教育基础上面向大众、进一步提高国民素质的基础教育。不管能否从高中毕业并考上大学，高中都为培养合格公民提供了重要的保障，而且为学生的终生发展奠定了基础。

普通高中教育的培养目标强调学生应初步形成正确的人生观、价值观和世界观；爱祖国、自觉维护国家尊严和利益，继承中华民族的优秀传统，弘扬民族精神，有为民族振兴和社会进步做贡献的志向与愿望；具有民主与法治意识，遵守国家法律和社会公德，维护社会正义，自觉行使公民权利，履行公民义务，对自己的行为负责，对社会有责任感；具有终身学习的愿望和能力，掌握适应时代发展需要的基础知识和基本技能，学会收集、判断和处理信息，具有初步的科学与人文素养、环境意识、创新精神和实践能力；具有强健的体魄、顽强的意志，形成积极健康的生活方式和审美情趣，初步具有独立生活的能力、职业意识、创业精神和人生规划能力；

正确认识自己，尊重他人，学会交流和合作，具有团队精神，理解文化的多样性，初步具有面向世界的开放意识（中华人民共和国教育部，2003）。

此外，中等职业学校教育的目标主要是培养高素质劳动者和技能型人才。高等职业教育与普通高中教育的主要差别在于课程设置上应更专业，加强职业基础能力的训练和生涯指导，提高职业道德，拓宽知识层面，从而全面提高人才的素质。

二、学校规模和班级设置

从学校层面来看，学校里学生和教师人数、班级的规模和班级教学组织形式等因素都会影响办学效益和教育质量。

（一）学校规模

早在几十年前，教育领域普遍认为，大规模的学校拥有更多的资源，可以为学生提供更广泛和更高级的课程。只有学校达到一定规模和教师达到一定数量后，才比较容易出现多元的兴趣与多个专业，学生人数也足以支持更全面和更多类型的课程。有研究在考察美国18个州的高中后提出，小规模高中想要为学生提供高质量的全面教育，既要有为毕业后接受高等教育的学生打基础的课程，也要有为毕业后学生就业做准备的职业课程，因此需要付出的代价极其高昂（Slate & Jones，2005）。有学者在研究了美国38个州的资料后认为，小规模学校不太可能提供各种各样的专门课程（Walberg & Walberg，1994）。但已有的经验研究结果表明，学校规模扩大对课程设置的数量和种类的影响微不足道。还有研究者收集了在校学生人数在35名到2287名之间的各种中等学校规模的资料，发现学校规模的增加并没有导致课程同倍增加（Barker& Gump，1964）。当在校生数超过400名时，学校不会再增加课程的种类（Monk，1987）。除了学校规模对课程的数量和种类作用有限以外，课程数量增加也并不必然会改进课程质量，即单独就学校规模而言，学校规模扩大所增加的并不是数学或外语等高级课程，而是一些非核心科目的初级课程。

美国在1950年的《公立学校管理》中提出，初中学生最低不宜少于300人，最多不宜多于1100人（引自耿申，2003）。美国有学者（Castaldi，1982）曾建议初中人数最少为500～600人，最多为900～1100人，相当于20～40个班。有研究表明，学生人数为600～900人的中学，学生学习效果最佳；学校规模小于600人，学生学到的东西略少；学生人数多于2100人的中学，学生学习效果很不理想；学校规模越小，学生越能平均受益。偏重于追求经济效益的学校会偏离追求学习成就最大化的目标。因此在兼顾经济效益和学生平均受益两种目标的情况下，中学的学生规模以600～900人最为理想。

中国及其周边国家和地区在学校的结构和组织方式上，与欧美有所区别。例如教科书的配备，欧美一些国家中小学校每个学生可以自己选择教科书，而中国、日本、韩国等地的教科书配备方式是全年级使用统一的教科书。这一差别表明，学校规模计算上需采用不同的方法。在欧美地区，必须以学生数作为计算学校规模的基本指标，学校每增加和减少一定数量的学生，各项指标均会发生较大的变化。而在日本以及中国大陆和台湾地区，学生数的变化只要控制在一定范围内，则其他相关指标变化微乎其微，起到直接影响作用的是班级数量的变化。因此，台湾地区、日本学者关于学校规模的研究大多以班级数为基础指标。台湾学者杨锡安（1976）认为，小学和初中的规模应为24～36个班。我国教育部于1982年4月16日颁发试行的《中等师范学校及城市一般中小学校舍规划面积定额》规定，完全中学的规模为18、24、30个班，初级中学为18、24个班，小学为18、24个班。

（二）班级规模

除了学校的班级数量外，班级内的人数对学生的影响也很大。就教学而言，班级规模影响到教师的“教育关照度”，影响到课堂教学管理，也影响到教学效果（和学新，2001）。教育关照度是指在以班级为授课单位的条件下，教师对每个学生的关心与照顾程度。关照度越大，教师对每个学生的关心与照顾越多，师生个别交往的机会与时间越多，每个学生的发展可能会越好，可见提高教育关照度有助于教育机会的真正均等。在人数少的班级，学生的学习兴趣更浓，学习态度更好，违反纪律的现象较少，师生和同学关系融洽，学生有较强的归属感。

从我国近几十年来实施义务教育的实际做法看，教育决策者为扩大义务教育普及率和满足居民对高质量学校的入学需求，一般采取扩大学校规模和扩大班级规模两种做法。与扩大学校规模相比，扩大班额更有利于取得“在最小的经费投入下获得最大的入学普及率”的结果。假设班额一定，每扩大一定数额的学生，班级的数量相应也会扩大。这样就会导致班级规模越来越大。

美国的研究发现，在人数较少的班级，课堂气氛更加友好愉快，教师有更多的机会进行个别辅导、因材施教，教学活动和方式更加丰富多彩，学生也更积极地参与课内外学习活动（Glass & Smith，1979）。小班可以为提高教学质量创造良好的教学环境和学习气氛。学生的平均学习成绩随着班级规模的缩小而提高，而且当班级规模缩小到15人以下时，其效果会迅速提高。北京市西城区的一项关于小班化教学的研究也表明，小班（该课题组界定为30人以下的班额）有利于学生的身心健康发展（赵英汉，2002）。

从国内的实际情况来看，班级规模问题并不像学校规模问题那样，可以寻求一个“适宜”的额度，所需要做的主要是寻求一个在社会可以提供的教育条件前提下的最高班额限度。很显然，中小学采取小班额的政策是符合教育质量最大化的价值取向的。我国教育部1982年颁发试行的《中等师范学校及城市一般中小学校舍规划面积定额》规定，中学每班学生名额近期为50人，远期为45人；小学每班学生名额近期为45人，远期为40人。原国家教委1996年正式实施的《小学管理规程》规定，班级学额以不超过45人为宜。上述规定均为“适宜限”，即允许有适当的上下浮动，而非“上限”。北京教育科学研究院研究者建议，北京市中小学校的班额限定均应为 40 人，并作为“上限”，即只许向下减少，不许向上浮动（耿申，2003）。

（三）分层分班教学

班级授课制是我国基础教育中普遍采用的教学组织形式，但在实际教学中，班级授课制却因“大班额”现象严重，不能满足不同学生的学习需求而饱受诟病。围绕“班级授课制”弊端而进行的教学方式变革活动早已有之，分层教学和分班教学就是其中两种。

现代意义上的分层教学思想，于 20 世纪初由西方传入我国。国外对分层教学的研究，囊括了能力分组（ability grouping）、分组教学（group instruction/group teaching /grouping）、差异化教学（differentiated instruction）、分层教学（layered/hierarchical/stratified/tiered instruction）和个性化教学（individual instruction）等相关概念（Slavin，1987）。分班教学最初是针对班级授课制无法照顾学生个别差异的问题而提出的，它在一定程度上体现了教育个性化的理念，适应了学生的个性化发展。然而，分班教学虽然凸显了对个性化教学的尝试，但它是学校按照主观设定的标准将整个年级的学生划分为不同的层次后，再相应地设立针对各层次学生的班级，并配置有差异的教师、教学资源以开展教学活动的教学组织形式（许双成，张立昌，2015）。

对于分层和分班教学的利弊，国内外的教育工作者也一直争论不休。有研究者认为，每个人在知识、能力、智力因素与非智力因素等方面千差万别，一味强调教育资源配置均等，为受教育者提供相同的教育，反而可能漠视受教育者自主选择的权利，有悖教育公平的出发点（刘琪，杜学元，2021）。对于成绩优异学生和有学习障碍的学生而言，在单独班级授课（例如，为天资优异学生开设的强化班和为学习障碍学生开设的特殊教育班）是很好的做法（Steinberg，2019）。因为单独的教育计划可以满足学生的具体需求，教师就可以针对学生情况进行教学，更好地完成教学任务，有效提高教学效率。

但是，分班教学是学校按照主观设定的标准将学生划分为不同的层次。如果分班以学生成绩为依据，并由此为少数成绩优异的学生提供优先发展的机会，那么分班教学模式下的教育资源的配置，往往带有“等级”和“特权”的烙印，极易导致部分学生在实际教学活动中受到不公正对待。这可能会助长不同班级同学之间的相互对立，造成对成绩不良学生的社会孤立和污名化，他们可能被认为是“蠢笨”或“不可救药”的。因此，分班教学很大程度上会反映教学活动中的不平等现象，有违教育公平的原则。

有研究者认为，分类别教学对不同学生的影响因人而异。对资优青少年的研究发现，那些融入正规课堂的学生比被分配到特殊班级的学生有更积极的学业自我认知（Marsh et al.，1995），而这些影响甚至在毕业后仍然存在（Marsh et al.，2007）。在学生更多元化的学校就读的高能力学生也有更高的职业抱负，部分原因是跟同龄人相比，他们对自己的感觉更好（Nagengast & Marsh，2012）。这种现象被称为“大鱼小塘效应”，在不同文化中都随处可见（Marsh et al.，2015）。但对于那些学习不良的青少年来说，当他们将自己与成绩好的同学进行比较时，他们会觉得自己的能力不行（Becker et al.，2014；Thijs et al.，2010）。研究还发现，虽然高能力的学生在与天赋较低的同学一起上学时自我感觉良好，但他们实际上可能学得更少（Wouters et al.，2012）。

那么，如何在遵循教育公平原则的同时，还能兼顾不同学习水平的学生的学习需求和教学质量呢？研究者认为，如果根据学生的客观差异性进行分层或分班，分类的标准多元化、让家长参与和尊重学生的主体性等做法，就可以实现在共享优质教育资源基础上进行的差异化教学，能够促进不同学生的发展，同时也体现了教育的公平性（刘琪，杜学元，2021）。

三、师生关系

师生关系是青少年在学校背景中的主要人际关系之一，师生关系的质量会影响青少年各方面的发展。有研究发现，儿童早期形成的师生关系对儿童适应性和学业成就有重要影响，体验到亲密师生关系的儿童具有较高的学校适应水平和较强的学习动机；冲突型的师生关系则与学生逃避学校的行为存在正相关，与喜欢学校、自我指导以及课堂合作间存在负相关；在冲突的师生关系下，个体的亲社会行为随时间逐渐减少（Brich & Ladd，1997）。

教师作为教育者，其职能之一就是创造和建构民主平等的师生关系，使学生通过师生关系体验到尊重、信任、友善、理解等（邓光平，张学斌，2002）。曾经有心理学家和教育学家试图勾画出一幅优秀教师的形象，但个性的复杂性使得这项任务几乎不可能完成（Morrison & Pitfield，2006）。尽管如此，某些教师特质，如热心、稳重、镇定、适应、热情、灵活以及对个体差异的了解等，还是能够促进学生的积极表现。有学者提出，教师在课堂上使用的管理策略也很重要，跟家庭教养方式一样，使用“权威型课堂管理策略”（authoritative strategy of classroom management）的教师最有利于学生的发展，他们会跟学生进行大量的言语交谈，并表现出对他们的关怀，同时制定规章制度来管理学生的行为，鼓励学生在有效的控制下成为独立的思考者和行动者（桑特洛克，2013）。而使用专制型和放纵型课堂管理策略的教师会导致学生效率低下，缺乏自我控制力。

对学生喜欢上学的程度影响最大的因素之一就是老师对他们的尊重和关心程度（Hallinan，2008）。如果老师对学生有足够的支持，并对学生的行为和学业有一定要求，那么学生与学校的联系就更紧密，成就动机就更高。这些反过来又会降低学生的问题行为，并带来更高的出勤率、更强的未来导向、更多的支持性友谊和更高的考试分数（Li & Lerner，2011；Johnson et al.，2016；Pössel et al.，2013；Shin & Ryan，2017）。

如果班级氛围良好，学生和教师之间的关系是积极的，教师对学生既有要求又能提供支持，那么青少年心理健康水平和学习成绩都会提高（Engels et al.，2016；Kanacri et al.，2017；Markowitz，2017；Obsuth et al.，2017）。这种影响主要是通过学生积极参与课堂学习和活动来实现的（Dotterer & Lowe，2011；Reyes et al.，2012；Weyns et al.，2018）。

有研究者探讨了国内中小学生的师生关系类型（姚继海，唐丹，2005；王耘等，2001），发现青少年的师生关系可以分为矛盾冲突型、亲密和谐型、疏远平淡型三种。矛盾冲突型的师生关系具有较多的冲突和回避，学生与教师之间的依恋和亲密感也比较低；亲密和谐型的师生关系具有多亲密、多依恋、少冲突、少回避的特点，这是一种良好和谐的师生关系；疏远平淡型的师生关系主要表现出少依恋、少亲密、多回避的特点，师生交往时的态度和行为比较回避疏远。具有亲密和谐型师生关系的学生人数比例仅为34.8%，而具有矛盾冲突型和疏远平淡型师生关系的学生比例为65.2%。而且师生关系质量随年级升高呈波浪式下降趋势，初一学生的师生关系最好，初二和高二学生的师生关系最不理想。

四、好学校的特征

对于青少年的发展来说，什么样的学校是最好的呢？研究者总结了好学校的几个特征（Eccles & Roeser，2011）。

其一，好学校重视学生的学习（Ravitch，2000）。好学校会以不同的方式创造学习氛围，虽然这与学生群体的素质和学生规模休戚相关，但在好学校里，包括学生、教师、管理人员和家长在内的所有人都会关注同一个目标，那就是学习（Lee et al.，1997）。对于学生来说，学习比体育或课外活动更重要。对于教师和管理人员来说，学生好好学习比顺利毕业更重要。所有的学生都要学习，所有的学生都由有成熟教学经验的老师来教。

其二，好学校中的教师对学生尽职尽责。当教师在课堂上对学生严格要求时，学校管理人员会给予他们足够的自由和自主权（Lee et al.，1997）。虽然所有学校都要求教师必须完成基本的课程教学，但在好学校里，教师被赋予更多的权力，以决定如何计划课程和如何进行授课。当教师在学校管理中拥有发言权时，他们就会发现自己更认同学校的共同价值观。

其三，好学校能够很好地融入其所服务的社区（Eccles & Roeser，2009）。学校可以通过一定方式让家长参与到教育中来，这对学生的学习成绩有重要影响，同时也可以降低学生的辍学率（Rumberger & Palardy，2005）。好学校还会在当地的中学、学院和大学之间建立联系，方便超前学习的学生选修更有挑战性和更刺激的课程，并获得更多学分；也会在学校与当地企业雇主之间建立起桥梁，使即将毕业的学生了解他们所受到的中学教育与未来职业的关联。

其四，好学校由好学生组成，学生是教育过程的积极参与者，而不是课堂知识的被动接受者。好学校的气氛有秩序，但是并不压抑。好学校鼓励学生通过创造和创新进行学习和探索，要求学生们对重要问题进行批判性思考和辩论，而不是简单重复前一天的课程（Eccles & Roeser，2011）。

其五，好学校配备了合格的教师，他们都接受过专门的青少年教育训练。不同国家的研究发现，与那些在教师资质较差的学校就读的学生相比，那些学校里有高比例的认证教师、主修所教学科的教师以及经验丰富的教师的学生取得了更好的成绩，也更有可能顺利毕业。

总之，研究一致发现，学校教育对青少年的测验分数的预测力大于认知技能测试中的表现（如记忆力），这表明学校教育可能是促进了学生对新知识和信息的学习，并没有提高他们的信息处理能力（Finn et al.，2014）。所以，无论学校有什么缺点，留在学校都比辍学要好。留在学校学习，不仅可以提高青少年在未来的收入，而且也能促进其智力发展。挪威的追踪研究显示，自从挪威增加了青少年必须完成的学校教育年限，青年人口的平均智商明显提高（Brinch & Galloway，2012）。

第三节 文化与社会环境

作为个体成长的宏系统，文化、亚文化和社会环境渗透在青少年成长的方方面面。文化背景中形形色色的各种观念，通过媒体、家庭和学校等中介直接或间接地影响着个体的整个成长过程。

一、跨文化研究的启示

“文化”（culture）是指在某个特定群体中，代代传承的行为、方式、观念或者其他成果，这些成果都是在群体成员与其生存环境长年累月的互动过程中积累形成的（Kottak，1990）。文化包括很多不同的方面，可以从很多角度分析。有跨文化研究专家总结出文化的一系列特点，包括：（1）文化是由理念、价值观和有关生活的假设组成的，它可以指导人们的行为。（2）文化是由人创造的。（3）文化是代代相传的，身为父母、老师或社区领导者肩负着传递的责任。（4）当不同文化背景之间发生善意冲突时，文化的影响通常会变得尤为明显。（5）尽管存在妥协，文化价值观却是持久的。（6）当人们的文化价值观被亵渎或文化期望被忽略时，人们会做出情绪性的反应。（7）对于人们来说，在某个时刻接受某种文化价值观，在另一个时刻又反对它也是屡见不鲜的（Brislin，2000）。

在过去的几个世纪中，尤其是最近几十年里，交通、通信和商业技术突飞猛进，使得过往的一些思维都过时了。全球化已经不只是一种观念或选择，而是一个不可避免的现实。青少年已经不仅仅是某一个国家的成员，而且是整个世界的一员，世界变得越来越密不可分。通过理解各种文化中的行为和观念，我们彼此之间可以更有效地互动，让世界变得更加和平共处和美好。

“跨文化研究”（cross-culture studies）是指将某种文化与一种或多种文化进行比较的研究，关于青少年的跨文化研究能告诉我们世界上不同文化中的青少年发展有哪些相似之处，又有哪些地方大相径庭（Saraswathi Ed.，2003）。现在发展心理学领域关于青少年的观点，大多是从西方工业化文化背景中的研究中得到的结论，这种现象可能会导致人们得出关于青少年发展的错误或偏差看法（Miller & Schaberg，2003）。为了形成世界性的观点，我们需要考察不同文化中的青少年是如何度过他们的青春期生活的。

有研究者（Larson，2001；Larson & Verma，1999）考察了世界各地的青少年每天在工作、游戏和发展性活动（如学业）方面是如何分配时间的（见表 9-1）。与大多数非工业化国家相比，美国青少年在有偿工作上花费的时间更多，而非工业化国家的男孩比女孩有更多的有偿劳动时间。东亚青少年花在学业上的时间是美国青少年的近两倍，这跟不同文化对教育的要求不同有关。美国青少年比其他工业化国家的人有更多自由支配的时间，他们在清醒的时间里有 40%～50%的比例用于自由活动，自由时间更多花费在一些随意的休闲活动上。与美国青少年相比，东亚青少年有更少的时间用于有组织的志愿活动，如体育、兴趣小组和团体活动等。

表 9-1　世界各地青少年的日常时间分配

活动	非工业化国家未入学者	美国入学者	工业化国家入学者（欧洲）	东亚入学者
家务劳动	5～9 小时	20～40 分钟	20～40 分钟	10～20 分钟
有偿劳动	0.5～8 小时	40～60 分钟	10～20 分钟	0～10 分钟
学校作业	—	3～4.5 小时	4.0～5.5 小时	5.5～7.5 小时
总工作时间	6～9 小时	4～6 小时	4.5～6.5 小时	6～8 小时
看电视	缺失	1.5～2.5 小时	1.5～2.5 小时	1.5～2.5 小时
聊天	缺失	2～3 小时	缺失	45～60 分钟
体育运动	缺失	30～60 分钟	20～80 分钟	0～20 分钟
有组织的志愿活动	缺失	10～20 分钟	1～20 分钟	0～10 分钟
总自由时间	4～7 小时	6.5～8 小时	5.5～7.5 小时	4.0～5.5 小时

注：表中的数值是一周七天的平均值。花费在吃饭、个人生活自理、睡觉这类持续性活动上的时间未计入。表中关于非工业化国家的数据主要来自发展中国家的农村人口。

数据来源：Larson & Verma，1999。

在成就方面，跨文化研究表明，工业化国家（如美国）的父母认为成就和独立对孩子来说更重要，非工业化国家（如肯尼亚）的父母认为服从和责任更重要（Bacon et al.，1963）。在美国，与墨西哥裔的青少年相比，英国裔的青少年具有更强的竞争性和更少的合作性，他们更倾向于以个人为中心，而墨西哥裔青少年则更倾向于以家庭为中心（Kagan & Madsen，1972）。美国白人青少年虽然比拉美裔青少年有更强的成就导向，但他们并没有超越来自中国和日本的青少年。亚洲家庭对学业

个体要成长，文化有影响。

成就的强调使得亚洲青少年整体表现出优秀的学业成绩（Stevenson & Zusho，2002）。

文化在青少年的性行为方面也扮演着非常重要的角色。某些文化认为青少年的性行为是自然而然的，而某些文化则完全禁止青少年的性行为。在爱尔兰的比格岛上居住的人们对性行为的约束是全世界最严厉的，那里完全没有性教育，他们相信结婚后自然就会生育，婚前性行为是被完全禁止的（Messinger，1971）。而在南太平洋的曼加阿文化中，男孩在6～7岁时就知道自慰，13岁时就参加成人仪式，被教会一系列性行为技巧。当然，大部分文化介于这两种极端文化之间，对青少年性行为的态度通常要自由一些，但也不会毫无禁忌。即便没有专门的课程教习性知识，青少年也能从杂志、影视作品中了解性。

关于青少年网络欺负行为的研究发现，东亚国家对集体主义的认可和相互依赖型的自我结构可能成为网络欺负的助长因素（Barlett et al.，2014），导致东亚国家的网络欺负发生率高于其他地区（Park et al.，2021）。例如，有研究者指出，不同文化对于到底什么是欺负存在不同评判标准，某些地区的网络欺负水平低是因为采用了比其他文化更宽松的观点（Wang et al.，2019）。

以上列举的只是跨文化研究的一部分成果，这些成果让我们了解到世界文化的多样性。这提示我们，青少年的发展并非只有一种普遍标准可以参考，想要理解某个青少年的发展现状，需要考虑她/他所成长的文化背景。

二、媒体技术

媒体作为信息和观念传递的重要中介，对青少年的发展产生的影响非常大。如果以花费的时间作为评价标准的话，大众传媒无疑占用了青少年相当一部分时间。如今的青少年，被电视、计算机、手机、各种视频和音频播放器等媒体包围着。

（一）电视

近几十年来，几乎家家户户都拥有了电视，有些家庭甚至拥有不止一台。电视作为传递音像的媒体，曾被称为“世界的窗户”，自从20世纪初诞生以来就对世界产生着巨大的影响。但在青少年发展领域，电视扮演的角色似乎并不总是积极的。

很多研究者非常关注青少年的学习与看电视时间之间的关系，得到的结论是看电视作为不需要观众反馈的媒体，会让人越来越不愿意主动思考，青少年长期沉迷电视会导致其学习能力下降。读书和使用印刷媒体的孩子看电视的时间比那些不读书报的孩子少（Huston & Wright，1983），沉迷于电视的青少年不喜欢读书，认为书是枯燥而乏味的。青少年观看电视节目越多，其学业成绩就越低（Comstock & Scharrer，2006）。

电视媒体中出现的暴力节目对观看节目的孩子影响有多大，一直是研究者关注的问题。一项纵向研究发现，儿童在8岁时观看暴力电视节目的数量与其成年后犯罪行为的严重程度显著相关（Huesmann，1986）。另一项研究发现，儿童童年时观看暴力电视节目与其成年后的攻击行为有关（Huesmann et al.，2003）。观看攻击性电视节目最多的男孩，最有可能实施暴力犯罪、辱骂他人、在运动中挑衅他人、对别的男孩施以暴力威胁、在墙上乱涂乱画、打破窗户等行为。经常观看暴力节目的学龄前女孩比不经常观看暴力节目的女孩学习成绩更低（Anderson et al.，2001）。

除此之外，看电视还会影响健康。有调查显示，看电视少的人要比看电视多的人身体更健康，心态更积极（Tucker，1987）。过度看电视与青少年女孩的肥胖问题有关（Anderson et al.，2001）。

当然，不可否认的是，电视对青少年也有积极影响（Clifford et al.，1995；Fisch，2004）。电视会展示给青少年一种全新的、区别于他们生活中的样子的世界，让他们开阔视野、增长知识。电视会给青少年呈现不同的社会、文化、流行服饰、职业和亲密关系模式，让他们有模仿和学习的新对象。而且，有些类型的电视节目，比如教育类节目会给儿童带来积极影响，童年时观看教育类节目与其高中时的高学业成就和创造性有关（Anderson et al，2001）。

（二）互联网

随着互联网和上网工具技术的发展，使用计算机、手机和其他移动终端上网成为现代人经常做的事情。作为在数字时代成长起来的一代，现在的青少年几乎从小就被电脑和互联网等数字媒体所包围（Roberts & Foehr，2008）。青少年花在互联网上的时间有了巨大的增长，部分原因是智能手机带来的便利，部分原因是很多以前通过电视、收音机、杂志、报纸和游戏机等媒体传播的内容现在都能在互联网上信手拈来（Rideout et al.，2010）。

智能手机、平板电脑等便携上网工具的普及，让青少年在各个场合都能通过网络跟世界发生联系，很多青少年甚至表示无法想象没有网络的世界是什么样的。青少年触手可及的距离范围内就可以接触到电子屏幕，他们花费在网络中的时间越来越多，上网取代了以往阅读、外出等重要活动（Gentile et al.，2017）。青少年上网之后主要做的事情有搜索信息和浏览网页、收发邮件、表露自己和联系朋友、听听音乐、看看视频、玩玩游戏等（Lenhart et al.，2005）。

青少年对互联网的广泛使用是否影响了他们的发展和心理健康？正如一本关于这个问题的书名所恰当地表达的那样，“这很复杂”（Boyd，2014）。要搞清楚网络使用时间和青少年的心理健康之间的关系，应该考虑多方面的因素（Salmela-Aro et al.，2017）。

1. 上网时间的影响

一项对超过 12 万名英国青少年的研究发现，适量的屏幕时间似乎不会对心理健康产生负面影响，甚至可能有一些积极的影响（周末使用比工作日使用问题更少），尽管这项研究中青少年平均上网时间超过了一般水平（Przybylski & Weinstein，

2017）。

同样，虽然每天玩电子游戏超过三小时的学生在学校中可能表现出更多的问题行为，但与不玩游戏相比，每天游戏时间少于一小时反而对青少年有积极影响，特别是对那些玩单机游戏的青少年而言（Przybylski & Mishkin，2016）。

总体而言，只要上网时间占用了青少年原本用于睡眠和体育活动的时间，就会对他们的健康产生不利的影响。研究发现，青少年看电视和玩网络游戏的时间与他们花在体育活动上的时间成反比（Motl et al.，2006），许多青少年由于深夜使用网络导致其睡眠困难（Woods & Scott，2016；George & Odgers，2015；Lemola et al.，2015）。这的确证实了很多家长的担忧，长时间盯着手机或电脑屏幕，都会让孩子变得不健康。

2. 网络使用与身心发展

有一些证据表明，互联网可以被成功地用于促进心理健康，帮助个人处理抑郁和焦虑（Clarke et al.，2015）。但由于青少年上网的同时往往久坐不动，所以其网络使用时间与肥胖、高血压、睡眠不佳和其他不良健康指标（Goldfield et al.，2011；Mitchell et al.，2013；Turel et al.，2016），以及学校成绩下降（Kantomaa et al.，2016）有关。

由于使用互联网时用户可以同时处理多种不同的信息，很多研究者也关注网络使用对认知发展的影响。尽管媒体多任务处理是否降低了个体的认知控制能力，这一问题并没有得到一致结论（van der Schuur et al.，2015），甚至还有一些研究发现二者之间有积极关联（Alzahabi & Becker，2013），但也有研究者认为，高水平的媒体多任务处理和认知控制之间存在负相关（Parry & Roux，2019；Uncapher et al.，2017）。因此，尽管人们希望青少年能从更广阔的信息世界中受益，但也有很多人担心互联网会对青少年产生消极影响。

研究表明，这一类希望和担忧可能都被夸大了（Hofferth & Moon，2012）。根据一项对 22 个国家共 19 万多名学生的研究，没有证据表明青少年的学习成绩会因为玩游戏而得到帮助或受到伤害（Drummond & Sauer，2014），而关于媒体多任务处理如何影响青少年的认知控制，其结果则不太一致（Courage et al.，2015；Junco，2015）。

作为家长和老师心中的主要“假想敌”，网络游戏带来的麻烦可能比其他网络活动更多。网络游戏可能与强迫性使用互联网有关（van Rooij et al.，2010）。考虑到很多网络游戏涉及暴力（Strasburger et al.，2010），玩了更多网络视频游戏的青少年表现出更多攻击行为也就不足为奇（Ko et al.，2009；Willoughby et al.，2012）。

不得不重视的是，确有接近 10%的儿童和青少年投入大量精力用于玩网络游戏，他们的行为是“病态的”（Gentile et al.，2011；van den Eijnden et al.，2010），这少部分人的行为可以被称为“网络游戏成瘾”或“游戏障碍”（Skoric et al.，2009）。2019 年 5 月 25 日，《国际疾病分类》第十一次修订本（ICD-11）在第七十二届世界卫生大会上通过，正式把“游戏障碍”（gaming disorder）列为一种疾病（WHO，2019）。该障碍的诊断标准是“对游戏失去控制力，对游戏的重视程度高于其他活动，以至于游戏优先于其他兴趣和日常活动，以及即使出现了负面后果，仍将游戏继续下去并不断升级”，此类行为会造成个体明显的身体、心理、社会功能受损。

少数研究显示，玩视频游戏可能会增强视觉、反应、手眼协调、信息处理和解决问题的能力（Adachi & Willoughby，2013；Buelow et al.，2015；Ivory，2008；Jackson，2008）。这是因为除了时间因素之外，网络游戏的内容也事关紧要：玩亲社会游戏可以增强同理心，增加青少年帮助他人的倾向（Prot et al.，2014），玩体育视频游戏与体育活动增加有关（Adachi & Wiilloughby，2015），玩某些益智类游戏可以促进解决问题的能力，等等（Adachi & Willoughby，2017）。

此外，互联网中的内容良莠不齐，究竟对青少年起到什么作用还要进一步细化研究。如果互联网所传递的信息质量和内容有失偏颇，那么青少年能够分辨就很重要了。有两项关于进食障碍的研究得出了不同结论：一项研究发现基于互联网的饮食干预计划对减少暴饮暴食很有效（Jones et al.，2008），而另一项研究发现许多患有进食障碍的青少年访问的网站实际上进一步恶化了他们的进食障碍程度（Wilson et al.，2006）。同样，一些以自伤和自残行为为主题的网站可以为存在强迫性自伤的青少年提供宝贵的社会支持，但也有一些网站则鼓励这种行为，并提供各种自伤行为的技术指导（Mitchell et al.，2014）。

所以，在媒体时代，对青少年的指导和教育中也必须包含有提高其网络媒体信息素养的部分。我们应该通过学校和家庭教育指导与社会宣传等途径，结合青少年的认知发展特点，提升他们获取信息、思考和辨别信息的能力，促进其健康使用互联网。

关键术语

家庭系统，婚姻关系，离婚，同胞关系，出生顺序，中学教育，学校规模，师生关系，跨文化研究，电视，互联网

内容要点

1. 家庭环境对青少年的发展至关重要。婚姻关系对家庭教养有重要的支持作用，父母的婚姻关系越亲密，父母沟通越好，青少年从中获得的积极影响也越大。孩子进入青春期后，家庭中父母和青少年的角色都会相应地发生改变。

2. 随着世界范围内离婚率的上升，父母离婚是否对孩子有影响，主要有两种观点：一是“严重影响说”，认为父母离婚将对孩子产生深远的伤害；二是“有限影响说”，认为离婚会给孩子造成一些后果，但是大多数孩子能够适应父母的离婚。

3. 进入青少年期后，青少年和父母的角色都发生了相应变化。父母可以作为孩子面对挑战和机会时的管理者、社会关系的监督者、人际关系的发起者和组织者，青少年自主性和独立性的增强也会对父母产生影响。

4. 同胞关系是不同于亲子关系的家庭关系，是青少年社会性发展的重要背景。积极的同胞关系可以促进青少年的学习能力、社交能力、自主性和自我价值感等的发展。

5. 青少年与家庭中兄弟姐妹的关系也会影响其发展。孩子的出生顺序与其智力发展和性格类型之间存在一定的关系。

6. 中学教育的定位会影响学校的教育目标和课程的设置；学校规模的大小，包括学生和教师人数的多少、班级的数量和学校的面积等因素都会影响办学效益和教育质量；学校中的人际关系，包括师生关系、同伴关系等，都对青少年的发展有重要影响。

7. 文化背景中的各种观念，通过媒体、家庭和学校等中介直接或间接地影响着个体的整个成长过程。

8. 跨文化研究的成果提示我们，青少年的发展并非只有一种普遍标准可以参考，想要理解某个青少年的发展现状，需要考虑她/他所成长的文化背景。

9. 青少年对电视和互联网等媒体技术的使用会影响他们的发展状况，不恰当地使用媒体技术会对青少年发展造成消极影响。

复习思考

1. 如何理解父母的婚姻关系与青少年发展的关系？
2. 同伴关系对青少年的发展有什么影响？
3. 对于青少年来说，理想的学校应该是什么样的？
4. 文化和社会环境是通过哪些途径对青少年产生影响的？

第十章

青少年的问题行为

开脑思考

1. 随着互联网的发展，虚拟世界为人们的生活带来了纷繁复杂的可能性。你认为人们在上网的时候可以充分利用互联网的匿名性等特点为所欲为呢，还是在虚拟世界也应该保持道德操守？现实世界的道德准则适用于虚拟世界吗？

2. 很多成年后吸烟成瘾和依赖酒精的人是从十几岁就开始尝试吸烟和饮酒的。你认为这些人的行为是被父母遗传的，还是环境因素造成的呢？

3. 有时候我们会听到一些青少年做出“离家出走”的事，让关心他们的人又气又恨又担心。你认为是什么导致了青少年离家出走？他们这么做的目的是什么？有什么办法可以预防这类问题的发生呢？

学习重点

1. 领会青少年问题行为的特点和影响因素；

2. 理解青少年攻击行为、品行障碍、犯罪、吸烟和酗酒等外化问题的主要表现；

3. 把握内化问题的表现形式及主要特点。

一提到青少年或青春期，很多人会联想到思想叛逆、行为冲动和情绪不稳定。虽然不少青少年进入青春期后会出现自我怀疑、亲子冲突、学业受挫、焦虑和抑郁等情况，但是大多数青少年遇到的是正常而短暂的困难，这与少数青少年身上表现出来的严重的问题行为之间存在着重要的区别。

自上世纪之交开始，关于青少年发展的科学研究就一直或明示或隐晦地把问题行为的描述、解释、预测和矫正作为研究课题之一。青少年阶段有问题的发展过程比正常的发展更让人感兴趣，青少年的健康发展不只是能力方面的成长，更重要的是避免出现问题。

青少年的问题行为可以区分为偶尔的尝试性行为与持久性的危险行为或者惹麻

烦行为，青少年期才萌芽的问题与那些在以前就已经生根的问题；此外，很多问题从本质上讲是相对暂时的，进入成年期之后这些问题就会被解决掉，很少有长期的影响。人们现在对内化问题的了解远不及对外化问题的认识，但有一点似乎是清楚的：描述青少年期外化问题在中期达到顶峰而后下降的倒 U 形发展曲线，并不能够反映内化问题的发展变化。

第一节　问题行为的特点

在儿童和青少年心理病理学中，通常把问题行为分为两大类（Ollendick et al.，2008）："内化问题"（internalizing problem）和"外化问题"（externalizing problem）。外化问题主要是那些对他人有伤害和破坏性的行为，内化问题主要是自责型的情绪所带来的困扰。实际上这两种功能障碍都包含行为和情感内容，以及典型的认知特征。

一、基本特点

外化问题对一个人的外部世界造成困扰。外化问题的类型包括违法行为、打架斗殴、物质使用、危险驾驶、无保护的性行为等。与内化问题相似，外化问题也容易扎堆出现（Frick & Kimonis，2008）。譬如，打架斗殴的青少年与其他人相比，更有可能犯罪；有过无保护的性行为的青少年与其他人相比，更有可能使用物质，如酒精和大麻。青年人的外化问题有时候被称作"控制缺失"（van Leeuwen et al.，2004）。他们往往来自那些缺乏父母监管和控制的家庭（Thompson & Gregory，2011）。因此，他们缺乏自控能力，进而导致外化问题。较之女性，外化问题在男性中更为司空见惯（Frick & Kimonis，2008）。

内化问题和外化问题的另一个关键区别在于，有内化问题的年轻人通常会感到痛苦，而有外化问题的青年人则通常不会。西方社会中，大多数年轻人会时不时地有外化行为（Frick & Kimonis，2008）。虽然外化行为能够表明个体与家庭、朋友或学校之间有问题，但事实上许多有外化行为的年轻人并没有上述问题。诱发外化行为的并不是潜在的不愉快或潜意识心理，而是个体对于兴奋和强烈体验的需求（Arnett & Taber，1994），并且这类行为也是一种与同伴玩乐的方式（Maggs，1997）。在成年人看来，外化行为是一种不良的问题行为，但年轻人则不以为然。

关于青少年的问题行为，至少有三个方面是值得注意的：

第一，从持续时间上看，青少年的问题行为可以分为偶尔的尝试性行为与持久性的危险行为或者惹麻烦行为。偶尔的尝试性行为通常无伤大雅，但其发生率却远远超过持久性的危险行为（Johnston et al.，1997）。

第二，从问题起源上看，青少年的问题行为可以分为在青少年期才萌芽的问题与在之前就已经生根的问题。比如，某些青少年是在青少年期走上犯罪道路的，因此人们也往往会把犯罪和青少年期联系起来。然而，大多数现在惹上法律问题的青少年在其早年就已经在家里和学校“臭名昭著”了，对于一些犯罪的青少年来说，甚至在学前期就已经有明显的问题了（Moffitt et al.，2002）。

第三，从问题本质上看，青少年所遇到的很多问题是相对暂时的，进入成年期之后这些问题就会销声匿迹，很少有长期的影响。比如，在西方，药物滥用、失业以及犯罪就是三个典型的例子：在青少年和年轻人群体中，药物滥用、酗酒、失业以及犯罪的比率高于成人群体，但是大多数在青少年期吸过毒、酗过酒、曾失业或者犯过法的人，在长大成人之后都审慎行事，找了工作，遵纪守法（Steinberg，2014）。

此外，青少年的问题行为形形色色，其严重程度各不相同。有些问题行为更可能在某一发展水平出现，而不是在另一发展水平。比如，恐惧在幼儿期稀松平常，很多与学校有关的问题在儿童中后期俯拾皆是，而和药物有关的问题则在青少年期更为明显。抑郁、逃学、药物滥用多出现在年龄较大的青少年身上，而斗嘴争吵、打架斗殴和高声喧哗则多出现在年幼一些的青少年身上（Edelbrock，1989）。

有研究者（Loeber et al.，1993）提出了一个青少年破坏行为发展的三路径模型。其一，外显路径开始于小的攻击（如欺负他人），日后发展为身体打斗行为，最终成为严重的暴力。其二，内隐路径开始于小的非暴力行为（如小偷小摸），然后发展为故意破坏公物行为，最终发展为严重的财物犯罪。其三，权威冲突路径开始为固执行为，然后发展为反抗，最终发展为逃避权威（如离家出走）。通常，如果个体的破坏行为属于外显路径，他沿这一路径发展的同时，也沿着内隐路径发展。这些假设的路径在很大程度上在美国国家青少年调查（U. S. National Youth Survey；Tolan & Thomas，1995）以及芝加哥青少年发展研究（Chicago Youth Development Study；Tolan et al.，1998）中得到了证实。

二、影响因素

（一）家庭的影响

大量的研究关注的是家庭特征与风险行为的关系，它们一致发现教养方式和风险行为之间存在关联。具体而言，与其他青少年相比，权威型父母（与孩子的关系中，兼具温暖和控制）教养出来的青少年更少参与风险行为。相反，专制型父母（严厉控制，但不温暖）、纵容型父母（高温暖，低控制）或忽视型父母（低温暖，低控制）教育出来的青少年参与风险行为的比例更高。

因此，有物质使用问题的青少年较之他人，更有可能有纵容型、忽视型或敌意型父母（Barrera et al.，2001）。相反，那些生活在温暖、亲密家庭的青少年，有物质滥用问题的可能性非常低。其他与青少年物质滥用有关的家庭因素有高家庭冲突和家庭解体（Austin et al.，2005）。父母离婚的青少年更有可能使用物质，部分原因是强烈的家庭冲突经常会推动并导致离婚（Breivik et al.，2009）。

有一个或多个家庭成员使用物质或者家庭成员对物质使用态度宽容的青少年更可能使用物质（Luthar & Goldstein，2008）。在对违法行为的研究中，同样发现了类似的家庭因素。当缺乏父母监管时，青少年更有可能参与到违法行为中（Dishion et al.，2003）。来自离婚家庭的青少年违法率更高，部分原因就是当只有父亲或母亲一方进行教养时，监管会更加困难。

低社会经济地位的青少年比中产阶层背景的青少年更容易出问题（Achenbach，1991）。低社会经济地位的青少年的大多数问题属于失控的外化问题，比如破坏别人的东西、打架斗殴等。这些行为在男孩身上比女孩多。中产阶层背景的青少年，尤其是女孩的问题行为则更可能是过分控制的内化问题，比如焦虑或抑郁。此外，父母婚姻质量较低的孩子更容易产生外化问题及内化问题（吴莹婷等，2017；王振宏等，2020）。

（二）朋友的影响

研究发现，朋友对青少年风险行为的影响远比最初设想的要复杂得多。特别是，朋友间在风险行为上的相似性是缘于选择性关联和朋友们的影响。也就是说，年轻人倾向于选择那些与自身相似的朋友，即选择有相似的风险行为以及其他方面相似的人；然而一旦他们成为朋友，他们就会互相影响，即他们的风险行为水平会变得越发相似（Brown，2004；Jaccard et al.，2005）。

在对违法行为的研究中，朋友影响被认为在“社会化违法”中扮演着极为重要的角色（Dishion & Dodge，2005），因为违法行为是团体或团伙的一部分。“社会化的违法者”很少单独犯罪，而且除了犯罪行为之外，他们在心理功能和家庭关系上与非违法者没有什么不同。相反，“非社会化的违法者”通常没有朋友，并且独自犯案。

尽管社会化的违法者在很多方面与非违法者相似，但因其朋友圈或团伙都支持和推崇不法行为，所以他们仍然会犯罪（Dishion et al.，1999；Dishion & Dodge，2005）。虽然他们可能会疏远学校和其他成人机构，但是他们仍然会在违法者的友情团体中形成亲密的人际关系。他们并没有将违法行为视为不道德的或离经叛道的，而是把它看成寻找快乐、证明男子气概、表明对他人支持和忠诚的方式。团伙中的青少年通常属于这种社会化的违法者（Taylor et al.，2003）。

（三）其他社会化影响

研究发现，较差的学业成绩与各种类型的风险行为都有关联，尤其是在物质使用和违法行为方面（Bryant et al.，2003）。然而，在学校中的问题并不能解释风险行为，原因是那些最为严重和持久的风险行为卷入倾向早在入学前就已现端倪（Moffitt，1993，2007）。尽管如此，有些研究还是发现学校的总体环境能够影响青少年的风险行为（Denny et al.，2011）。迈克尔·路特（Michael Rutter）及其同事对英国学校的经典研究表明了学校环境对违法行为的影响（Nagel，1982）。他们对伦敦十二所学校的青少年追踪研究了四年（从 10 岁开始）。结果显示，即便在控制了诸如社会阶层、家庭气氛等因素后，学校环境仍对违法行为有显著影响。

其中，两个学校气氛特征具有显著的积极效应。一是学校的智力平衡，即学校拥有大量聪明的、以成就为导向的、遵循学校目标和规则的学生。这些学生会成为领袖人物，设定其他学生必须遵循的行为标准，从而打击不法行为。另一个重要的特征被路特及其同事称为学校“风气”，即学校广为风行的信仰体系。一种正面的风气，即强调学业价值、奖励良好表现、具有公平而严格的纪律，与青少年早期的低违法行为率有关。

街区和社区也是与青少年风险行为，尤其是违法行为有关的因素（Leventhal et al.，2009；Swenson Ed.，2005）。关于街区和社区因素的研究提到了高居住流动率与高违法犯罪率相关，原因可能是当人们频繁搬入、搬离街区时，居民们对邻居的依恋可能较低，也比较少地考虑邻居的看法（Zimmerman & Messner，2010）。另外，街区、社区对药物使用的标准以及社区中的毒品可得性都已经被证实与青少年的物质使用有关（Leventhal et al.，2009）。

此外，宗教信仰也成为与风险行为有关的兴趣话题。大量研究发现，宗教信仰与青少年参与风险行为呈负相关（Smith & Denton，2005；Steinman & Zimmerman，2004）。就像好的学校和权威型父母一样，宗教信仰和参与宗教活动也充当了一种“保护性因素”，降低了参与风险行为的可能性。然而，与学校或家庭不同的是，对于宗教信仰的作用，自我选择被看作一种可能的解释。也就是说，并不是宗教卷入使青少年较少地参与到风险行为中，而是努力追求高道德行为标准的年轻人既很少对风险行为感兴趣，又更多对宗教卷入感兴趣。

此外，现在科学家一致认为，大多数青少年的睡眠不足可能会导致各种问题，包括抑郁（Pieters et al.，2015；van Zundert et al.，2015）、烟酒和药物成瘾（Pasch et al.，2012）、肥胖（Turel et al.，2016）、认知缺陷（Thomas et al.，2015）、更差的人际关系（Tavernier & Willoughby，2015）、更差的学业成绩（Lin & Yi，2015），甚至犯罪行为（McGlinchey & Harvey，2015）。这可能是因为睡眠减少降低了青少年的自我控制能力（Tashjian et al.，2017；Warren et al.，2017）。

三、外化及内化问题的并发性

虽然对内化问题和外化问题进行区分有助于理解青少年时期的社会心理问题，但是要知道，某些青少年身上同时会表现出这两种问题（Yu et al.，2017）。有研究对外化问题和内化问题的共同典型特征进行了探讨，结果发现，尽管这两种类型的问题有明显不同的特点，但也很显著地表现出相关关系，表明它们具有并发的特性（Krueger et al.，1998）。随着青少年情绪或者焦虑症状的增长，其破坏性的品行障碍（问题行为、反叛行为、多动症等）也会如影随形。例如，违法乱纪的青少年有时候会抑郁（Beyers & Loeber，2003；Lee & Stone，2012；Martinez-Ferrer & Stattin，2017），抑郁或焦虑青少年有时候会滥用药物和酒精（Coker et al.，2014；Maslowsky et al.，2014；Monahan et al.，2014）。一些研究发现，同时具有这两类问题的年轻人往往家庭背景很糟糕（Moylan et al.，2010；Yong et al.，2014）。

越来越多的证据表明，不同的问题行为类型可能反映了不同的病因，它们有不同的相关因素和发展路径。比如，研究者发现，在儿童期罹患抑郁症的人，在成年期受到某些抑郁症状折磨的可能性是常人的四倍（Harrington et al.，1990）。然而，同时有抑郁症和品行障碍的儿童成年以后其抑郁症的发病率却比只是单纯有抑郁症的儿童低。在反社会的青少年身上如果出现焦虑症，其日后出现犯罪行为的可能性似乎也会下降（Raine et al.，1995）。抑郁或者焦虑可能会起着一种保护性的作用，随着时间的延续，它们会减少问题行为的发生率。有品行障碍的儿童如果并发焦虑症，其可的松的水平也比较高，这为焦虑症的实质提供了确凿的神经内分泌方面的证据。但是其他研究却发现了相反的证据。比如，一年级男生早期的攻击性与日后的攻击性之间的联系由于并发焦虑症状而加强了，而不是缓和了（Ialongo et al.，1996）。

与外化问题和内化问题联系在一起的功能障碍不胜枚举，它们给儿童青少年带来了诸多负面影响，比如心理社会性压力、贫穷困顿、父母不和、虐待以及得不到父母的情感支持等（Gotlib & Avison，1993）。在儿童青少年身上出现的各种严重的问题中可以看到，这些问题是由多方面的风险因素造成的（Sameroff et al.，1997）。

抑郁和反社会行为看起来有着共同的遗传因子。它们同时出现可能是因为共同的遗传因子增加了对这两种问题的易感性（O'Connor et al.，1998）。探讨这一问题的研究以同卵双生子青少年为被试，研究结果表明，基因对抑郁和反社会行为各自产生影响，同时对其并发性也产生影响。研究者认为，抑郁和反社会行为可能是相关的，因为基因会对与这两种问题行为相联系的同一神经传递系统产生影响。因此，我们看到，在心理药理学上可以同时对外化问题和内化问题进行治疗。这种治疗可能有助于调节情绪，从而对与问题行为相联系的各种消极情绪（如愤怒、恐惧、悲伤）产生作用。

从外化问题和内化问题的共同性来看，很显著的一个特征就是易怒的情绪症状。很多吻合抑郁症的儿童青少年往往也符合多动症、品行障碍以及焦虑症的标准（Biederman et al.，1995）。这些关系表明，要么抑郁反映的是指向内部的敌意冲动，要么反社会行为反映的是被蒙盖的抑郁症状。

第二节 外化问题概况

一、外化问题的特点

研究者一般认可年龄与犯罪呈负相关。特别是，犯罪率通常在 17 岁时很快达到顶峰，在成年初期又急速下降（Moffitt，1993）。随着年龄增长，犯罪的人越来越少。青少年的自我报告也表明，随着他们长大成熟，违法乱纪的事做得越来越少了。不过，综合起来看，可以认为反社会行为在青少年期的确是一个问题。

研究已经表明，实际上只是一小部分青少年犯了大多数的罪行。这部分青少年就是那些具有“终生持久性”（life-course-persistent，LCP）的违法者，大多数的罪行是他们犯下的（Moffitt，1993，2007）。进行终生持久性犯罪行为的青少年与“限于青少年期”（adolescence-limited，AL）犯罪的青少年有很多相似之处，但前者开始得早，其反社会行为与多动症、学业失败、攻击性或者暴力相联系。对于这些 LCP 青少年来说，比较早地对其以及他们的家庭进行干预似乎是唯一的解决办法（Bartusch et al.，1997；Rutter & English and Romanian Adoptees［ERA］study team，1998）。相比之下，对于那些看来只是在青少年期才参与反社会行为的青少年来说，则另当别论。

LCP 和 AL 两种类型的反社会行为的起因可能是不同的，或者它们演变的过程是不同的。前一类型的青少年其反社会行为有着较早的起源，并且和多动症、学业失败以及攻击性联系在一起，但与之不同的是，在青少年期才开始参与反社会行为的那些青少年之所以这样做，是因为他们的生理年龄与社会年龄之间的差距会带来压力（Moffitt，1993）。在青少年走向个体化的过程中，有一种心理需要大大增强了，那就是要觉得自己重要，要想为家庭、学校和社会做出重要的贡献。对于青少年什么时候算是成年了，社会一直到现在都是矛盾的态度，也就是说，除了允许吸烟、饮酒及发生性行为之外，并没有什么正式的成人仪式，所以，青少年去做那些遭禁的成人行为只是为了让自己有一种成人感。由于惯犯是在很长一段时间内一直做反社会的事，所以“正常的”青少年只是在以“准成人”的行为模仿“更有胆气的、经验丰富的”反社会青少年（Moffitt，1993）。研究者认为，事实上，成功的成人仪式应该是与低水平的犯罪参与率联系在一起的。

研究发现，生活方式的变化也会对违法犯罪的模式产生影响。例如，违法乱纪的青少年如果结婚较早、获得了中学文凭、接受了某种专业的职业训练，那么他们就很可能会放弃那些犯罪行为。有研究者（Rutter & English and Romanian Adoptees［ERA］study team，1998）认为，违法乱纪的高峰年龄可能与就业和教育的机会有关，因为在教育延长而青少年又不可能就业的那些国家里，高峰年龄出现得就比较靠后。也有研究者（Arnett，1999）指出，如果青少年每天都参与成人的活动，或者他们必须工作以支撑家庭，他们的问题行为就会很少。青少年需要合法的途径去消耗他们的精力和资源。以这种观点看，反社会行为之所以“正常”，只是由于我们的社会未能给青少年其他的方式来表达其成人感。

相似地，研究者提出，反社会行为与青少年所面对的其他发展任务是联系在一起的。特别是有研究者认为，AL 型反社会行为是由这一时期特定的原因引发的，包括青春期固有的生理失调、成年人所允许的及青少年所期望的自由程度的差距、西方文化中对个人主义的注重、迎接生活中的新挑战时所面对的困难等（Arnett，

1999)。的确，反社会行为似乎是在对同伴压力最敏感的时候到达顶峰的，而且，随着青少年逐渐学会自我控制，实施犯罪的可能性也就下降了（LeBlanc，1993)。

随着年龄的增长，大多数罪犯"金盆洗手"不干了，因为犯罪太危险了，体力负担也很重，得不偿失，并且对于大多数人来说，以犯罪作为一种生活方式所面临的惩罚更加严厉、时间更长。青少年随着年龄的增长，他们越来越害怕惩罚。

二、问题行为的隐义

实际上，我们应该注意到，把目光盯在让我们烦恼和愤怒的消极行为上是很容易的，而要想真正全面理解这些行为，我们就必须考虑到行为的积极面——该行为起什么作用或者该行为能够满足人的什么需要。比如，以青少年在学校的休息室里吸烟为例，这是一种普通的"问题行为"。这一"问题"的消极面是显而易见的：弄得到处都是烟雾，违反学校的规章制度，等等。那它有没有积极面呢？也许在休息室里吸烟能够起到一种作用，那就是张扬自己的独立性。

被成年人标定为"失常"或者"不当"的那些行为，可能恰恰是有助于青少年适应自己的环境的行为。青少年需要学会更为有效的、恰当的其他方法来应对自己的环境，以便在满足自己的需要时，不要惹上麻烦（Takanishi，1996)。青少年的各种冒险行为有其潜在的功能，能够反映相应的发展任务；这些行为是由一些可能产生破坏性影响的做法引发的，但也是可以通过有益的替代性措施来抵消的（Siegel & Scovill，2000)。从表 10-1 中我们可以看到一些典型的问题行为背后的种种意涵。

表 10-1 问题行为的潜在功能及其他

问题行为	行为的潜在功能	发展任务	对发展不利的因素	可以促进发展的措施
逃课逃学，不服老师管教	无力在学校内获得成功的挫折感的表现。	能力	学校规模较大；班级内生师比很高；按照能力分组。	提供个别化的计划；让拥有各种能力的青少年都能够获得成功。
做"准成人"的事（比如饮酒，滥用药物，过早地发生性行为）	应对焦虑、受挫和由不适感带来的恐惧的方式——通过模仿成人的行为来寻求他人对自己能力的认可，寻求他人的尊重。	向成年过渡	父母经常不在家导致与成人之间的亲近感缺乏；在学校或者社区与成人建立关系的机会太少；与成年人一对一独处的时间几乎没有。	教给青少年应对压力的方法；提供成年人的角色榜样；提供学习职业技能的机会；参与辅导或者实习计划。
表现出"青少年行为"（比如荒诞的服饰、音乐，污言秽语，违反宵禁之类的规矩）	表明个人状态的一种方式（我多么与众不同，多么重要，多么生气）——寻求他人对自己的个人价值的认可，希望做出独特的贡献。	自我认同，自主，个体化	大众传媒把青少年作为一个消费群体；青少年缺乏为家庭和社会做出积极贡献的机会。	让青少年参与规矩的制定；让他们参加决策；给他们提供更多的贡献社会的方式；在学校组织各种俱乐部。

续表

问题行为	行为的潜在功能	发展任务	对发展不利的因素	可以促进发展的措施
加入帮会，与犯罪同伴交往	满足归属需要的方式（我想要成为他们中的一分子）。	建立亲密感，建立关系	缺乏与亲社会同伴交往的机会；存在强迫性的家庭关系。	教给他们建立人际关系的技能、交谈的技能、共情技能；提供与亲社会同伴及成人交往的环境。
出格行为（比如在学校惹是生非，打架斗殴，威胁恐吓，偷窃，离家出走）	希望别人能够倾听自己的心声，希望得到理解；引起别人对自己所受不公平对待的注意。	自我认同，能力，勤奋	未能倾听青少年的心声；没有让他们参加规矩的制定和决策的过程；“替”青少年做一些事而不是“和”他们一起做事。	提供更为有力的、能够倾听青少年心声的成人角色榜样；教给青少年分辨和表达各种情绪的方法；教给他们谈判技能；让他们参与决策过程。
吸烟，发生性行为，饮酒	表现从儿童期向成年期的过渡——试图让他人认可自己是不可小视的，试图为自己建立一个角色。	向成年期过渡	对成年人和青少年的行为采取双重标准。	创建更为规范的标志来确认向成年期的过渡；当成年人“食言”时，向青少年认错。
超速驾驶，“感觉寻求”	逃避烦恼，寻求刺激——寻找一种方式以感到没有被羞辱、被忽视或者被认为无足轻重。	能力	社区中心、俱乐部或者其他成年人可以辅导青少年的环境太少。	为青少年组织令人兴奋的、有成年人进行指导的活动（比如午夜篮球赛）。
自己玩游戏机，和别人一起打游戏，在商店偷窃，故意破坏	检验个人局限和地位——寻求能力感，找一些可以“担当”的事。	自我认同	青少年缺乏获取成功的机会；缺乏向成年人学习的机会（比如职业技能、沟通技能）；缺乏为社会做贡献的机会。	创建使青少年能够从中获得自信、在某些事情上获得成功的环境；拓宽青少年获得成功的界定范围；不要只是局限在学业和运动上。
制造暴力，犯法	表达对成年人权威的反抗或者愤怒——寻求对没有安全感的环境的控制和把握。	信任对不信任，安全需要	未能使青少年摆脱贫穷、虐待、忽视、心理劣势。	比较早的儿童期干预最有效，而在青少年期则收效甚微。

资料来源：Siegel & Scovill，2000。

第三节　攻击行为、品行障碍与犯罪

一、攻击行为

攻击一般被定义为有意使他人受到伤害、损害的行为，以感觉愤怒、有意识伤害为特征。对学生攻击行为的研究多集中在攻击对学生同伴关系、学习成绩以及其他社会性发展结果的影响方面，也有研究探讨了不同性别学生的攻击行为表现和攻击随年龄变化而变化的情况。

（一）攻击行为的表现

实际上，几乎每个人都曾经做过攻击性的事情，比如，大约四分之一的美国青少年报告说在过去的一年里曾经打过架（Centers for Disease Control and Prevention，2017）。心理学家关注的是那些持续表现出攻击行为并对他人造成严重伤害的青少年。实际上，攻击行为在童年成长到青少年过程中会逐渐减少。就数量而言，最经常表现出攻击性的时期是学龄前时期，年幼的儿童经常打人、踢人或咬人。但从伤害程度上来看，青少年实施的攻击行为通常是儿童的攻击行为不可比拟的（Bongers et al.，2004）。

研究也发现女生同样有攻击行为表现，但表达方式有所不同。男生可能采用身体攻击，表现为击、打、推、威胁、揍别人等，这样能够有效阻止男生中以支配和工具性定向为特点的目标。女生可能更关注诸如与他人建立亲密无间的友谊之类的社交互动，这样，女生的攻击行为就多集中在社交关系问题上，并且通过对他人友谊和朋友接纳感觉的损害而实现。这种行为被称作"关系攻击"，表现为通过把某人赶出朋友群体来报复，有意识地终止或接受其他的朋友关系而对另外的学生造成伤害或控制，散布谣言使同伴们都拒绝某人，等等。关系攻击对于学生来说非常讨厌和具有破坏性，很多人把这种行为看成卑鄙无耻、充满敌意的伤害性动作，并且使人发怒。经常受关系攻击伤害的学生比其他学生会经历更显著的焦虑、抑郁之类的心理困扰。

（二）攻击行为的分类

攻击行为可以区分为工具性的或挑衅性的攻击行为，敌意性的或反应性的攻击行为。相比而言，前者不感情化，目的性强，多以占有、支配、侵犯以及故意伤害对方为目的，表现为威吓、统治、取笑别人、直呼其名和强迫行为等（Dodge et al.，1997）。学校的欺负现象多来自这种工具性攻击行为。

敌意性攻击行为是生气和狂怒没有得到控制而突然爆发，原因是目的没有达到、受到挑衅或遭遇挫折，表现为愤怒的表情、发脾气、报复性的敌对等。反应性攻击行为往往漫无目的，过于感情化，参与这种攻击行为的青少年多在感情调节和控制上有问题，他们在群体中很少有朋友，常被认为是失败者。

除了有攻击性以外，有工具性攻击行为的男孩子们还乐于表现自己，爱占上风，崇尚运动，有些幽默感。相反，有被动攻击行为的男孩子们则表现出生气、不爽、悲伤、不幽默。尽管两种攻击行为有很多不同，但它们之间的相关亦很高。对这两种攻击形式的区别要强调意图和行为上的差异，而不是攻击行为结果上的差异。

（三）言语攻击

相关研究对言语攻击、非言语攻击进行了区分。言语攻击在青少年时期逐渐变得显而易见（Samter，1992），与经常表现为身体攻击的学生不同，青少年花费更多的时间谈论别人（Riggio，1992）。随着年龄增长，学生的攻击越来越多地表现为言语形式的攻击而不是身体方面的有形攻击。

同伴对攻击行为的提及只关注该行为的结果而不是动机和情感，但已有研究提到言语攻击行为也有主动攻击倾向。比起其他攻击行为，如打人、尖叫等更多情感上的行为，清晰明白的言语信息更有确定的意图和理性。言语攻击所攻击的不仅仅是沟通过程中的主题方面的立场，还有自我概念（Infante & Wigley，1986），这一说法与羞辱他人和建立自我统治地位时的主动攻击行为的说法类似。例如，“攻击他人的智力水平，攻击他人的性格，侮辱他人，责备他人，取笑他人，使他人感觉自己一无是处”（Infante & Wigley，1986），这些都是指主动攻击。对亲子依恋与攻击行为的关系的研究发现，父母的可靠性与支持性对青少年的言语攻击的抑制影响最为突出（陈立民等，2011）。

对青少年的言语和非言语攻击进行的研究显示，两种形式的攻击均能导致学生在当前和未来被同伴拒绝（Chang et al.，2005）。研究也区分了主动攻击和反应性攻击，因为主动攻击是有意的，有明确的目标，期望伤害对方的感情。所有主动攻击的动机成分均被包括在对言语攻击的测量中，例如使用“试图伤害别人的感情”“侮辱别人”“诋毁别人”“使别人感到自卑”“恶意开别人的玩笑”之类的条目来测量学生的攻击行为。这些攻击性的言语条目均明确带有试图伤害别人和支配别人的目的。

情绪难控制，网上把人欺。

二、品行障碍

品行障碍（conduct disorder，CD）指的是在儿童和青少年时期出现的反复而持久的攻击和反社会行为，该行为侵犯他人的基本权利，并违反相应年龄的社会标准和规范。品行障碍是一种持久的品行不端行为模式，其发生率大约为2%～6%（宋平等，2018）。而且，存在品行障碍的青少年有高概率的并发障碍，如物质滥用、注意缺陷多动障碍、焦虑症等；某些品行障碍青少年还具有冷酷无情的特质，这会进一步让症状恶化并难以干预。

DSM-5关于品行障碍的诊断标准如表10-2所示。被诊断为品行障碍的人，如果在18岁以后仍有反社会行为，随后可能被诊断为反社会人格障碍，其特点是不重视社区的道德或法律标准，明显不能与他人相处或遵守社会规则。

表 10-2 DSM-5 关于品行障碍的诊断标准

品行障碍个体表现出侵犯他人基本权利或违反适龄社会规范或规则的行为，并且存在重复性和持续性。在过去十二个月内，在以下任何类别的十五项标准中至少有三项存在，而且在过去六个月内至少有一项标准存在。	
对人和动物有攻击性	■ 经常欺负、威胁或恐吓他人 ■ 经常挑起肢体冲突 ■ 使用过可对他人造成严重身体伤害的武器（如球棒、砖头、碎瓶子、刀、枪） ■ 对人进行过身体虐待 ■ 对动物进行过身体虐待 ■ 在面对受害者时进行过偷窃或抢劫 ■ 曾强迫他人进行性活动
破坏财产	■ 故意放火，意图造成严重损害 ■ 故意破坏他人的财产（除放火外）
欺骗或偷窃	■ 闯入他人的房屋、建筑物或汽车 ■ 经常撒谎以获得物品或好处，或者逃避义务（即“欺骗”他人） ■ 在不与受害者对质的情况下偷窃价值不高的物品（例如，入店行窃，但不是破门而入；伪造）。
严重违反规则	■ 13 岁以前就开始经常不顾父母的禁止而夜不归宿 ■ 至少有两次离家出走过夜，或有一次长时间没有回来 ■ 13 岁以前就开始经常逃学，行为上的干扰导致社会、学业或职业功能在临床上显著损害。

资料来源：American Psychiatric Association，2013。

青少年男孩表现出品行障碍的概率远高于女孩。研究发现，生物因素是攻击行为出现性别差异的原因之 (Michalska et al.，2015)。此外，儿童性别社会化也是导致品行障碍表现出性别差异的原因，在大多数文化中，男孩都被允许表现出更多的攻击性。但也有研究者认为，童年早期的不利经历对于男孩女孩具有同样的影响，他们更容易出现注意缺陷多动障碍，成为品行障碍青少年（Becker & McCloskey，2002）。还有研究显示，所有形式的童年虐待，即身体虐待、情感虐待、性虐待、身体忽视、情感忽视都与品行障碍相关联，且不存在性别差异（Boden et al.，2010）。

早期的品行障碍对个体的长期影响也有所不同。研究发现，品行障碍女孩在成年早期通常会有不稳定的家庭关系，且在亲密关系内常显示出反社会行为（Morcillo et al.，2012)。有品行障碍的女性更多报告曾被配偶或者恋爱中的伴侣袭击、跟踪、性攻击和患有威胁生命的疾病；曾有品行障碍的男性则更多报告被配偶或恋爱中伴侣以外的人袭击、武器胁迫或威胁，曾经历一次威胁生命的意外，以及被残忍伤害或杀害等（Krona et al.，2021)。

三、青少年犯罪

外化问题的第三个主要类别是青少年犯罪，与攻击行为或品行障碍不同的是，青少年犯罪是由法律来定义的。大多数儿童和青少年在其生活中的某个时候做过出格的事，或者是给自己、他人带来伤害、麻烦的事。如果这些行为经常发生在儿童期或者青少年早期，精神科医生就把它们诊断为品行障碍；但是，如果青少年的这些行为引起了违法的后果，社会就把它们认定为青少年犯罪。西方研究发现，年龄与犯罪之间的关系存在跨时代的一致性，而且分外突出：在长达一百五十多年时间里，大量犯罪由年轻人，主要是12～25岁的男性所实施，他们也更可能是犯罪的受害者（Pinker，2011）。

（一）个人因素

青少年犯罪的预测变量包括自我认同（消极）、自我控制（低水平）、年龄（开始得早）、性别（男性）、教育期望（低期望，少承诺）、学业成绩（在低年级时成绩就很差）、同伴影响（影响深，抵抗力弱）、社会经济地位（低）、父母的角色（缺乏监控，支持少，管教措施无效）、街区特点（城区，高犯罪率，高流动性）。

对这些与青少年犯罪有关的因素可以做更为深入的分析。埃里克森（Erikson，1968）认为，如果青少年在成长过程中未能形成社会认可的角色，或者他们自己觉得无法达到他人要求的水平，那么他们就可能形成消极的自我认同。形成消极自我认同的青少年可能会从犯罪的同伴团体那里寻找支持，这会进一步强化他们的消极自我认同。在埃里克森看来，青少年犯罪是建立自我认同的一种尝试，即使这种自我认同是一种消极的自我认同。

虽然没有某一种单一的个性类型与青少年犯罪相联系，但是研究已经发现了那些较有可能导致青少年犯罪的个性特点，包括社会性张扬、目中无人、内心矛盾、充满怨恨或敌意、缺乏自我控制等（Caspi et al.，1993）。而具有恰当的自我控制的青少年则往往不会参与犯罪。后来的研究证明，低自我控制是预测青少年违法犯罪行为的重要个体因素（屈智勇等，2009）。青少年犯罪，尤其是暴力犯罪者的愤怒情绪水平较高，并且在愤怒情绪的表达与控制方面存在缺陷。而这些特点可能与不良的家庭环境有关（邵阳等，2009）。

（二）环境因素

研究发现，家庭教养方式与犯罪青少年人格之间的关系受到同伴关系的影响：父亲的教养方式与犯罪青少年的情绪稳定性密切相关，但是同伴关系能够缓解父亲过分干涉对情绪稳定性的作用，却不能调节母亲教养方式的作用（彭运石等，2013）。

现在和过去相比，青少年犯罪尽管已经不是低社会经济地位阶层独有的现象，但是低社会经济地位的某些特征仍然可能促发青少年犯罪。这一阶层的很多同伴团体所秉持的行为标准是反社会的，或者就整体的社会标准和目标来说是无效的。这些青少年可能觉得，通过反社会行为可以引起他人的注意、赢得相应的地位。对低社会经济地位的男孩来说，“强硬点”“有点男子汉气概”是高地位的特质，并且这些特质常常是以青少年干了违法犯罪的事且成功逃脱惩罚来证明的。

家庭支持系统也和青少年犯罪是联系在一起的（Coughlin & Buchinich，1996；Laird et al.，2005）。与没有犯罪的青少年的父母相比，犯罪的青少年其父母在阻止反社会行为上力不从心，在鼓励社会接受的行为方面也是束手无策。在决定青少年是否会走上犯罪道路这一点上，父母对青少年的监控是极为重要的（Barnes & Farrell，1992）。对父母来说，能否肯定地回答“现在已经晚上10点了，你知道孩子在什么地方吗?”，看来是非常重要的。父母的行为模式也在家里影响着孩子的行为（DeBarshe et al.，1993）。父母双方如果总是对对方充满敌意，那么就可能使得女儿出现品行障碍，他们也更可能认为自己孩子的行为有问题。家庭的不和谐，管教措施的不一致、不恰当，也和青少年犯罪相联系。家庭缺乏凝聚力、家庭关系紧张都是突出的相关因素（Lytton，1995）。后来的研究发现，父母社会支持对犯罪青少年的积极和消极社会适应均有显著的预测作用，父母社会支持能增大情绪智力对积极社会适应的正向预测作用及对消极社会适应的反向预测作用，表明父母的社会支持具有缓冲效应（金灿灿等，2011）。

同伴关系也和青少年犯罪相联系，与犯罪的同伴交朋友会大大增加成为罪犯的可能性（Kazdin，1995）。从这方面讲，青少年犯罪是社会化不良的结果，青少年对自己的冲动无法给予适当的控制。青少年罪犯社会认知技能较差，他们在各种人际关系中体验到的冲突很大，这也会降低他们友谊的质量和稳定性。研究还发现，高同伴倾向的青少年也更有可能犯罪（Elliot & Menard，1996）。

犯罪率高的社区也会让青少年观察到很多干违法犯罪勾当的榜样（Kroneman et al.，2004；Sheidow et al.，2000）。这些社区的典型特征可能是贫穷，失业率高，与上层人存在疏离感。这些社区也会比较缺乏高质量的学校、教育投入、有组织的社区活动等。社区的特点会对青少年犯罪造成影响（Farrington，2000）。在高犯罪率的社区中，青少年会观察到从事犯罪活动的榜样，并且可能会由于跟随他们去干这些事而得到奖赏。反过来看，在家庭支持不当的时候，社区支持在预防青少年犯罪上就起着极为重要的作用。

由于青少年犯罪起源于儿童期，并且受到多重背景的影响，所以，相应的预防干预就必须尽早且着眼于多个层面（Frey et al.，2009）。积极的家庭关系、权威型的教养方式、高质量的学校教育、经济和社会条件健康的社区，都有助于减少青少年犯罪。元分析研究发现，家庭多重系统治疗是一种干预反社会青少年的行为的有效措施（Weiss et al.，2013），而且可以节省很多费用（Dopp et al.，2014）。相比之下，将反社会青少年集中在一起干预的效果往往不佳，因为这可能无意中促进了犯罪同龄人之间的友谊，而且反社会水平更高的青少年会教给那些经验不足的青少年一些“犯罪技巧”（Mager et al.，2005）。

第四节 吸烟与酗酒

一、吸烟

（一）青少年吸烟的状况

青少年吸烟的人数在 20 世纪 90 年代初期急剧上升，在过去的几年又有所回落。现在大约有 17%的八年级学生在吸烟（指的是在过去的 30 天内至少吸过一次），十年级为 26%，十二年级为 35%。在 2011 年的美国全国性调查中，有 19%的高中生承认使用过卷烟（在过去的 30 天里有至少一次）；大麻的使用率略高，23%的高中生承认在过去的一个月里使用过大麻。研究带来的好消息是，与二十年前相比，年轻的青少年尝试饮酒、吸食大麻和烟草的情况都变少了（Miech et al,，2017）。

男孩女孩的吸烟率非常相似。在 20 世纪 90 年代，嚼烟叶的情况也增加了：15%的男孩和 1.5%的女孩报告自己在过去的一个月内嚼过烟叶（Centers for Disease Control and Prevention/National Center for Health Statistics，1998）。尽管很多吸烟的青少年认为自己最终会戒烟，但是他们实际上是在欺骗自己：大多数人并没有戒掉，相反，随着年龄增长，他们吸得越来越多（Perry & Staufacker，1996）。研究表明，开始吸烟的可能性在 10 岁以后迅速增加，13～14 岁达到顶峰（Escobedo et al.，1993）。在 12 岁或者更早就开始吸烟的学生，与那些年龄更大些才开始吸烟的学生相比，他们更可能经常吸烟，而且吸烟更多。一般而言，在成年期吸烟厉害的人都是最早开始吸烟的。吸烟者酗酒的可能性是不吸烟者的三倍、服用违禁药物的可能性至少是十倍。

跟传统卷烟相比，大多数青少年认为电子烟的危害和成瘾性更小（Amrock et al.，2016；Owotomo et al.，2018），也因此愿意尝试吸电子烟，但这可能最终导致烟瘾（Barrington-Trimis et al,，2015，2016a，2016b；Wills et al.，2015）。实际上，电子烟也含有危害身体健康和大脑发育的化学物质（Hildick-Smith et al.，2015；Holliday & Gould，2016）。经常吸电子烟的青少年也更有可能出现狂饮、吸食大麻和使用其他非法药物（McCabe et al.，2017）。

（二）青少年吸烟的原因

虽然大多数青少年知道吸烟的危害，但是他们仍然会去吸烟，这当中有其复杂的原因。很多青少年会模仿吸烟的父母和其他成年人。如果父母和已经成年的哥哥姐姐不改变他们吸烟的习惯，那么要改变青少年的吸烟习惯就几乎是天方夜谭。如此多的青少年吸烟，其中一个重要的原因就是他们看见成年人在吸烟；他们正在竭力模仿成年人的行为，寻求同伴的赞许。与父母不吸烟的青少年相比，父母吸烟的青少年更可能成为吸烟者（Kandel & Wu，1995）。母亲吸烟与年幼的青少年（特别是女孩）吸烟之间的联系比父亲吸烟的情况下更为密切。

一项研究以七年级学生和他们的老师为对象，考察了老师的态度、行为目的、吸烟行为以及学生吸烟的风行程度之间的关系。结果发现，教师的吸烟行为与学生是否吸烟并没有正相关关系。然而，正在吸烟的教师一般来说就不太可能去干预学生是否拥有香烟或者是否吸烟（de Moor et al.，1992）。

一些青少年开始吸烟是因为同伴团体的压力（Prince，1995）。即使父母不吸烟，朋友吸烟也可能导致青少年开始吸烟（Stanton & Silva，1992）。这种现象在青少年早期比较明显，并且对男孩来说更是如此，他们把吸烟作为一种社会交往的应对机制。吸烟习惯的形成既是服从同伴的一种举动，也是父母及广告影响的结果。研究表明，与男孩相比，同伴在这方面对女孩的影响非常大，女孩一旦开始吸烟，她们就更不可能戒掉（van Roosmalen & McDaniel，1992）。国内的研究发现，与不吸烟的青少年相比，吸烟的青少年表现出更高的遵从动机和更低的自我效能感（林丹华，方晓义，2003）。同伴直接压力、父亲吸烟态度和反叛性可以显著地预测青少年吸烟行为的发生；男生、成绩较差的学生开始吸烟的人数显著地多于女生和成绩较好的学生（林丹华等，2008）。

吸烟早也可能是和某些青少年在自尊及地位方面的需要联系在一起的（Abernathy et al.，1995）。通常，吸烟的青少年主要是把吸烟作为一种补偿策略，因为他们在学校的各种表现已经落后于同龄人，因为他们不参加课外活动，或者因为他们有其他的渴望满足的自我需要。吸烟的女孩是把它作为一种反叛和对自主的追求。低社会经济地位的孩子往往比中产阶层的孩子更早开始吸烟，主要就是为了获取社会地位。还有研究发现，主观上觉得自己家庭地位低的青少年，更可能吸烟；低主观学校地位的青少年在吸烟行为得分上要显著高于高主观学校地位的青少年（夏良伟等，2012）。

青少年一旦开始吸烟，就会继续吸下去，其原因与成年人是一样的：（1）解除紧张。吸烟多的人往往是过分紧张、不安宁的人。（2）形成了无意识的习惯。吸烟一旦变成一种反射活动，就很难戒断。（3）与人际交往和快乐形成了联系。吸烟往往会与饭后交谈、社交聚会或者某些快乐的环境联系在一起。（4）强迫性的口部活动。吸烟是为了重温婴儿哺乳期的被动快乐。（5）对尼古丁的生理依赖。吸烟者不仅心理上对香烟有依赖，而且生理上也成瘾了。

二、酗酒

（一）青少年饮酒的状况

研究表明，在青少年中酗酒现象仍然不容忽视（Johnston et al.，1999）。不过，它还是呈现出一种下降的趋势——1980 年青少年每月有过饮酒的比例为 72%，至 1999 年下降到 51%。狂饮的情况（在过去的两周连续喝五次或者更多）也从 1980 年的 41%下降到 1999 年的 33%。就狂饮而言，其中的性别差异并没有什么变化，仍然是男性多于女性。在 1997 年，39%的中学男生说他们在过去的两周内喝过酒，而女生则是 29%。在 2011 年，40%的美国高中生摄入酒精，31%的人承认在过去的一个月里至少有一次“酗酒”——一次性摄入五瓶甚至更多的酒精饮料。国内后来的研究表明，青少年的饮酒行为也是较为普遍，70%左右的青少年曾饮过啤酒或葡萄酒，25%左右的青少年曾饮过白酒；约 10%的青少年经常饮用啤酒和葡萄酒，2%的青少年经常饮用白酒（林丹华等，2008）。

大多数青少年会在高中毕业前偷偷尝试饮酒，近一半的人至少喝过一次酒（Miech et al.，2017）。但很少有青少年会出现酗酒问题，或由于饮酒影响学业或个人关系，而且随着他们进入成年阶段和社交模式的改变，他们的饮酒量会下降（Staff et al,，2010）。饮酒和非法药物使用在青少年期会增加，在 20 岁出头时达到顶峰，然后下降（Reich et al.，2015），但并非所有的人都遵循这一模式。那些饮酒年龄开始得早或迅速升级的青少年，成年后出现物质成瘾的风险最大（Nelson et al.，2015）。与那些推迟到 21 岁才开始饮酒的人相比，在青少年早期（14 岁之前）开始饮酒的人，在青少年时期暴饮暴食的可能性高七倍，在人生的某个阶段出现物质滥用或成瘾的可能性高五倍（Hingson et al.，2006）。

（二）青少年饮酒的原因

青少年之所以饮酒是有多方面的原因的。对青少年酗酒可能产生影响的因素包括遗传、家庭影响、同伴关系以及个性特征等。因为饮酒是成年人一种普遍的习惯，所以青少年饮酒反映了他们对社会中成人的态度和行为的认识。青少年把饮酒当作完整的成人角色扮演的一部分，当作进入成人社会的一种仪式。

有证据表明酗酒有其遗传上的先天性（Sigelman et al.，1992），不过遗传和环境有着交互作用（Moos et al.，1990）。据估计，有 50%～60%的酗酒是由基因决定的（McGue，1999）。已有证据表明，酒精和尼古丁使青少年的大脑对其他物质（如可卡因）敏感，导致未来出现滥用或成瘾的可能性更大（Griffin et al.，2017；Keyes et al.，2016；Yuan et al.，2015）。

青少年酗酒与他们的亲子关系和同伴关系有联系。与不酗酒的青少年相比，酗酒严重的青少年往往来自令人不快的家庭：家里充满各种紧张的气氛，青少年对父母的依恋是不安全的，父母很少管教孩子，父母管理家庭的做法糟糕至极（缺乏监控，期望不明，对良好行为缺乏鼓励），父母也放任饮酒的事（Barnes et al.，1995）。酗酒的青少年与家人也比较疏远，他们和家人在一起的时间很少，在家的时间也屈指可数，并且没什么乐趣（Crowe et al.，1998）。国内的研究表明，父母饮酒行为和态度对青少年饮酒行为有直接的预测作用，父母饮酒行为和态度还可通过同伴饮酒人数和态度间接地预测青少年的饮酒行为。同时，父母饮酒行为和态度对青少年饮酒行为的影响大于同伴饮酒行为和态度的影响（林丹华等，2008）。

同伴团体对青少年是否饮酒的影响极大（Dielman et al.，1992），青少年受到同伴团体压力的影响，他们需要同伴的认同，需要人际关系和友谊。如果青少年结交的同伴在饮酒，甚至是滥饮，再加上对同伴压力的敏感性，那么青少年酗酒的可能性就非常高。无论青少年交往的朋友是比自己年长的、和自己同龄的还是比自己年幼的，都可能和青少年期的酗酒及药物滥用有联系。酗酒也常常是孤独和焦虑的一种反映，它能够让青少年从羞怯、社会性抑制和焦虑中解脱出来（Mijuskovic，1988）。

某些青少年之所以饮酒，其中一个重要原因就是把饮酒作为一种反叛的方式，特别那些严重酗酒者更是如此。有些青少年比较反叛，与成年人比较疏远，他们经常在与父母的交往中感到巨大的压力，而家人给予的支持则很少。他们饮酒反映的是与家人和社区的疏远关系。所以，严重酗酒者也很可能去干违法乱纪的事。

酗酒的青少年其个性特征中表现出对自己的消极感受，他们不负责任，不够成熟，防御性强，不依赖，自我中心，对人缺乏信任，不服从（Mayer，1988）。从个性方面来看，有三种在青少年期表现出的特质与 28 岁时的酗酒行为相联系：（1）容易觉得无趣，需要不断地参加活动、面对挑战；（2）极力逃避活动的消极后果；（3）付出努力后渴望即时的外部奖励（Cloninger，1991）。所以，如果父母在孩子处于儿童期和青少年早期时注意到这些特质，最好让孩子能够有一个具有挑战性的环境，并给他们提供足够的支持。强有力的家庭支持系统显然在减少青少年的酗酒问题上起着重要的预防作用。

当然，并不是所有饮过酒的青少年都会成为严重的酗酒者。酗酒问题的心理起因超过社会起因。严重的、逃避现实的酗酒问题是严重的个性问题的表现。这一类青少年在家里或者学校中都不如意；他们遭遇的失败更多，更可能去犯罪，他们很少参加课外活动，晚上不在家待着的时间较多，与父母不够亲近。尽管有问题的酗酒者只是一小部分人，但是这也表明了他们内心的不平衡，使得他们通过饮酒来进行反叛或者逃避（Ralph & Morgan，1991）。

（三）酗酒的影响与干预

酒精对青少年大脑功能的持久影响比成年时期更严重，这是因为青少年的大脑尚在可塑阶段，更容易受到影响。青少年大脑中特别容易受到酒精和其他物质有害影响的一个区域是海马体，它对记忆很重要，并与前额皮层一起对冲动行为“踩刹车”（Boulos et al.，2016；Silveri et al.，2016；Squeglia et al.，2009）。酒精对参与高级认知（如计划和决策）和自我调节的大脑区域的发育也会造成伤害（Nasrallah et al.，2009，2011）。再加上大量饮酒和自我调节能力差之间也有关系，自控能力弱的青少年更可能会去饮酒（Peeters et al.，2015），而饮酒又会进一步导致其自控能力变差，形成恶性循环。早期接触更有可能导致成瘾和长期使用的事实提醒我们，想要采取措施防止烟酒和药物滥用，应该在孩子进入青少年期之前就开始干预。

对青少年酗酒进行干预的研究表明，干预措施可以有效地减少青少年女孩酗酒的发生率，并且可以推延那些还没有酗酒的女孩开始饮酒的时间（Girls，Inc.，1993）。干预措施还可以改善女孩们的回拒技能，与没有接受干预的女孩相比，她们更能够把握自己，不去饮酒的地方待着。另外，和不饮酒的同伴交往也有助于避免酗酒。

三、风险性因素和保护性因素

对于哪些青少年会表现出吸烟、饮酒和其他物质滥用等问题行为，研究已经确认了个体心理、家庭、社会和环境等四方面的风险性因素，一个人存在的风险性因素越多，就越有可能使用和滥用物质（Bountress et al.，2017；Defoe et al.，2016）。

首先，个体心理方面的风险性特征包括愤怒、冲动、注意力不集中和感觉寻求（Malone et al.，2010；Scalco & Colder，2017；Trucco et al.，2016）。具备这些心理特征的青少年比同龄人更有可能出现烟酒和毒品问题。同时集合了冲动控制能力差和感觉寻求水平高的个体最容易出问题（Khurana et al.，2015；Willoughby & Fortner，2015）。需要注意的是，在这一类特征中，许多都受到很强的遗传影响。研究发现，在那些在对烟酒和毒品态度宽松的环境中，这种遗传对问题行为的影响力会被放大（Russell et al.，2016），而在不鼓励吸烟或饮酒的环境中会被削弱（Brody et al.，2009；Park et al.，2011）。

其次，与在功能良好家庭中长大的同龄人相比，那些处于疏远、敌对或冲突型家庭关系中的青少年更有可能出现物质滥用问题（King et al.，2009；Neppl et al.，2016；Wen，2017）。此类青少年也比同龄人更有可能有过度放任、疏离、忽视或拒绝型的父母（Abar et al.，2014；Chassin et al.，2009；Tobler & Komro，2010）。此外，家庭成员中有一个或多个人（父母或兄弟姐妹）吸烟、饮酒或滥用药物的青少年也更危险（Gilman et al.，2009；Gottfredson et al.，2017；Kandel et al.，2015；Mays et al.，2014）。

再次，那些有物质滥用问题的青少年更可能有相同问题行为的朋友（Armenta et al.，2016；Ali et al.，2011；Cruz et al.，2012）。不管是青少年主动选择物质滥用的朋友，还是被动受到物质滥用的朋友的影响，经常聚在一起的青少年很容易就跟朋友形成相似的行为。

最后，成为物质滥用者的青少年在其生活的社会环境可能非常容易获取和使用烟酒和其他物质（Chassin et al.，2009；Stanley et al.，2011）。环境中烟酒和毒品的可得性、社区对物质使用的管控、禁毒法律的执行力度，均会显著影响青少年的物质滥用问题。此外，是否允许通过大众媒体演示烟酒和毒品使用的方式也是重要的环境影响因素（Bendtsen et al.，2013；Su & Supple，2016；Thrul et al.，2014）。

除了风险性因素外，研究还发现了一些可以降低青少年发生烟酒和物质滥用问题的保护性因素（Jessor & Turbin，2014）。其中最重要的是积极的心理状态（包括高自尊和低抑郁）、良好的学习成绩、参与学校活动、亲密的家庭关系和投入宗教活动等（Eiden et al.，2016；Martin et al.，2015；Sanchez et al.，2011）。

第五节　内化问题

跟外化问题类似，内化问题也有很大的并发性，很多情绪性问题往往有共同的主观苦恼状态。抑郁的青少年比他们的同龄人更有可能经历焦虑、恐慌、恐惧、强迫性思维、自杀意念、进食障碍和各种心身障碍（心理原因导致的身体问题）（Ask et al.，2016；Hankin et al.，2016a；Kouros et al.，2013）。正如不同的外化问题被认为反映了潜在的反社会指标，内化问题的各种表现也被认为是同一个潜在因素的不同表现（Hankin et al.，2016b），这个潜在因素被称为消极情绪化（negative e-motionality）（Barrocas & Hankin，2011；Rudolph et al.，2017）。消极情绪化程度高的人表现出抑郁、焦虑和其他内化问题的风险更大（Luking et al.，2016）。也有观点认为，将不同类型的内化问题联系起来的基本核心特质是认知性的，比如说，抑郁和焦虑的人特别容易从认知层面进行自我批评、反刍和感到绝望（Hankin et al.，2016b）。

一、社会性退缩

社会性退缩方面研究的主要探讨了退缩行为的几个不同性质的类型，包括害羞、沉默寡言、被动或主动的孤独行为以及回避行为。研究者一般把学生退缩表现分为三或四个类别：

其一，无意社交型：这类学生对集体活动的兴趣寡然，喜欢独自活动，他们不是不懂如何与同学相处而是有意识躲避同学。其个性沉默，喜欢探索性、结构性的活动，如喜欢独自看书、玩拼图游戏、搭积木等，但不愿意和别人接触。这类退缩学生及青少年没有心理障碍及内化问题，因为他们的交往倾向聊胜于无（Asendor-pf，1990），他们只愿意自己玩耍，独自摆弄玩具（Hart et al.，2000）；而独自活动会使他们失去与他人交际的机会，时间长了，就使他们表现出交往问题。

其二，被动焦虑型：这类学生对群体活动兴趣盎然，并且渴望参与同学间的活动，但其个性害羞、胆怯，不敢主动接近同学，面对群体活动时多在旁边观看而不敢参与其中。其渴望却又躲避交往的矛盾（Asendorpf，1990）造成他们大部分时间独处，并对社会交往感到不安和害怕（Hart et al.，2000）；尽管他们行为顺从，但在同伴中仍不受欢迎（Harrist et al.，1997）。

其三，主动孤立型：这类学生对群体活动也很感兴趣，但缺乏社交技巧，他们在与同伴的交往活动中经常做出破坏性、骚扰性的行为，从而令同学心生厌恶。因为被同学们排挤，他们经常独自活动。如果不对退缩行为进行详细分类的话，这种类型的学生的退缩就是通常意义上所指的退缩，他们一般具有较严重的情绪调节和内化问题，适应不良表现比较严重。

其四，抗拒社交型：具有这种表现的学生会避开与其他同学交往或参与群体活动，对自己缺乏自信，总觉得其他同学讨厌自己。他们不参与社交活动是因为感觉到在与同学一起玩耍时会被戏弄或受排斥。

上述的四分类与该领域中把退缩分为被动孤独、主动孤独和沉默寡言三个类别的做法类似，其中主动孤立型分类与主动孤独相对照，其他三种分类与被动孤独、沉默寡言相对照，但在分类上更加细化。

研究者提供了另外有关社会性退缩的不同类型的有效证据，包括语言退缩在内。社会性退缩包括退缩和孤独，如“经常独处的孩子们宁愿独处”，“不敢加入他们的同伴”，以及行为压抑，如“孩子们感到害羞、害怕、顺从”。这类条目主要代表了被动焦虑型的退缩。研究显示这类退缩与同伴关系呈负相关，并且这种退缩类型的青少年自信心低，容易感到孤独，这与以前的研究结果比较一致。

父母低头族，孩子更拘束。

与此同时，言语逃避（如“我不想再参加组里的讨论”“和别人聊天是浪费时间”“我听得多说得少”“我害羞所以我说话不多”）表现为对社交不感兴趣或沉默寡言，而不是身体孤独和社交焦虑，这种沟通方式与被动孤独型孩子的沟通方式一致（如 Rubin & Mills，1988）。年幼的孩子中，社会性退缩类型与同伴是否接受他们没有关系（Hart et al.，2000），不积极参与谈话的青少年不一定会被同伴抵制。

与被动孤独不同，年幼孩子的言语逃避与社会能力的自我知觉没有多大的关联。单独玩耍，尤其是玩玩具，并没有偏离孩子的社会标准，实际上，这些隔离行为得到了教师和成人的某种鼓励（Coplan et al.，1994）。从童年中期到青少年期，孤独行为会随着它与社会标准的偏离越来越受关注。渴望得到社会的肯定增加了青少年社会化的压力，可能会使不爱交往的孩子对自己的社会能力感到沮丧。许多沉默寡言的青少年在年幼时可能宁愿独处或独自玩玩具（Coplan et al.，1994）。这一研究结果表明，这些青少年意识到即使自己与同伴的交往没有特别的困难，也不能发挥社会影响，感觉也不好。

针对社会性退缩青少年友谊的研究发现，退缩男孩的友谊质量低于女孩，与非退缩组相比，退缩青少年在班级内的地位较为不利，但其友谊能够发挥正常的功能；受欺侮和亲密交流对退缩行为的正向预测作用较强（万晶晶，周宗奎，2005）。后来的研究发现，父母的行为控制与青少年的攻击和退缩呈倒 U 形曲线关系，即偏低和偏高的行为控制伴随较少的问题行为，中度的行为控制伴随较多的问题行为。相比之下，心理控制与问题行为存在线性关系，即心理控制越多，两类问题也越多（李丹黎等，2012）。

二、抑郁

抑郁是青少年期个体经常出现的内化问题之一。DSM-5 对持久性抑郁症的诊断标准如表 10－3 所示。这些症状可能不是使用或滥用某种物质（例如，酒精、毒品或药物）或一般医疗状况（例如，癌症或中风）的直接生理影响。这些症状还必须在社会、职业、教育或其他重要的功能领域造成重大困扰或损害。

表 10－3 DSM-5 关于抑郁症的诊断标准

持久性抑郁症的基本特征是一天中的大部分时间会出现抑郁情绪，而且持续时间比不持续时间长，至少两年（儿童和青少年至少一年）。

患有持久性抑郁症的人将他们的情绪描述为悲伤或“低落”。在情绪低落的时期（在儿童和青少年中，情绪可能是易怒），以下六种症状中至少有两种是存在的。

- 食欲不佳或暴饮暴食
- 失眠或睡眠不足
- 精力不足或疲劳
- 自卑
- 注意力不集中或难以做出决定
- 感觉绝望

（一）青少年抑郁症的发病情况

在青少年中，比较普遍的抑郁症状可能反映为经常穿黑衣服，写病态主题的诗歌，或者沉迷于忧伤的音乐。睡眠方面也可能出现问题，他们通宵达旦地看电视，早上无法起床按时上学，或者成天昏昏欲睡。他们上课时缺乏动机，无精打采。由于感到忧郁，他们可能会对上课感到厌烦。青少年的抑郁也可能会与品行障碍、物质滥用或者进食障碍联系在一起。

调查表明，到临床门诊接受心理治疗的青少年中，大约有三分之一受到抑郁的困扰（Fleming et al.，1993）。据估计，抑郁症状在青少年期增加了，几乎是小学时的两倍（Compas & Grant，1993）。并且，青少年女孩的抑郁比例大大高于青少年男孩。在青少年早期到中期，将近 5%的青少年感到抑郁，到青少年后期，抑郁更为普遍，将近 25%的女孩和 10%的男孩经历过抑郁（Wicks-Nelson & Israel，2006）。由于不明原因，过去二十年间美国青少年的抑郁症发病率有了明显的上升（Mojtabai et al.，2016）。

近年来，中国各地区对青少年抑郁情况的调查结果显示，我国青少年阶段抑郁症的检出率为 17.8%～36.4%，女生显著高于男生，高中阶段高于初中阶段（赵海等，2022；孙志颖等，2022；曹瑞琳，2021；何倩倩等，2021；车贝贝等，2021；陈毅斌，2020；任正，2020；海波等，2022）。对 2012—2018 年在国内外公开发表的有关我国中学生抑郁流行病学的文献进行的元分析显示，我国中学生抑郁症状总检出率为 28.4%，西部中学生抑郁症状检出率高于中部和东部，普通中学生高于重点中学生，女生高于男生，高中生高于初中生，农村高于城市（刘福荣等，2020）。

对抑郁青少年的追踪研究表明，青少年期的抑郁症状可以预测成年期相似的症状（Garber et al.，1988）。这意味着应该认真对待青少年的抑郁，它不会自动销声匿迹。同样，在青少年期被诊断患有抑郁症的青少年与这一时期没有抑郁症的青少年相比，他们更可能会在成年期患有同样的症状。另一项追踪研究发现，青少年期的暂时问题是与特定的情境因素（比如同伴关系中的消极事件）联系在一起的，而慢性的长期问题则决定于个人的特点，比如存在内化问题（Brooks-Gunn & Graber，1995）。一些研究还表明，随着时间的推移，抑郁症和其他内化症状的流行率在增加，特别是在青少年中。近几十年来，由于抑郁寻求医生帮助的青少年人数的增长速度比成年群体更快（Olfson et al.，2014）。

导致抑郁的最常见原因在青少年中往往是司空见惯的经历：与朋友或家人存在冲突，失恋，在学校表现差（Costello et al.，2008）。青少年的抑郁也和其他的家庭因素有关。在儿童期和青少年期，如果父母中有一人患有抑郁症，那就可能殃及池鱼，导致孩子也可能出现抑郁症。得不到父母的情感支持、父母的婚姻冲突没完没了、经济上有麻烦等，往往都会成为青少年出现抑郁症的奠基石（Marmorstein & Shiner，1996；李旭，钱铭怡，2002）。

不良的同伴关系也与青少年的抑郁相联系。没有和要好的朋友建立亲密的关系，与朋友们接触较少，以及遭到同伴拒绝，都会增加青少年的抑郁倾向（Vernberg，1990；丁新华，王极盛，2002）。

经历过困难的变化或者艰巨的挑战，也可能会和青少年的抑郁症状相联系（Compas & Grant，1993；程文红等，2007）。父母离婚会增加青少年的抑郁症状。并且，青少年在从小学进入中学的时候正好是在青春期，他们报告的抑郁症状比那些在完成学校转换之后才开始青春期的青少年情况严重（Petersen et al.，1991）。此外，基因使得某些人更容易受到情绪障碍的侵袭，而压力又会增加其风险（Caspi et al.，2003）。

（二）抑郁的性别差异

青春期早期抑郁症发病率存在非常大的性别差异（Avenevoli et al.，2015）。在青春期之前，男孩比女孩更容易表现出抑郁症状，但在青春期之后，抑郁症发病率的性别差异发生了逆转。从青春期早期到成年后期，抑郁的女性比男性多出两倍（Avenevoli et al.，2015）。

女孩罹患抑郁症的风险在青春期会上升（Angold et al.，1998；Patton et al.，2008）。尽管抑郁症的性别差异在青春期后仍然存在，但抑郁症状的报告在成年早期趋于减少。其中女性的下降幅度更大，也许是因为她们在离开青春期后，经历了更大的压力下降（Galambos et al.，2006；Ge et al.，2006；Meadows et al.，2006；Stoolmiller et al.，2005）。

心理学家对青春期抑郁症的性别差异有多种解释。第一，一些证据表明，在抑郁症上，女性比男性更容易受到遗传影响（Jacobson & Rowe，1999），但不知道为什么会出现这种情况。更有可能的是，青春期前后社会关系的变化使女孩比男孩更容易受到某些形式的心理困扰，而抑郁可能是一种刻板的女性表现方式。青春期早期发生的变化使得女孩比男孩更容易产生压力，而且女孩比男孩更可能同时承受多种压力（例如，在经历青春期的同时还会升入初中）；此外，女孩可能会比男孩经历更多的生活压力事件，比如性虐待和骚扰等（Graber & Sontag，2009；Vaughan & Halpern，2010）。

第二，有证据表明，女孩比男孩更有可能对压力做出反应，将她们的感受转向内部。例如，她们更可能沉浸在问题和压力中感到无助，而男孩遇到同样的事情时更有可能通过转移注意力、攻击或喝酒吸烟等行为来做出反应（Daughters et al.，2013；Paredes & Zumalde，2015）。女孩更倾向于与朋友共同谈论和反刍消极情绪，这可能也是她们患抑郁症的更大风险（Bastin et al.，2015；Stone et al.，2011）。研究的确发现，即便暴露在相同程度的压力下，女孩也比男孩更有可能表现出抑郁情绪（Kiang & Buchanan，2014；Rood et al.，2012）。男孩和女孩应对压力的差异有助于解释为什么男孩的外化问题的发生率较高，而女孩的内化问题比较多。此外，女孩也比男孩更有可能压制对自己的积极感受（Gomez-Baya et al.，2017）。

第三种解释强调女孩一般更善于理解人际关系并对其更敏感（Guyer et al.，2009；Hankin et al.，2010）。青少年期激素水平的性别差异可能既导致女性在亲密关系中投入更多，也使她们更容易受到关系中断和困扰的消极影响（Bakker et al.，2010）。女孩比男孩更有可能因为家庭不和或与同伴的问题而产生情绪问题（Conley et al.，2012；St. Clair et al.，2015；Telzer & Fuligni，2013）。

此外，对于近年来青少年抑郁症发病率的增长在女性中比在男性中更快，有研究者认为这是因为青春期女孩越来越依赖智能手机和社交媒体进行社会比较和自我肯定，因此，当她们收到反馈表明自己不受欢迎或没有吸引力时，就容易受到负面情绪的困扰（Twenge，2017）。

（三）抑郁症的干预治疗

对于青少年来说，两种治疗抑郁的方法是药物治疗和心理治疗。许多研究认为药物治疗在处理青少年抑郁上通常是行之有效的（Bostic et al.，2005；Calati et al.，2011）。但是，也有相反的证据表明抗抑郁药物促进了某些抑郁青少年的自杀念头和行为（Cheung et al.，2004）。这个领域的研究者们认为，当抑郁青少年服用抗抑郁药物时，父母和青少年都应该被完全告知可能存在的风险，并且青少年应该被严密监控，以防止出现相反的作用（Brent，2007；Fombonne & Zinck，2008）。与仅使用药物相比，在服用药物的同时进行心理治疗的抑郁青少年，他们的自杀念头和行为会减少（March et al.，2007）。

对青少年抑郁的心理治疗有多种形式，包括个体治疗、团体治疗和技能训练等。有研究将抑郁青少年随机分配到治疗组（接受心理治疗）或控制组（不接受治疗），结果发现，心理治疗在减轻抑郁症状上非常有效（Bostic et al.，2005）。

一种治疗抑郁特别有效的方法是"认知行为疗法"（cognitive-behavior therpy，CBT；March et al.，2007）。该方法将抑郁描述为以"消极归因"为特征，即用消极的方式来解释生活中发生的事情。通常，抑郁的年轻人都认为他们的境况是“永久不变的”（“不可能会变好”）和“不可控制的”（“我的生活很悲惨，我对此无能为力”）。抑郁的人也有“沉思默想”的倾向，即沉浸在生活中不好的方面，反复回味自身的无价值感和感叹生活的空洞无味。正如之前所提到的，对于抑郁性别差异的一种解释就是女孩和女人比男孩和男人更容易沉思默想。

药物治疗与认知行为疗法相结合似乎是最为有效的治疗青少年抑郁的方法（Calati et al.，2011）。在一项对美国13个地区12～17岁的重度抑郁患者的研究中，接受百忧解和认知行为疗法的青少年有71％其症状有所缓解（March et al.，2007），而只服用药物的青少年其症状改善的比例是61％，认知行为疗法组的比例是43％，安慰剂组的比例是35％。

三、自杀

（一）青少年自杀的状况

对于儿童和青少年来说，除了意外伤害是死亡的最常见原因外，在致死性有意伤害类型中，自杀排在他杀之前（Cunningham et al.，2018）。在九至十二年级的美国青少年中，有24％的人承认他们认真考虑过自杀，3％的人尝试过自杀（Waldrop et al.，2007）。自杀意念在青春期早期增加，在15岁左右达到高峰，然后下降（Nock et al.，2013）。企图自杀的青少年通常会发出求救的信号，并试图从家人或朋友那里获得情感支持，他们感到被困、孤独、无价值和无望（Kidd，2004）。

自杀很少发生在13岁以前的儿童身上，随着年龄增长，在青少年找到更多的自我认同之后，他们才会足够独立，才有可能出现自杀。尝试自杀的人当中，成功的只占很小的一部分；女孩尝试自杀的是男孩的两倍，但是男孩自杀成功的却是女孩的四倍（Oltmanns & Emery，2010）。其中一个原因是男孩自杀时使用的方法比较暴力，比如从高处跳下、饮弹自尽等，而女孩则往往使用比较被动的、不太危险的方法，比如吃药等。女孩常常是言过其实，总是威胁要自杀，但是很少有人会真正地想去自杀或者实际地实施自杀。

自杀者中有90％存在心理障碍，最为常见的是抑郁，但他们也可能有物质滥用问题或者焦虑症。事实上，能够预测自杀的两个最主要因素是临床抑郁和先前的自杀企图（Asarnow et al.，2011）。虽然心理障碍有其生理成分，但它们主要是由个体的消极经验和环境中的压力因素引发的，而对于青少年而言，家庭因素非常重要（Koopmans，1995）。

跟自杀关系紧密的一个概念是非自杀性自伤。非自杀性自伤（nonsuicidal self-injury，NSSI）是一种故意试图以非致命的方式伤害自己的行为，包括切割或烧毁自己的皮肤。非自杀性自伤最常见的原因是减少紧张、愤怒、焦虑或抑郁的感觉。试图伤害自己的青少年的抑郁水平以及抑郁风险水平介于非自杀青少年和自杀青少年之间（Brausch & Gutierrez，2010；Guan et al.，2012），他们往往具有与抑郁症相关的认知弱点（Tatnell et al.，2014；Voon et al.，2014）。他们也比其他青少年更有可能有一个尝试过 NSSI 的朋友（Hasking et al.，2013）。

（二）自杀的风险因素

大量文献已经表明，就个体水平而言，有几个风险因素与自杀观念和自杀企图有关。这些因素包括：做不寻常的事情的倾向，比如酗酒和滥用药物（Miller et al.，1991），绝望感（Rudd et al.，1993，1994），不信奉宗教（Kandel et al.，1991），遭受身体虐待和性虐待（Brent et al.，1994）；经历家庭破裂或冲突等（Barzilay et al.，2017；Holland et al.，2017）。比如，很多报告有过身体虐待或者性虐待经历的人，都产生过自杀的想法或者尝试过自杀。绝望感与自杀观念及自杀行为有着非常密切的关系。有些自杀的青少年被认为个性不成熟，冲动控制能力差，缺乏积极的自我认同，所以难以有自我价值感、意义感和目的感（Bar-Joseph & Tzuriel，1990）。另外一些自杀的青少年受暗示性很强，容易听从他人的指使或者模仿他人（Hazell，1991）。

有过自杀观念和自杀行为的青少年与其他青少年相比，从家庭因素来看，其家庭往往比较混乱（Henry et al.，1993），父母之间以及父母与孩子之间的冲突比较多，充斥着家庭暴力，或者父母对孩子持一种消极的拒绝态度，他们获得的家庭支持很少（Garrison et al.，1993；Lewinsohn et al.，1993，1994），父母还可能滥用药物（Brent et al.，1994）。另外，经常失业、经济压力大也可能是一个因素，父母两人或者之一不在身边、被父亲或母亲抛弃、早期的情感剥夺等也都可能导致自杀（Tishler，1992）。很多研究已经表明，丧失家庭支持或者家庭支持不足是最能够预测青少年的自杀企图的变量（Morano et al.，1993）。

谨慎择友交，行为麻烦少。

从家庭外的因素来看，与自杀有关的因素包括社会性孤立，即缺少朋友（Lewinsohn et al.，1993，1994），在学校里缺少积极的体验，不参加课外活动（Kandel et al.，1991）。没什么朋友的人很容易出现自杀行为，去尝试自杀；与经常参加学校活动的青少年相比，很少参加活动的人更可能有自杀企图。

另外，盲目模仿自杀也是一个实实在在的现象。知道别人自杀了不仅会增加自己的失落感，而且会妨碍对自己自杀企图的抑制。某个人的自杀实际上也给了其他人自杀的"许可证"，在媒体对自杀进行公开报道的情况下更是如此；而且，影视节目中虚构的自杀故事也会促发盲目模仿的自杀行为。

有时候，青少年尝试自杀只是为了引起他人的注意、同情或者是为了控制他人。他们未必是真的想死，而是将自杀作为一种与他人沟通的方式，其实际用意在于改变自己的生活。可是，很多自杀企图却擦枪走火，也玩过了头，结果真的死了。企图自杀的青少年之前实际上试过其他的方法，如反叛、离家出走、撒谎、偷东西或者其他能引起注意的做法。这些方法不奏效之后，他们才转向自杀。大多数想要自杀的青少年一开始都想谈一谈，如果我们警觉到这一点，给予足够的注意来改变这一状况，自杀是可以避免的（Zhang & Jin，1996）。

（三）自杀的警示信号

研究发现，在几乎所有案例中，青少年自杀并不是对某个单一的压力或痛苦事件的反应，而是在遇到长年累月的一系列问题之后才发生的（Asarnow et al.，2011）。在尝试自杀之前，青少年多多少少都会出现一些情感或行为上的警示征兆：

（1）直接威胁或议论自杀，如“我希望我死了”“如果没有我，家里会更好”“我活着没有什么意义了”。

（2）之前有过自杀尝试，无论多么微不足道。五分之四的自杀成功者之前都有过至少一次的自杀尝试。

（3）在音乐、艺术和个人写作中，沉溺于表达死亡。

（4）因为死亡、抛弃或分手而失去家庭成员、宠物或恋人。

（5）家庭破裂，如失业、患上严重疾病、搬家或离婚。

（6）睡眠、饮食及个人健康紊乱。

（7）留级或对之前看重的学校或娱乐活动失去兴趣。

（8）行为方式发生剧烈变化，如之前安静、害羞的人突然变得热衷于社交。

（9）充满了忧郁、无助和绝望感。

（10）脱离了家庭成员和朋友，与重要他人疏离。

（11）将珍贵的财产捐赠，或者有条不紊地处理事务。

（12）出现一系列的“事故”或冲动的冒险行为，如滥用药物或酒精，不在乎个人安全，做出危险举动。

青少年自杀对被其抛在身后的家人和同伴来说是很大的打击。这些未亡人在情绪体验上比较典型的是恐惧、愤怒、内疚以及抑郁。他们会觉得自己对没有发现自杀者发出的信号负有责任，对没能阻止自杀负有责任，并且他们也会对自杀者抛弃自己感到愤怒。失落感、空虚感经常在自我怀疑、自责之后接踵而来，他们会感到震惊、麻木；只有在他们慢慢地接受了这一不幸的丧失之后，情绪才会恢复（Mauk & Weber，1991）。

尝试过自杀的青少年未来尝试自杀的可能性和自杀成功的风险都很高（Pfeffer，2007）。与抑郁一样，对自杀青少年最为有效的治疗方法是认知行为疗法与药物治疗相结合（Emslie et al.，2006）。

《关键术语》

问题行为，外化问题，内化问题，攻击行为，青少年犯罪，吸烟，酗酒，社会性退缩，抑郁，自杀

内容要点

1. 青少年的问题行为分为两大类，即“内化问题”和“外化问题”，前者主要是那些对他人有伤害和破坏性的行为，后者主要是自责型的情绪所带来的困扰。

2. 父母的教养方式和风险行为之间有关联，与其他青少年相比，权威型父母（与孩子的关系中，兼具温暖和控制）教养出来的青少年更少参与风险行为。

3. 年轻人倾向于选择那些与自身相似的朋友，如果与有相似的风险行为的人成为朋友，他们就会互相影响，即他们的风险行为水平会变得越发相似。

4. 对外化问题和内化问题的共同典型特征的分析发现，尽管这两种类型的问题清楚地显现出不同的成因，但是，它们也很显著地表现出相关关系，表明它们具有并发的特性。

5. 青少年的违法犯罪行为可以分为具有“终生持久性的”与“限于青少年期的”，前者开始得早，其反社会行为与多动症、学业失败、攻击性或者暴力相联系。

6. 要想真正全面理解青少年的问题行为，我们就必须考虑到行为的积极面——该行为起什么作用或者该行为能够满足人的什么需要，即认识到其“隐义”。

7. 青少年的攻击行为可以从不同的视角来区分，比如身体攻击和关系攻击、工具性的或挑衅性的攻击和同敌意的或反应性的攻击、言语攻击和非言语攻击。

8. 青少年犯罪的预测变量包括自我认同、自我控制、年龄、性别、教育期望、学业成绩、同伴影响、社会经济地位、父母的角色、街区特点。

9. 虽然大多数青少年知道吸烟的危害，但是他们仍然会去吸烟，这当中有其复杂的原因。很多青少年会模仿吸烟的父母和其他成年人，他们吸烟也可能是因为同伴团体的压力，或者与自尊及地位方面的需要联系在一起。

10. 青少年的社会性退缩可以表现为几个不同性质的类型，包括害羞、沉默寡言、被动或主动的孤独行为以及回避行为。

11. 在青少年中，比较普遍的抑郁症状可能反映为经常穿黑衣服，写病态主题的诗歌，或者沉迷于忧伤的音乐。他们的睡眠也可能出现问题。他们上课时缺乏动机，并可能对上课感到厌烦。

12. 青少年自杀并不是对某个单一的压力或痛苦事件的反应，而是在遇到长年累月的一系列问题之后才发生的。在尝试自杀之前，青少年多多少少都会出现一些情感或行为上的警示征兆。

复习思考

1. 青少年问题行为可以分为哪几种类型？
2. 如何理解青少年问题行为背后的隐义？

3. 如何理解青少年的身体攻击和关系攻击行为?
4. 对于吸烟和酗酒等问题行为，风险性因素和保护性因素分别有哪些?
5. 抑郁症的诊断标准是什么?
6. 青少年自杀的警示信号有哪些?

第十一章

青少年的积极发展

开脑思考

1. 青少年心理健康教育过往关注青少年问题（如学业失败、酒精滥用、暴力行为、未成年怀孕等），并对它们加以鉴别，然后针对性地干预，避免或预防其发生。难道青少年在人们眼里只有问题吗？他们有没有让人觉得积极向上的表现呢？

2. 以积极青少年发展观的视角来看，传统的学校心理健康服务存在什么问题？今后应该向什么方向发展？

3. 明代东林书院门口有一副对联："风声雨声读书声声声入耳，家事国事天下事事事关心。"这是告诫读书的学子要读好书，也要关心天下事。你认为在新时代背景下，我们的教育应该培养什么样的人？

学习重点

1. 领会积极青少年发展观的核心观点、发展资源模型的理论体系及其价值；
2. 理解描绘青少年积极发展特征的5C模型和4H模型；
3. 把握中国学生发展核心素养框架的内涵；
4. 运用积极发展特征评估方法分析青少年是否实现了积极发展。

自从20世纪初美国心理学家斯坦利·霍尔创立青少年心理学以来，长达半个多世纪的时间里，青少年发展研究在很大程度上一直以青少年"缺陷"（deficit）观为基础。霍尔关于青少年阶段充满了"疾风暴雨"的论断奠定了青少年心理学的基调。在该观点的影响之下，直到20世纪80年代发展科学家关注的重点一直围绕在"事情是如何变坏的"以及"如何解决青少年问题"（Larson，2000；Benson et al.，1999）等方面。

积极心理学创始人塞利格曼认为，个体会通过选择和决定行为来追求幸福和成就，这与强调风险和消极预测因素的传统观点不同。积极心理学取向的研究者呼吁探索人类体验的积极特质，如希望、乐观和感恩等（彭凯平等，2011；任俊，李倩，

2014)。基于我国本土文化的健全人格观也强调促进个体以积极的态度处理社会关系中的自我与他人，过去、现在与未来，顺境与逆境等关系（黄希庭等，2006)。

在发展心理学领域，“发展系统理论”（developmental systems theory）逐步成为青少年研究和实践服务领域主导性的理论框架，发展心理学研究开始关注人类发展潜在的可塑性（Lerner & Galambos，1998)。持积极青少年发展观的当代发展心理学家强调青少年自身所具备的健康发展的潜力，主张应把青少年作为一种资源去培育，而不是作为问题去管理（Damon，2004；Roth & Brooks-Gunn，2003)。在概念上，“积极青少年发展”主要涉及个体成长的一种特性，表现为充分的、健康的、适应性的和最佳的发展，且是一个动态变化的过程（Lerner et al.，2015)。

过去几十年间，发展心理学家在家庭、学校、社区等影响个体发展的背景因素方面开展了大量研究并获得了有意义的研究成果。在探讨了关于青少年的一系列发展特点和问题之后，我们来关注他们的积极发展，介绍关于积极青少年发展的理论，以及在实践中如何培养青少年的积极品质，促进他们的身心健康等。最后，我们介绍在新时代背景下，为了回答“培养什么人、怎样培养人”这一重大问题，林崇德教授带领团队构建的“中国学生发展核心素养框架”相关内容。

第一节　积极青少年发展观

“积极青少年发展观”（positive youth development perspective，PYD）强调青少年自身具备健康发展的潜力，不应该把青少年作为问题去管理，而是应该培养他们的积极品质（Damon，2004；Roth & Brooks-Gunn，2003)。关注青少年的“优势”（strengths）是对长久以来在发展心理学中占据主导地位的“缺陷”观的补充和平衡，其出现迅速推动了发展心理学知识的创新与应用。

积极青少年发展观是一种涵盖了多个学科的理论体系（Benson et al.，2006)，包含了一系列从新的视角描述人类积极发展指标、路径和条件的概念模型和理论框架。作为一个上位概念，积极青少年发展观的核心观点包括：将优势视为发展的基础，强调阐释促进最佳发展的因素而不是与问题行为有关的因素；强调儿童在家庭、学校、邻里等多重背景中发展，任何试图描述发展的研究都必须反映各种各样的发展背景；重视关系，认为积极发展是青少年意向性和有意义的关系的作用结果。

一、发展促进因素的概念模型

为确认那些有助于个体与情境之间融合的积极发展经验，20 世纪 90 年代后研究者提出了多个概念模型，由此也产生了一系列描述发展促进因素的词，如支持、机会、发展的“营养素”（developmental nutrients)、发展优势以及发展资源等（Benson et al.，2006)。这些模型通过对发展促进性过程的定义和理论分析，区分出了促进人类发展的关键因素及其测量学指标。由于视角与侧重点的不同，有关发展的促进因素的概念模型大致可以分为三类。

(一)关注外部环境的理论观

第一类模型主要关注促进青少年发展的外部环境的积极特征。例如，皮特曼等(Pittman et al.，2001)提出了促进青少年发展的七项关键“投入”(key inputs)：(1)稳定的场所；(2)基本关心和服务；(3)健康的同伴关系与亲子关系；(4)高期望和标准；(5)角色榜样、资源与人际网络；(6)具有挑战性的经验和参与、贡献的机会；(7)高质量的指导和培训。他们尤其重视在成人的支持下让青少年通过真正参与社区生活来掌握有关技能，继而为家庭和社区做出贡献。

另有研究者(Gambone & Connell，2004)认为，成功发展与以下五项条件相关联：充足的营养、健康和保护、成人和同伴的多种支持、在挑战性活动中学习经验、以成员身份参与活动的机会、身体和情感的安全。

这两个模型均强调青少年发展的需要以及支持、机会、经验等发展的外部促进条件，旨在确定促进青少年发展的最佳情境因素，并假设青少年越多接触这类资源和经验，就越有可能获得积极发展。

(二)关注个体特征的理论观

第二类模型以埃克尔斯和古特曼(Eccles & Gootman，2002)对积极发展的个体特征的关注为代表。埃克尔斯和古特曼代表美国国家研究委员会与美国医学会(National Research Council and Institute of Medicine，NRCIM)提交的报告《促进积极的青少年发展的社区计划》描述了28种既能够“促进青少年时期的成功发展”，又可以“推动个体向下一阶段——成年期实现最优化过渡”的个体资源。这些资源分为四个维度：身体发展(如良好的健康习惯)、智力发展(如学业成功、理性思维习惯)、心理与情绪发展(如良好的情绪调节技能、个体效能信念)、社会性发展(如联结感、公民参与义务感)。他们认为，尽管积极发展并非要求青少年拥有四个维度中的所有资源，但同时拥有四个维度的资源则大有裨益。

该模型的一个重要贡献是明确了与青少年积极发展相关联的资源的多个维度及多项指标，但所确定的指标都是个体性质的，对促进个体发展的家庭、学校和社区背景的特点缺乏关注。

(三)关注个体与环境交互的理论观

第三类模型则同时关注健康发展的个体和环境特征以及二者之间的交互作用。巴博尔和奥尔森(Barber & Olsen，1997)用“联结”(connection)、“规则”(regulation)和“自主”(autonomy)三类社会化经验来界定青少年与家庭、学校、同伴及邻里交互的特征。

研究证实，当青少年在一种背景下(如家庭)获得积极经验时，他们也可能在另一种背景下（如同伴群体）获得积极经验。而且，当青少年报告在一个社会化领域（如规则）有积极的交互时，他们也更倾向于报告在另外两个方面具有积极的交互。研究还发现，这三类经验能够独立预测青少年的积极发展结果。

二、发展资源框架

在促进发展的有利条件方面，平衡情境因素与个人因素的发展资源框架是关注个体与环境交互的理论中出现较早并较具影响力的一个代表模型，所以我们重点介绍该理论。“发展资源框架”（developmental assets framework）试图从整体或关系的视角出发考虑影响青少年健康成长的综合因素。除了受到已有青少年发展研究的影响之外，该模型提出的重要理论基础和背景主要涉及人类发展的生态学理论、积极青少年发展观以及心理弹性和预防干预领域的应用研究（Benson et al.，1999）。

（一）青少年的发展资源

在描述青少年发展的促进因素的词中，“发展资源”（developmental assets）一词的使用频率相当高（Benson，2003，2006；Eccles & Gootman，2002；Zeldin & Price，1995）。这一概念指的是一系列能够有效促进所有青少年获得健康发展结果的相关经验、关系、技能和价值观（Benson et al.，1998），是“增强儿童和青少年健康发展的社会和心理优势”（Benson，2003）。Search 研究院最初提出的发展资源有 30 种。在继续查阅大量相关文献、访谈青少年服务的实践专家以及开展实证研究的基础上，1996 年，Search 研究院扩充了原有的资源框架，将其包含的资源发展为 40 种，其外部资源（见表 11－1）和内部资源（见表 11－2）各有 20 种（引自常淑敏，张文新，2013）。

外部资源代表了能够促进青少年健康发展的环境特征，又称为生态资源，主要指成人通过加强联系以及提供机会使青少年获得积极的发展经验（Benson，2002）。具体说来，外部资源可以分为四类：支持（support）、授权（empowerment）、规范及期望（boundary-and-expectation）和有效利用时间（constructive-use-of-time）。“支持”包括来自家庭、邻里和学校等多重环境的肯定、赞成和接受，它使青少年在良好的人际关系中体验到温馨、关爱的氛围。“授权”是指鼓励儿童和青少年参与社区团体活动，感受到自身的价值和社会人士的重视，其中安全感是一个重要的潜在资源（Zeldin & Price，1995）。“规范及期望”表达了一种来自多重背景的明确一致的信息，即家庭、学校和邻里都有责任规范青少年的行为，成人和同伴在积极的负责任的行为方面以身作则。“有效利用时间”指为所有青少年特别是 10～18 岁的青少年创造条件以保证他们有时间参加学校或社区组织的各项创造性活动。这些创造性活动类似布朗芬布伦纳所提倡的对青少年更具激励作用的适宜发展的活动（Bronfenbrenner & Morris，1998）。

表 11-1　青少年发展的外部资源

类别	外部资源	定义
支持	1. 家庭支持	家庭生活给青少年提供高水平的爱与支持。
	2. 积极的家庭沟通	与父母进行积极沟通，愿意从父母那里获得建议和忠告。
	3. 与其他长者建立良好关系	从三个或更多长者（非父母）那里得到支持。
	4. 关怀的邻居	得到邻居的关照与爱护。
	5. 关爱的学校氛围	提供关心的、鼓励的环境。
	6. 父母参与学校生活	父母积极参与，帮助青少年取得学业成功。
授权	7. 社区重视青少年	感受到社区成人重视他们。
	8. 青少年是一种资源	在社区里被委以重任。
	9. 为他人服务	每星期参与社区服务一小时或更多。
	10. 安全	在家里、学校和邻舍中感到安全。
规范及期望	11. 家庭规范	家庭有明确的纪律和奖惩办法，并监控青少年的行踪。
	12. 学校规范	学校有明确的纪律和奖惩办法。
	13. 邻里规范	邻居有责任监控青少年在社区内的所作所为。
	14. 成人角色示范	父母和其他成人做出积极的、负责任的行为。
	15. 积极的同伴影响	最好的朋友表现出积极的、负责任的行为。
	16. 高期望	父母和老师都鼓励青少年凡事要尽其所能去做好。
有效利用时间	17. 创意活动	每星期至少花三小时参加音乐、戏剧课程或其他艺术形式的实践活动。
	18. 青少年项目	每星期至少花三小时参加体育、会社或学校、社区组织的集体活动。
	19. 宗教社团	每星期至少花一小时参加宗教团体活动。
	20. 留在家中	每星期与朋友外出“游荡”少于两个晚上。

资料来源：Benson，2006。

内部资源代表了青少年个体具有的引导其行为的价值标准、胜任特征和技能等（Benson，2002）。内部资源也划分为四类：对学习的承诺（commitment-to-learning）、积极价值观（positive-value）、社会能力（social-competency）和积极的自我认同（positive-identity）。其中，“对学习的承诺”综合了促进学业成功的个人信念、价值观和技能，包括学校归属感、参与学习活动并期望获得成功等。“积极价值观”代表了亲社会的价值观念和个人的品格，如诚信、正直、有责任感等。有证据表明，这些价值观念和品格反映了社会大众的价值标准，非常接近当今科技发达社会的核心价值观念（Benson，2002）。“社会能力”主要是指对待多重选择、挑战和机遇的个人综合素质，如计划和决策能力、和平化解纷争及文化沟通能力等，它们通常反映了个人的良好适应状况。“积极的自我认同”是指年轻人关于未来和人生目标等方面的积极看法以及较高的自我价值感，它反映了青少年期的关键发展任务——自我认同的形成。如果没有这类资源，青少年将失去发展的动力、方向或目的。以发展资源框架为指导的干预项目，已经在美国取得了良好的效果，提高了青少年的成绩、缩小了机会差距、提高了教师的满意度（The BARR Center，2019；Chinman et al.，2012）。

表 11-2 青少年发展的内部资源

类别	内部资源	定义
对学习的承诺	21. 成就动机	力求学业有良好表现。
	22. 学校参与	积极投入学习。
	23. 家庭作业	每个学习日至少做一小时的家庭作业。
	24. 关心学校	关心自己的学校。
	25. 阅读乐趣	每星期至少花三小时为乐趣而读书。
积极价值观	26. 关爱	看重助人品行。
	27. 平等与社会公正	以提倡平等、减少饥饿和贫穷为己任。
	28. 正直	按照信念行事并坚持信仰。
	29. 诚实	即使在困难的情况下仍选择说实话。
	30. 责任感	接受和履行个人责任。
	31. 克制	青少年认为不纵欲、不滥用酒精和药物很重要。
社会能力	32. 计划和决策能力	知道怎样制订计划及做出明智选择。
	33. 交往能力	具备同情心、敏感性和交友技巧。
	34. 文化的能力	对不同文化、种族、民族的人有所了解，并能和他们安然共处。
	35. 抵制技巧	能够抵制不良同伴压力和应对危险的处境。
	36. 和平解决冲突	寻求通过非暴力的方式解决冲突。
积极的自我认同	37. 个人潜能	感到自己有能力控制“发生在自己身上的事情”。
	38. 自尊	拥有高自尊水平。
	39. 目标感	意识到“我的人生有目标”。
	40. 积极看待未来	对自己的未来持乐观态度。

资料来源：Benson，2006。

（二）发展资源框架的重要假设及证据

发展资源框架有几个重要的理论假设，这些假设都获得了一系列实证研究结果的支持。

1. 假设Ⅰ：累积效应

“累积效应”（cumulative impact）可以简单表述为资源越多越好。有研究者（Benson，2003，2006，2007）在多篇文献中描述了资源的累积效应，并提出了“垂直堆积”（vertical pileup）与“水平堆积”（horizontal pileup）两个概念。

垂直堆积主要表现为在任一时间点上青少年获得的资源总数与当前及今后发展结果的关系。一些研究发现，在青少年获得的资源的四分位水平上，从资源贫乏（0～10 个资源）到资源富足（31～40 个资源）的每一次连续增长（如当青少年获得的资源数由 0～10 个增加到 10～20 个时），都与青少年积极发展结果的增加和危险行为的减少显著相关（Benson et al.，1999；Scales et al.，2004；Theokas & Lerner，2006）。研究也发现，资源富足水平与发展结果的这种关系适用于不同性别、种族、社会经济地位的青少年群体（Benson et al.，2011）。同时，大量研究还发现，发展资源对青少年积极发展结果的影响不仅限于当前，还包括将来。有研究者（Scales & Leffert，2004）全面回顾了有关青少年与儿童中期发展资源的研究，发现富足的发展资源可以有效预防危险行为和促进积极发展。研究还发现，那些在儿童和青少年时期明显比其他同伴参加更多学校社团活动的年轻人更可能在成年早期（18～22岁）报告更多的积极结果，如与父母更亲密和参与更多的社区事务或志愿者工作（Moore & Glei，1995）。因此，更多的发展资源有助于青少年发展重要的能力、技能和价值观，而随着时间的推移，这些资源可以使个体对自身的需求进行适应性的自我调节，以成功塑造和驾驭生活（Benson et al.，2006）。

水平堆积主要指青少年获得更多相关资源的体验能增加资源与发展结果在某一时间点上的联系（Benson et al.，2006），换言之，水平堆积表现了资源的情境宽度效应，即比起单一情境中的资源，在多个生态情境中（如家庭、学校、邻里/社区、同伴和校外项目）体验到的资源的累积与积极发展结果的相关更高。有研究者（Gutman & Midgely，2000）对非裔美籍贫困小学毕业生进行研究后发现，那些同时拥有家庭和学校资源的学生比仅拥有其中一种情境资源的学生的学业成就更高。对欧裔美籍六至十二年级学生的研究发现，成就动机单独解释了这些学生学业成功中19%的变异，而学校参与、参与青少年项目的时间、计划与决策、父母参与学校等则解释了另外12%的变异（Scales et al.，2000）。当所有情境变量（家庭、学校和同伴）都被放入回归方程时，青少年发展结果中能被解释的变异“显著增加”（Eccles et al.，1997）。这一结果表明，跨情境的积极经验对积极发展的影响是“线性且独立的”。因此，个别情境对发展的影响聊胜于无，而多个积极情境的累积影响则无可比拟（Cook et al.，2002）。

以上研究结果表明，个体生活于其中的每一生态背景中的促进因素对人的发展都有重要影响，但当不同生态领域中的背景相互融合而产生资源提升时，单一情境中积极经验的促进或保护效应会被扩大。总之，与发展性的生态环境进行多层面、大量的接触，可以增加年轻人的安全感、被支持感以及胜任感（Benson et al.，2003）。体验到这种资源冗余的年轻人应该比缺乏这种“水平堆积”的年轻人更可能避免风险，实现充分发展。

2. 假设Ⅱ：共同愿景，多种路径

构建发展资源框架的目的之一在于为理解个体与情境之间的交互作用和促进青少年积极发展提供理论基础，并通过发展资源的分类创造一个实践的愿景，即为了一个共同目的（积极的青少年发展）把社区乃至城市的公民联合起来，使这一共同愿景在催化社区和社会改变方面发挥重要作用（Benson，2007）。虽然来自美国文化背景的相关研究证实了发展资源分类的有效性，但也要关注文化多样性以及考虑文化价值观和发展资源框架之间的“拟合优度”。

虽然跨文化背景的研究验证了资源越多越好的累积效应，但随着青少年所处情境与发展历史的不同，发展资源对特定发展结果的解释程度却存在着差异。有研究在对 217277 名（包括 69731 名有色人种青少年）六至十二年级学生的发展资源与发展结果关系的考察中发现了种族差异，例如，“规范及期望”这一资源在帮助避免反社会行为方面对所有青少年来说都至关重要，但它们对美国印第安人、多种族混血儿及欧裔美籍青少年具有更强的预防作用（Sesma & Roehlkepartain，2003）。另一项包含多个种族的 6000 名青少年的积极发展研究则发现了发展资源作用的种族差异，例如，与非父母成人的支持性关系对多种族混血儿、美国印第安人、欧裔美籍青少年的充分发展指标有重要影响，而“阅读乐趣”对非裔和西班牙裔青少年的充分发展指标的影响则更胜一筹（Scales et al.，2000）。

“共同愿景，多种路径”（Shared Vision，Many Pathways）的假设及相关实证研究结果表明，在为青少年发展提供资源及构建资源结构时要考虑文化变量，把对不同族裔优良文化传统的继承与创新结合起来。

3. 假设Ⅲ：社区改变

社区是一个宽泛的概念，是由那些对发展有调节作用的情境、生态和设施所构成的连锁系统。这个系统包含大量影响青少年发展的因素，如家庭、邻里、学校、运动场所与各种集会（如教会）等，此外还包括这些因素之内和之间的关系以及一个社区的政治、商业和经济基础（Benson et al.，2006）。

“社区改变”（transforming communities）假设强调，社区是一个重要场所，通过社区水平上各种资源的激活、改变和联合而实现的资源建构，可以最大限度增强生态发展资源和个体发展资源的融合。因此，社区水平的资源与个体水平的资源其重要性不分伯仲，积极的青少年发展会随那些社区改变取向的干预或预防计划而得到最大的改善。

社区资源对于个体发展的重要作用已经得到实证研究的支持。例如，有研究发现，青少年 1998 年时在社区发展资源状况上的得分每提高一分，他们 2001 年时的学业成绩处于高分组（B＋及以上）的可能性就比其他学生高三倍（Scales & Roehlkepartain，2003）。青少年一周花三个小时或更多时间参加体育运动、俱乐部或学校及社区的组织与其积极发展的结果联系最密切（Scales et al.，2000）。有学者指出，这些结果的存在可归因于最佳“青少年发展项目”所具有的“三大”特征，即具有积极的、持续的成人-青少年关系（至少要一年），包含培养技能的活动，以及青少年有机会使用这些技能参加和领导基于社区的活动（Lerner Ed.，2004）。目前，几乎所有学者都认同社区水平上开展的课外活动对促进典型的积极发展是至关重要的（Roth & Brooks-Gunn，2003；Theokas et al.，2006）。

对相关研究的综述也表明，综合性计划（同时关注学生健康、性格、学业表现、公民权利义务与社区联系、学校定位等）可以改变青少年的生活情境，而青少年会因这些情境的改变而改变（Greenberg et al.，2003）。为了促进积极的青少年发展，社区水平的资源构建不仅应包括正规的组织和计划，还应包括非正式的规范和关系。研究表明，如果在青少年所处的社区中，成年人对一些基本价值、规范和期望持有共识，则青少年会发展得更好（Damon，2004）。优秀的儿童青少年项目为青年人提供了接近有爱心的成人、有责任感的同伴以及发展技能活动的机会，从而进一步增强了他们在学校中取得好成绩和保持健康体魄的技能和价值观（Scales et al.，2000）。近年来，Search 研究院已在美国、加拿大等国家发起了全国范围的“健康社区、健康青年”社区改变运动，此项改变策略动员了 600 个社区通过各种创新型“试验”来改变情境和生态环境，尤其重视对具有资源创造性的成人和同伴关系的构建。

（三）发展资源框架的价值

发展资源框架是一个相对较新的关于人类积极发展的理论模型，它代表了所有青少年健康发展的必要的社会化经验。该模型具有几个鲜明的特点：

（1）建立了一个平衡的理论框架。该框架将生态环境特征与个体技能联系起来（Benson，2006），既关注青少年自身拥有的天赋、能力、优势，同时又包括了支持、机会等来自社会环境的“优质营养”，认为这二者的交互作用构成了青少年健康发展的坚固基石。

（2）可以应用于所有青少年。该框架尽量把那些与特定文化和背景下与青少年发展相关的积极经验排除在模型之外，努力构建一组对所有青少年都具有重要意义的共同的核心资源因素。

（3）具有坚实的文献基础和研究基础。该框架在综述了 800 多篇研究报告以及访谈的基础上总结提炼而成，构成发展资源框架的 8 个类别以及 40 种“资源”中的每一种都有其研究基础或理论支撑（Scales & Leffert，2004）。

（4）明确了青少年的日常生活环境对发展资源获得的影响。发展资源框架所涉及的关系类型、社会经验、社会环境及互动方式都在社区居民的基本控制范围之内，即社区及其居民能够通过儿童青少年社会化过程来促进其积极发展（Benson，2006）。

另外，虽然发展资源的概念不是专门针对青少年而言的，但从当前发展资源框架的应用来看，其主要适用于处于人生发展第二个十年的青少年。有研究发现，儿童和青少年拥有的发展资源越多，越可能表现出较好的发展结果，且越少出现问题行为（Benson，1997，2002，2003）。东亚地区的研究也证实了这一点，研究发现，韩国青少年发展资源与幸福感相关（Choi et al.，2015），中国初中生发展资源与情绪适应相关（魏亦峰，2016），中国青少年发展资源与早期幸福感相关（常淑敏等，2017）。

扫描拓展

家里越富有，在线常援手。

第二节 积极发展的特征

青少年究竟具备什么特征才算是获得了积极发展呢？目前，青少年积极发展的研究者主要是关注青少年身上的哪些积极品质能够促进其达成理想的发展结果，他们将积极品质看作青少年积极发展的内容。目前，对青少年进行品格教育，已经越来越受到家长、社区、研究者以及实践工作者的关注和认可，研究者也致力于制定广泛适用的原理、概念和策略。

从现有观点来看，青少年的积极品质涵盖了态度、多方面的特征、社会支持和技能等四个方面的内容。关注个体特征的研究者认为只有具备了某些指标的青少年才能算作实现了积极发展，这方面的主要代表性理论为勒纳（Richard M. Lerner）等人提出的5C模型；而侧重实践的研究者们更关注的是如何帮助青少年实现积极发展，他们将培养青少年的各项技能作为促进他们积极发展的手段，这方面的主要代表性理论为以提高生活技能为目标的4H模型。

一、勒纳等人的5C模型

1990年，国际青少年基金会指出青少年发展应以4C发展为任务，所谓的4C分别是指能力（competence）、联结（connection）、品格（character）及自信（confidence）。1995年，勒纳等人提出青少年的发展还需要第五个C——关爱（caring），进而确定了积极发展应包含五个方面的成分，即5C模型（见图11-1）。

勒纳指出，每个青少年都具备积极发展的潜力，五种积极品质的水平越高，代表青少年积极发展的水平越高。其中，每个C都对应着更为具体的含义（Lerner，2004，2005；Lerner et al.，2008）。

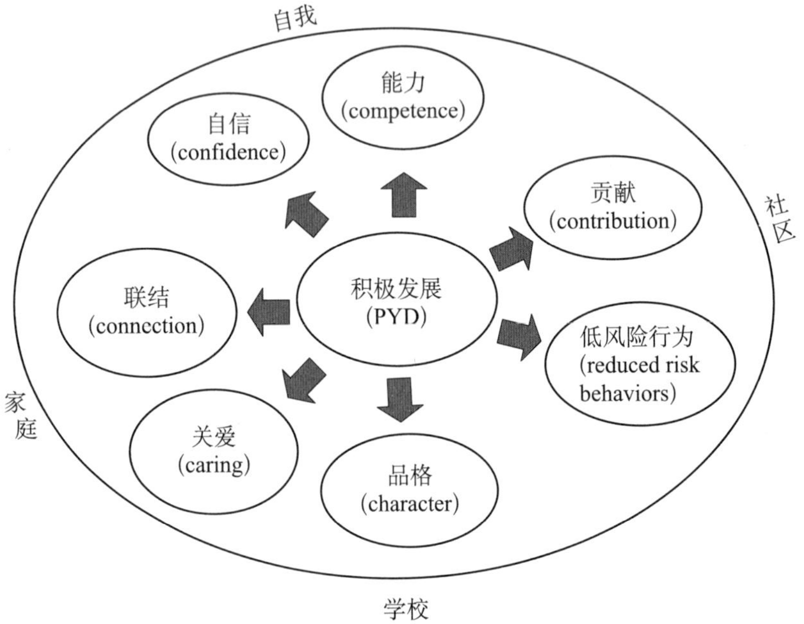

图11-1 青少年积极发展的5C模型

第一个C能力（competence）是一个综合的概念，包括：（1）学业能力，不仅包括取得好的考试成绩的能力，也包括适应学校生活的能力，如积极参与学校体育活动、文艺表演、社团组织。(2) 认知能力，这是与智力相关的能力，包括准确地陈述和有力地辩论自己观点的能力，如喜欢参与辩论会、与同学或老师讨论问题；能够有效获得信息的能力，如经常看历史读物、新闻等；创造力，如创作诗歌、绘画、即兴演奏钢琴等。(3) 社会能力，指的是了解不同社会情境需要，并且遵守社会规范，与不同年龄、地位的人相处的能力。例如，社会能力强的学生具有良好的师生关系，朋友多，对待服务员、推销员礼貌得体，能够解决与陌生人的冲突。(4) 职业能力，指的是在工作中可以与老板、上级、同事、下属友好相处，有耐心和毅力，愿意承担责任及服从命令。

第二个 C 自信（confidence）是指个体对自身能够通过行动达到既定目标的感知。自信与能力有着内在的联系，能力越高的人越自信，相应地，自信也有助于提升能力。

第三个 C 联结（connection）是指青少年与周围人（家庭成员、同学、教师、教练、邻里等）建立良好的关系。在这一关系中，青少年能够为周围人的幸福贡献力量；同样，周围人可以帮助青少年建立信念、增加才智，为青少年的发展提供指导和支持。

第四个 C 品格（character）表现为以下三种特征：(1) 有明确的是非观，即无论在任何场合，都能以道德判断标准为准则，不仅自己能做正确的事情，同时也要帮助他人做正确的事情；(2) 这种是非观是一致和可靠的，也就是说，即使在面对非常困难的抉择时，依然保持正直诚实；(3) 每个人在这种是非观面前都是平等的，即能够公正地对待每一个人。

第五个 C 关爱（caring）包括共情和同情。共情就是能设身处地地站在别人的角度，理解和欣赏别人的感情；同情是指对他人的苦难、不幸会产生关怀、理解的情感反应。关爱这种情感能力，在人际交流中至关重要，能帮助个人形成良好的人际关系和道德品质，保持心理健康。

另外，勒纳等人还提出了青少年积极发展的假设，即当 5 个 C 同时展现在一个青少年身上时，就会发展出第 6 个 C——贡献（contribution）。因此，贡献是青少年积极发展的重要结果，也是青少年积极发展的标志。除了“贡献”这样的积极发展结果，勒纳还强调，在 5 个 C 都具备的积极条件下，青少年个体会表现出更低水平的风险和问题行为。在随后的研究中，勒纳等人对这一假设进行了验证，研究结果支持了这一假设（Lerner et al.，2010）。

总之，5C 模型是从理论与反思出发，采用自上而下的方式进行推论得到的。能力、自信、联结、品格及关爱五种积极品质的水平越高，意味着青少年积极发展水平越高。另外，研究者们还提出了青少年积极发展结果的重要假设，即贡献是青少年积极发展不可忽视的发展结果，青少年积极发展不仅能够抵御风险问题，更能够为青少年成为合格的公民做准备。

二、以提高生活技能为目标的 4-H 模型

以提高生活技能为目标的模型把培养青少年的生活技能作为促进他们积极发展的手段。其主旨是通过帮助青少年提高生活技能，使青少年能够自我引导，具有生活能力及为社会做贡献的精神和态度。

以培养生活技能为目标的模型是为美国的青少年提供公民教育而创设的，属于产生于应用项目的实践模型。研究者（Hendricks，1996）在教育项目工作推广中提出，应提高青少年的生活技能，这些生活技能包括四项基本素质和能力，简称 4-H，即“头脑”（head）、“心智”（heart）、“健康”（health）、“实践”（hand）。具体内容包含四个方面八个类别，可以细分为 35 种能力。

其中，头脑包含“自我管理”（managing）和“思考”（thinking）两类能力。自我管理能力包括适应、保持习惯、合理利用资源、制订计划、设定目标；思考能力包括批判性思维、解决问题、决策、学会学习。

心智包含“关联”（relating）和“关爱”（caring）两类能力。关联能力包括良好的沟通、合作、社会交往技能、解决冲突以及接受差异；关爱能力包括关爱他人、洞察力、分享、保持关系。

健康包括品格或“做人”（being）和“生存”（living）两类能力。品格或做人包括自尊、责任心、人格、情绪调节以及自律；生存能力包括健康的生活方式、对自身健康的管理、预防疾病、维护个人安全。

实践包括“工作”（working）和“付出”（giving）两类能力。工作能力包括市场技能、团队协作和自我激励；付出包括社区志愿服务领导、做有责任感的公民和为团队做贡献。

4-H 教育应用项目的最基本的理念是提倡学生亲自动手，鼓励青少年实践、创新及独立思考。其教育的内容主要涉及三个方面：科学、工程和技术，健康生活，以及公民意识培养。经过一段时间的努力之后，4-H 教育项目得到了研究者、实践者及青少年的广泛认可，但在具体应如何评估教育的结果方面，4-H 模型还做得不够。为了进一步解决这个问题，有研究者对北美的青少年积极发展项目进行了考察（Catalano et al.，2002）。他们通过研究资料和分析数据，抽取了青少年教育的 15 项培养目标。

（1）亲密关系的构建与维持，与家庭、同伴、学校、社区、社会文化形成良好的社会关系，能够做出承诺，承担义务；

（2）心理弹性，能够以健康灵活的方式适应变化和压力；

（3）社交能力，能够结合自身感受、思考、行动来进行社会交往；

（4）情感能力，能够察觉自己和他人的情绪，并做出适当的反应；

（5）认知能力，包括学习能力和解决问题的能力，如能够进行观点采择、理解社会规范；

(6) 行为能力，能够有效行动，进行非语言、语言沟通，以及参加积极性质的活动；

(7) 道德能力，能够正确评估和应对涉及道德、情感及社会公正的问题；

(8) 自觉性，能够独立思考，并使思想与行为相一致；

(9) 精神信仰，指对宗教的信仰；

(10) 自我效能，相信通过自己的行动可以达到自己期望的目标；

(11) 积极自我认同，具有一致的自我觉知；

(12) 对未来充满希望，对未来可能发生的事情抱有积极的态度；

(13) 有效识别积极行为和提供支持，项目的组织、工作人员为青少年的积极行为做出积极反馈，给予支持；

(14) 提供社交活动的机会，鼓励青少年在课余时间参与不同的社会活动；

(15) 社交的行为标准，具有亲社会的社会规范行为、健康的信念和清晰的行为标准。

以上 15 项目标并不完全是针对青少年的，也有对项目活动组织者的要求，如 13、14 项。

三、社会情绪学习框架

社会情绪学习（social emotional learning，SEL）框架是一种侧重于通过干预提高青少年积极发展所需要能力的理论。社会情绪学习指的是人们学习“理解、管理和表达个人生活中社会性和情绪方面的能力”的过程（Tolan et al.，2016）。SEL 框架代表了社会性信息加工、社会认知、情绪加工和情绪智力等理论在加强年轻人积极品质、建立支持性环境和促进儿童与环境互动中的应用。

SEL 框架主要以教育为重点，它明确提出了一套技能，这些技能对于促进青少年的社会功能、充分发挥学校的作用至关重要。SEL 框架的主要推进者，学业-社会-情绪学习合作组织（Collaborative for Academic and Social and Emotional Learning，CASEL）将这些技能划分为五个领域，这五个领域均包含了相应的认知、情绪和行为能力（Shek et al.，2019）。

其一，“自我意识”，指的是能够客观认识自己的思想、情绪、信念及优势和局限。这个领域的技能包括“识别情绪”“准确的自我知觉”“识别优势”“自信”和“自我效能感”。

其二，“自我管理”，指的是能够在不同情境下调控自己思想、情绪和行为，以及激励自己实现目标。与该领域相关的技能包括“冲动控制”“压力管理”“自律”“自我激励”“目标设定”和“组织能力”。

其三，“社会意识”，指的是能够理解和尊重不同背景的人并对他们表示同情。社会意识领域的技能包括“透视”“共情”“欣赏多样性 ”和“尊重他人”。

其四，“关系技能”，指的是能够与他人建立和保持建设性的关系。这一领域的技能包括“沟通”“社会参与”“建立关系 ”和“团队合作”。

其五，“负责任的决策”，指的是在与他人的互动和行为表现中，能够做出不违反道德、安全和社会规范的决策。负责任的决策技能包括“发现问题”“分析情况”“解决问题”“评估”“反思”和“承担道德责任”。

虽然SEL框架所涉及的技能主要集中在社会心理发展领域，但这个框架目前被认为是青少年积极发展的一般模式，适用于不同的文化背景和发展阶段（Tolan et al.，2016）。从理论上来讲，SEL框架与发展资源框架和5C模型基本是一致的。研究表明，具有社会和情绪能力的青少年更不太可能出现问题行为，更有可能获得积极的发展结果，如获得学业成功（Trentacosta & Fine，2010）。

此外，易受伤害的儿童，比如那些贫困的儿童，将受益于其社会情绪核心能力的发展（Valiente et al.，2011）。追踪研究表明，儿童阶段较高的社会情绪水平可以预测个体之后多个领域的发展结果（Jones et al.，2011）。

因此，SEL框架干预的重点是通过直接培养青少年的社会和情绪技能，来间接改善他们的学习环境，进而促进其积极发展。这些社会和情绪技能就是上面提到的五个领域所涉及的能力，这些能力对于改善青少年的社会关系、学业发展和道德品行等有很好的效果（Taylor et al.，2017）。元分析研究发现，基于学校的SEL干预措施对各种发展结果产生了明显的积极和持久的影响，包括学生的学习成绩、积极的社会行为和心理健康水平（Domitrovich et al.，2017）。而且，SEL项目对教师也不无裨益，那些成功实施SEL干预的教师有更积极的教学经验、更高的教学效率和工作满意度、更大的个人成就感和更低的压力水平（Collie et al.，2012；Domitrovich et al.，2016）。

爱在线社交，心情变更糟？

四、青少年积极发展的特征评估

在阐述了青少年积极发展的特征之后，研究者开始关注如何评估或界定青少年是否得到了积极发展。如前所述，先前构建的积极青少年发展的理论框架和测量模型中（Catalano et al.，2004；Lerner et al.，2005），应用最广泛的是基于美国文化的5C模型。目前，基于5C理论模型的测量工具在国际上得到了广泛应用（DuBois & Keller，2017；Sieng et al.，2018）。Search研究院还提供了另一种发展资源计量方法，即发展资源剖析（Developmental Assets Profile，DAP）。DAP共有58个条目，可以考察内部和外部两个维度的发展资源。有31个国家（包括中国）使用过这一量表，数据表明DAP在不同的文化和语言环境中具有可接受的信效度（Scales et al.，2017）。

有研究者以我国香港青少年为样本开发了青少年积极发展的评估量表，其理论基础是青少年积极发展的15项目标，如认知能力、社交能力、心理弹性、积极自我认同等。该量表名为“中国青少年积极发展量表”（Chinese Positive Youth Development Scale，CPYDS），共包括90个条目，并在香港地区进行了信效度检验（Shek et al.，2007)。也有国内研究者修订和精简了以5C模型为基础的青少年积极发展量表，极简版的5C积极青少年发展量表（PYD-VSF）包括16个条目，包含能力、信心、品格、关爱和人际五个维度，适用于11～23岁的年轻群体（黄柳玥等，2022)。

不过，有跨文化研究者指出，基于西方积极发展理论的评估工具在其他文化下（如中国）的青少年群体中的心理测量学属性不佳（Chen et al.，2018；Conway et al.，2015)，原因可能在于社会文化因素影响了人们对青少年积极发展这一概念的建构。正如5C模型提出者所指出的，任何基于西方文化建构的青少年积极发展模型都可能会忽略或低估一些与青少年发展相关的潜在的、独特的文化因素（Lerner et al.，2019，2021)。那么在我国文化背景下，青少年积极发展的结构、内涵及测量又存在哪些独特之处呢？

国内有研究者对教师、社工、教育专家、中小学生及家长共112人进行了深度访谈，提出在中国文化下，儿童青少年积极发展的核心特征应该包括能力、品格、自我价值和联结四个方面：能力和品格相互促进，自我价值实现个体独特性和个性化发展，联结是获得能力、优秀品格和自我价值的桥梁。以上四个部分良性运作、协同发展，最终促成并实现青少年充分、最优化的发展（林丹华等，2017)。在此基础上，研究者进一步开发了一套具有良好信效度的多层级的量表，即内地版“中国青少年积极发展量表”(Chai et al.，2020)。该量表包括品格、能力、自信和联结四个分量表，其中品格、能力和联结量表又分别包含多个子量表。这些研究成果不仅拓展了青少年积极发展在其他文化下的建构，还首次尝试从一种特定文化“内部人”的视角解读此测量结构的文化独特性。同时，此量表被证实具有良好的信效度，有助于促进青少年积极发展研究的全球化和本土化（柴晓运等，2020)。但由于其项目数量较大（98个项目)，在应用推广上存在诸多局限，例如研究设计的灵活性和被试作答的有效性不够、数据收集成本较高等。因此，研究者又对该量表进行了简化，形成了中国青少年积极发展量表（简版)，简化后量表共48个项目，从而适用于更多的应用研究（柴晓运等，2020)。

第三节　中国学生发展核心素养框架

一、中国学生发展核心素养框架的建构

核心素养是学生在接受相应学段的教育过程中，逐步形成的适应个人终生发展和社会发展需要的必备品格和关键能力。出于我国教育发展的新形势，林崇德（2017）领衔的研究团队研制了中国学生发展核心素养框架，旨在深入回答教育要“培养什么人、怎样培养人”这一重大问题，这也是顺应世界教育改革发展趋势、大力提升我国教育国际竞争力的迫切需要，是全面实施素质教育、深化教育领域综合

改革、着力提高教育质量的迫切需要。

建构学生发展核心素养框架，是要把立德树人根本任务落到实处，把德智体美全面发展的教育目标细化为学生应形成必备的品格和关键能力这一具体要求，最终促进学生的终生发展和社会的健康发展。通过核心素养的教育政策研究、国际比较研究、传统文化分析、课程标准分析以及实证调查等支撑性研究，林崇德等建构了包括三大领域六个指标的中国学生核心素养框架。

该框架指出，中国学生发展核心素养以“全面发展的人”为核心，包括自主发展、社会参与和文化基础三个领域，综合表现为学会学习、健康生活、责任担当、实践创新、人文底蕴、科学精神六项核心素养指标（见图 11－2）。根据这一框架，可针对学生年龄特点进一步提出各学段学生的具体表现要求。

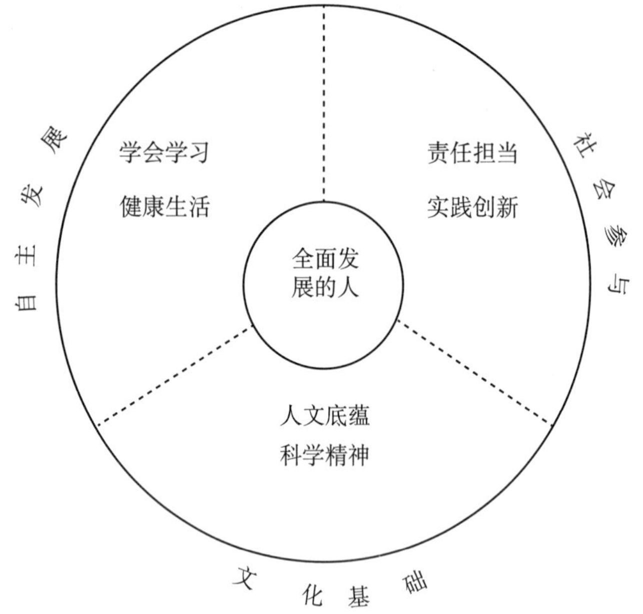

图 11－2 中国学生发展核心素养框架

二、核心素养指标的内涵

（一）文化基础

文化是人存在的根和魂。文化基础，重在强调能习得人文、科学等各领域的知识和技能，掌握和运用人类优秀智慧成果，涵养内在精神，追求真善美的统一，发展成为有宽厚文化基础、有更高精神追求的人。

其一，人文底蕴。主要是学生在学习、理解、运用人文领域知识和技能等方面所形成的基本能力、情感态度和价值取向。具体包括人文积淀、人文情怀和审美情趣等基本要点。

其二，科学精神。主要是学生在学习、理解、运用科学知识和技能等方面所形成的价值标准、思维方式和行为表现。具体包括理性思维、批判质疑、勇于探究等基本要点。

（二）自主发展

自主性是人作为主体的根本属性。自主发展，重在强调能有效管理自己的学习和生活，认识和发现自我价值，发掘自身潜力，有效应对复杂多变的环境，成就出彩人生，发展成为有明确人生方向、有生活品质的人。

其一，学会学习。主要是学生在学习意识形成、学习方式方法选择、学习进程评估调控等方面的综合表现。具体包括乐学善学、勤于反思、信息意识等基本要点。

其二，健康生活。主要是学生在认识自我、发展身心、规划人生等方面的综合表现。具体包括珍爱生命、健全人格、自我管理等基本要点。

（三）社会参与

社会性是人的本质属性。社会参与，重在强调能处理好自我与社会的关系，养成现代公民所必须遵守和履行的道德准则和行为规范，增强社会责任感，提升创新精神和实践能力，促进个人价值实现，推动社会发展进步，发展成为有理想信念、敢于担当的人。

其一，责任担当。主要是学生在处理与社会、国家、国际等关系方面所形成的情感态度、价值取向和行为方式。具体包括社会责任、国家认同、国际理解等基本要点。

其二，实践创新。主要是学生在日常活动、问题解决、适应挑战等方面所形成的实践能力、创新意识和行为表现。具体包括劳动意识、问题解决、技术应用等基本要点。

核心素养各指标的主要表现如表 11－3 所示。

表 11－3 核心素养各指标的主要表现

	核心素养	基本要点	主要表现描述
文化基础	人文底蕴	人文积淀	重点是：具有古今中外人文领域基本知识和成果的积累；理解和掌握人文思想中所蕴含的认识方法和实践方法等。
		人文情怀	重点是：具有以人为本的意识，尊重、维护人的尊严和价值；关切人的生存、发展和幸福等。
		审美情趣	重点是：具有艺术知识、技能与方法的积累；理解和尊重文化艺术的多样性，具有发现、感知、欣赏、评价美的意识和基本能力；具有健康的审美价值取向；具有艺术表达和创意表现的兴趣和意识，能在生活中拓展和升华美等。
	科学精神	理性思维	重点是：崇尚真知，理解和掌握基本的科学原理和方法；尊重事实和证据，有实证意识和严谨的求知态度；逻辑清晰，能运用科学的思维方式认识事物、解决问题、指导行为等。
		批判质疑	重点是：具有问题意识；独立思考、独立判断；思维缜密，能多角度、辩证地分析问题，做出选择和决定等。
		勇于探究	重点是：具有好奇心和想象力；不畏困难，有坚持不懈的探索精神；大胆尝试，积极寻求有效的问题解决方法等。

续表

	核心素养	基本要点	主要表现描述
自主发展	学会学习	乐学善学	重点是：正确认识和理解学习的价值，具有积极的学习态度和浓厚的学习兴趣；养成良好的学习习惯，掌握适合自身的学习方法；能自主学习，具有终身学习的意识和能力等。
		勤于反思	重点是：具有对自己的学习状态进行审视的意识和习惯，善于总结经验；能够根据不同情境和自身实际，选择或调整学习策略和方法等。
		信息意识	重点是：能自觉、有效地获取、评估、鉴别、使用信息；具有数字化生存能力，主动适应“互联网＋”等社会信息化发展趋势；具有网络伦理道德与信息安全意识等。
	健康生活	珍爱生命	重点是：理解生命意义和人生价值；具有安全意识与自我保护能力；掌握适合自身的运动方法和技能，养成健康文明的行为习惯和生活方式等。
		健全人格	重点是：具有积极的心理品质，自信自爱，坚韧乐观；有自制力，能调节和管理自己的情绪，具有抗挫折能力等。
		自我管理	重点是：能正确认识与评估自我；能依据自身个性和潜质选择适合的发展方向；能合理分配和使用时间与精力；具有达成目标的持续行动力等。
社会参与	责任担当	社会责任	重点是：自尊自律，文明礼貌，诚信友善，宽和待人；孝亲敬长，有感恩之心；热心公益和志愿服务，敬业奉献，具有团队意识和互助精神；能主动作为，履职尽责，对自我和他人负责；能明辨是非，具有规则与法治意识，积极履行公民义务，理性行使公民权利；崇尚自由平等，能维护社会公平正义；热爱并尊重自然，具有绿色生活方式和可持续发展理念及行动等。
		国家认同	重点是：具有国家意识，了解国情历史，认同国民身份，能自觉捍卫国家主权、尊严和利益；具有文化自信，尊重中华民族的优秀文明成果，能传播弘扬中华优秀传统文化和社会主义先进文化；了解中国共产党的历史和光荣传统，具有热爱党、拥护党的意识和行动；理解、接受并自觉践行社会主义核心价值观，具有中国特色社会主义共同理想，有为实现中华民族伟大复兴中国梦而不懈奋斗的信念和行动。
		国际理解	重点是：具有全球意识和开放的心态，了解人类文明进程和世界发展动态；尊重世界多元文化的多样性和差异性，积极参与跨文化交流；关注人类面临的全球性挑战，理解人类命运共同体的内涵与价值等。
	实践创新	劳动意识	重点是：尊重劳动，具有积极的劳动态度和良好的劳动习惯；具有动手操作能力，掌握一定的劳动技能；在主动参加的家务劳动、生产劳动、公益活动和社会实践中，具有改进和创新劳动方式、提高劳动效率的意识；具有通过诚实合法劳动创造成功生活的意识和行动等。
		问题解决	重点是：善于发现和提出问题，有解决问题的兴趣和热情；能依据特定情境和具体条件，选择制定合理的解决方案；具有在复杂环境中行动的能力等。
		技术应用	重点是：理解技术与人类文明的有机联系，具有学习掌握技术的兴趣和意愿；具有工程思维，能将创意和方案转化为有形物品或对已有物品进行改进与优化等。

学生核心素养的形成和培育需要通过教育教学实践得以落实。林崇德指出，基于学生发展核心素养框架，建构融目标、过程与方法、评价为一体，贯通各学段的整体课程改革体系，是当前世界各国家或地区所面临的重大挑战，也是未来研究的重要问题。借鉴已有国际经验，结合我国当前的实际情况，可以从以下几个方面进行落实和推行：一是核心素养框架在各学段的具体化，二是基于核心素养的学业质量标准的研发，三是基于核心素养的课程体系改革，四是基于核心素养的教师专业发展，五是基于核心素养的学习环境创设。

内容要点

1. 与强调风险和消极预测因素的传统观点不同，积极青少年发展观是关注青少年“优势”的理论。

2. 积极青少年发展观强调儿童在家庭、学校、邻里等多重背景中发展，任何试图描述发展的研究都必须反映各种各样的发展背景；重视关系，认为积极发展是青少年意向性和有意义的关系的作用结果。

3. 发展资源框架从整体或关系的视角出发考虑影响青少年健康成长的综合因素，建立了一个平衡的理论框架。该模型定义了青少年发展的40种外部资源和内部资源，将生态环境特征与个体技能联系起来，既关注青少年自身拥有的天赋、能力、优势，同时又包括了支持、机会等来自社会环境的“优质营养”，认为这二者的交互作用构成了青少年健康发展的坚固基石。

4. 勒纳的5C模型认为积极发展应包含五个方面的成分，即能力、自信、联结、品格、关爱，并且当5个C同时展现在一个青少年身上时，就会发展出第6个C——贡献。

5. 青少年积极发展的4-H模型认为教育需要培养四项基本素质和能力，即头脑、心智、健康和实践。

6. 林崇德教授及团队建构的“中国学生发展核心素养框架”，以“全面发展的人”为核心，包括自主发展、社会参与和文化基础三个领域，综合表现为学会学习、健康生活、责任担当、实践创新、人文底蕴、科学精神六项核心素养指标。

7. 学生核心素养的形成和培育，可以从核心素养框架在各学段的具体化、基于核心素养的学业质量标准的研发、基于核心素养的课程体系改革、基于核心素养的教师专业发展和基于核心素养的学习环境创设等几方面入手。

复习思考

1. 积极青少年发展观与传统发展理论的主要区别是什么？
2. 发展资源框架中提到的外部资源与内部资源分别指的是什么？
3. 如何评估青少年的发展是否积极？
4. 如何理解中国学生发展核心素养框架的三个领域和六项指标？

本书参考文献，请关注微信公号“心理书坊”并回复“青少年心理学”，或者登录人大出版社官网（www.crup.com.cn）搜索本书书名进行下载。

图书在版编目（CIP）数据

青少年心理学 / 雷雳，马晓辉著. -- 北京：中国人民大学出版社，2023.4
新编 21 世纪心理学系列教材
ISBN 978-7-300-31519-5

Ⅰ.①青… Ⅱ.①雷… ②马… Ⅲ.①青少年心理学—教材 Ⅳ.①B844.2

中国国家版本馆 CIP 数据核字（2023）第 040871 号

新编 21 世纪心理学系列教材
青少年心理学
雷雳　马晓辉　著
Qingshaonian Xinlixue

出版发行	中国人民大学出版社		
社　　址	北京中关村大街 31 号	**邮政编码**	100080
电　　话	010－62511242（总编室）		010－62511770（质管部）
	010－82501766（邮购部）		010－62514148（门市部）
	010－62511173（发行公司）		010－62515275（盗版举报）
网　　址	http://www.crup.com.cn		
经　　销	新华书店		
印　　刷	北京溢漾印刷有限公司		
开　　本	787 mm×1092 mm　1/16	**版　　次**	2023 年 4 月第 1 版
印　　张	17.25 插页 1	**印　　次**	2025 年 5 月第 3 次印刷
字　　数	365 000	**定　　价**	48.00 元

关联课程教材推荐

书号	书名	作者	定价(元)
978-7-300-33693-0	心理学基础（第 2 版）	白学军	59.00
978-7-300-32716-7	普通心理学（第 3 版）	张钦	69.00
978-7-300-26722-7	心理学（第 3 版）	斯宾塞・拉瑟斯	79.00
978-7-300-32948-2	发展心理学（第 5 版・数字教材版）	雷雳	59.00
978-7-300-30565-3	毕生发展心理学：发展主题的视角（第 2 版）	雷雳	59.90
978-7-300-29844-3	伯克毕生发展心理学（第 7 版）	劳拉・伯克	258.00
978-7-300-30451-9	认知心理学（第 3 版）	丁锦红 等	58.00
978-7-300-25882-9	生理心理学（第 2 版）	隋南 等	49.90
978-7-300-32539-2	实验心理学（第 3 版）	白学军 等	59.90
978-7-300-30715-2	社会心理学（第 4 版・数字教材版）	乐国安　管健	68.00
978-7-300-25588-0	变态心理学（第 3 版）	王建平 等	59.80
978-7-300-27212-2	教育心理学：原理与应用	刘儒德	58.00
978-7-300-32062-5	人格心理学导论（第 2 版）	许燕	59.00
978-7-300-32565-1	管理心理学（第 2 版）	孙健敏　穆桂斌	65.00
978-7-300-26659-6	高级心理统计	刘红云	59.80
978-7-300-28096-7	学校心理健康教育课程设计与教法	刘宣文 等	49.00

配套教学资源支持

尊敬的老师：

衷心感谢您选择使用人大版教材！相关配套教学资源，请到人大社官方网站（http：//www. crup. com. cn）下载，或是随时与我们联系，我们将向您免费提供。

欢迎您随时反馈教材使用过程中的疑问、修订建议并提供您个人制作的课件。您的课件一经入选，我们将有偿使用。让我们与教材共成长！

联系人信息：

地址：北京海淀区中关村大街 31 号 802 室　　翟然 收　　邮编：100080

电子邮件：lgcbfs@crup. com. cn　　电话：010－62511967　　QQ：492788991

如有相关教材的选题计划，也欢迎您与我们联系，我们将竭诚为您服务！

选题联系人：张宏学　电子邮件：zhanghx@crup. com. cn　电话：010－62512127

人大社网站：http：//www. crup. com. cn

心理学专业教师 QQ 群：259019599

欢迎您登录人大社网站浏览，了解图书信息，共享教学资源

期待您加入专业教师 QQ 群，开展学术讨论，交流教学心得